Ökobilanzierung mit Computerunterstützung

Springer-Verlag Berlin Heidelberg GmbH

Mario Schmidt · Andreas Häuslein

Ökobilanzierung mit Computerunterstützung

Produktbilanzen und betriebliche Bilanzen
mit dem Programm Umberto®

Mit 104 Abbildungen

Mario Schmidt
ifeu-Institut für Energie- und
Umweltforschung Heidelberg
Wilckensstraße 3
D-69120 Heidelberg
Tel.: 06221-4767-0

Dr. Andreas Häuslein
ifu Institut für Umweltinformatik
Im Winkel 3
D-20251 Hamburg
Tel.: 040-462033

Die Herausgabe dieses Buches wurde durch den ifeu-Verein für Energie- und Umweltfragen Heidelberg e.V. finanziell gefördert.

ISBN 978-3-540-61177-6 ISBN 978-3-642-80236-2 (eBook)
DOI 10.1007/978-3-642-80236-2

Die Deutsche Bibliothek - CIP-Einheitsaufnahme

Ökobilanzierung mit Computerunterstützung: Produktbilanzen und betriebliche Bilanzen mit dem Programm Umberto® / Mario Schmidt; Andreas Häuslein – Berlin; Heidelberg; New York; Barcelona; Budapest; Hong Kong; London; Mailand; Paris; Santa Clara; Singapur; Tokio: Springer 1997

NE: Schmidt, Mario [Hrsg.]

Umschlaggestaltung: E. Kirchner, Heidelberg
Satz: Reproduktionsfertige Vorlage vom Autor

SPIN: 10535405 30/3136 – 5 4 3 2 1 0 – Gedruckt auf säurefreiem Papier

Vorwort

Im Herbst 1993 suchten Mitarbeiter des ifeu-Instituts für Energie- und Umweltforschung Heidelberg auf dem Software-Markt ein Programm, mit dem sich Arbeiten der Ökobilanzierung vereinfachen ließen. Seit 1987 führte das Institut bereits Ökobilanzen durch, sowohl für einzelne Produkte als auch für ganze Betriebsstandorte. Die wachsende Komplexität der Berechnungen konnte jedoch mit gängigen Tabellenkalkulationsprogrammen oder einfachen Datenbanksystemen nicht mehr bewältigt werden. Es wurde ein Programm gesucht, mit dem sich die Daten besser verwalten und verknüpfen lassen, das eine komfortable graphische Benutzeroberfläche hat und das vielseitig in der Anwendung und in den Modellierungsmöglichkeiten ist. Doch dieses Programm gab es auf dem Software-Markt nicht.

Anläßlich einer großen Produktökobilanz für einen europäischen Wirtschaftsverband ergab sich ein Kontakt des ifeu-Instituts zu Informatikern des Ifu Instituts für Umweltinformatik in Hamburg. Sie schlugen vor, zur Berechnung von Ökobilanzen Petrinetze zu benutzen, die in der Informatik gebräuchlich, aber in den Umweltwissenschaften weitgehend unbekannt sind. Auf der Basis dieses Ansatzes, der am Fachbereich Informatik der Universität Hamburg entwickelt wurde, konzipierten ifeu und Ifu gemeinsam ein Ökobilanzprogramm, das den gewünschten Erfordernissen aus der Ökobilanzpraxis entsprechen sollte und außerdem, vom theoretischen Ansatz her, genügend Entwicklungsspielraum für die Zukunft bietet.

Bereits auf der CeBit '94 in Hannover wurde der Prototyp der Gemeinschaftsentwicklung von ifeu und Ifu vorgestellt: das Programm EcoNet. Es fand aufgrund seines leistungsfähigen Ansatzes in Informatikerkreisen weithin Beachtung, teilweise entstanden sogar Plagiate. Nach einer Umbenennung aus Gründen des Markenzeichenschutzes in „Umberto" – quasi als Antwort auf das allgegenwärtige „Eco" – wurden im Winter 1994 die ersten Versionen des Programms ausgeliefert.

Inzwischen arbeiten zahlreiche Forschungsinstitutionen, Unternehmen und Consultants im In- und Ausland mit dem Ökobilanzprogramm Umberto®. Das Programm wird am ifeu-Institut permanent für die Erstellung von Ökobilanzen eingesetzt. Erfahrungen aus der Praxis fließen somit ständig in die weitere Programmentwicklung ein.

Im Juni 1996 fand in Heidelberg ein Anwender-Workshop statt, bei dem sich die Entwickler von Ifu und ifeu mit einigen Anwendern von Umberto® trafen. Der Workshop sollte dazu dienen, Erfahrungen aus der Ökobilanzierung mit Computerprogrammen, speziell mit Umberto®, auszutauschen, Anregungen für fortgeschrittene Techniken der Modellierung von Stoffstromnetzen zu geben und mögliche Weiterentwicklungen zu diskutieren.

Die Vorträge des Workshops wurden in überarbeiteter Form für dieses Buch zusammengestellt. Das Buch wurde mit allgemeinen Beiträgen über Ökobilanzierung und Stoffstromnetze erweitert, um einen kompakten und informativen Einstieg in die Thematik zu geben. Es richtet sich somit gleichermaßen an „fortgeschrittene Ökobilanzierer" als auch an Interessenten, die sich diesem Thema erst noch nähern.

Wir möchten an dieser Stelle allen Autoren des Buches für ihr Engagement und ihre Mitwirkung danken. Besonderer Dank gilt jenen Kollegen, ohne deren Einsatz das Projekt nicht möglich gewesen wäre: Andreas Möller, Jan Hedemann, Peter Müller-Beilschmidt, Jürgen Seidel und Henning Freese vom Ifu Institut sowie Udo Meyer, Ulrich Mampel und Andreas Detzel vom ifeu-Institut. Christine Bier korrigierte die nicht gerade einfachen Buchmanuskripte. Schließlich danken wir dem ifeu-Verein für Energie- und Umweltfragen Heidelberg e.V., der dieses Projekt finanziell gefördert hat.

Mario Schmidt, Dr. Andreas Häuslein
Heidelberg/Hamburg, im Juli 1996

Inhaltsverzeichnis

Einführung

Ökobilanzieren mit Umberto

Wirkungsabschätzung und Bewertung

Umberto für Fortgeschrittene

Beispiele aus der Praxis

Anhang

Einführung

Software zur Unterstützung der Ökobilanzierung – ein Überblick

Peter Müller-Beilschmidt, Hamburg

Die Anfänge der Ökobilanzierung[1] reichen in die 70er Jahre zurück (Schmidt, 1995, S. 6 f.). Mit der zunehmenden Komplexität der Untersuchungen und einem daraus resultierenden Anwachsen der zu verarbeitenden Datenmengen ergab sich rasch die Notwendigkeit einer Unterstützung durch elektronische Datenverarbeitung. Konnten zunächst die Anforderungen noch durch Standardanwendungen wie Tabellenkalkulationsprogramme erfüllt werden, entstand in einzelnen Forschungseinrichtungen und Unternehmen bald der Bedarf nach einer umfassenderen DV-Lösung für die im Rahmen von Bilanzierungsprojekten anfallenden Aufgaben. Die ersten Programme für die Unterstützung der Ökobilanzierung wurden daher auch als projektbezogene Anwendungen oder firmeninterne Lösungen entwickelt.

Der Markt für eine spezielle Software, die unterstützend in der Ökobilanzierung eingesetzt werden kann, ist noch relativ jung und befindet sich momentan in einer Phase der Konsolidierung. Zu den Pionieren zählen Simapro, PIUSoecos und Boustead Model. In den vergangenen Jahren ist die Zahl der angebotenen Softwarelösungen für diesen Bereich erheblich angewachsen. Betrachtet man Umwelt-Softwareführer (Ellringmann, 1994; INTACT, 1995) und spezielle Marktstudien für Ökobilanzsoftware (Atlantic, 1994; Siegenthaler et al., 1995; Trischler und Partner, 1996; University of Knoxville, 1996), so fällt auf, daß zahlreiche Programme auf dem Markt existieren, die beanspruchen, für eine Ökobilanzierung einsetzbar zu sein. Bei genauerer Untersuchung stellt man jedoch fest, daß nur wenige Programme diesem Anspruch wirklich gerecht werden können.

Mit diesem Beitrag sollen die wichtigsten Anforderungen an eine universell einsetzbare Software zur Ökobilanzierung konkretisiert und die auf dem Markt befindlichen Produkte auf die Ausprägung der geforderten Leistungsmerkmale überprüft werden.

[1] Der Terminus „Ökobilanzierung“ wird hier als Oberbegriff für jegliche Tätigkeit zur Erfassung und Analyse der umweltrelevanten Auswirkungen eines Untersuchungsobjektes verstanden. Er umfaßt insbesondere die Produktökobilanzierung (*Life Cycle Assessment, LCA*), die betriebliche Ökobilanzierung sowie die Stoff- und Energiestromanalyse.

Mario Schmidt, Andreas Häuslein (Hrsg.)
Ökobilanzierung mit Computerunterstützung

Allgemeine Anforderungen an eine universell einsetzbare Ökobilanzsoftware

Welche allgemeinen Anforderungen können aus der Sicht des Anwenders an eine im Rahmen der Ökobilanzierung eingesetzte spezielle Software gestellt werden, die seine Tätigkeit adäquat unterstützen soll?

1. Die Software sollte so gestaltet sein, daß sie als Werkzeug unterstützend in den gewohnten Ablauf des Bilanzierungsprojektes integrierbar ist. Sie muß deshalb methodisch offen und hinreichend flexibel sein. Eine Software zur Ökobilanzierung, die beispielsweise einen starr festgelegten Kontenrahmen für die Materialien bietet, bedeutet eine unnötige Anpassung der Tätigkeit des Benutzers an die Möglichkeiten des Programmes.
2. Die Software sollte möglichst als *Stand-alone*-Anwendung betrieben werden können. Eine Ausprägung als Ökobilanzmodul einer komplexen, und damit teuren Großsoftware führt zu einer ungerechtfertigten Reduktion des möglichen Anwenderkreises auf Großunternehmen und verhindert insbesondere, daß kleine und mittlere Unternehmen (KMU) eine solche Software einsetzen[2]. Gleichwohl sollte es die Möglichkeit einer Übernahme vorhandener Datenbestände (z. B. aus der Betrieblichen Datenerfassung BDE oder aus Produktionsplanungs- und Steuerungssystemen PPS) geben und die Handhabung großer Datenmengen, die bei einem Bilanzierungsprojekt anfallen, möglich sein.
3. Das Programmsystem sollte sinnvollerweise entlang des gesamten Bilanzierungsprozesses eingesetzt werden können. Teillösungen, die nur einzelne Schritte (z. B. Datenerfassung mit Darstellung auf Sachbilanzebene) unterstützen, sind von Nachteil, da die weiteren Schritte der Bilanzierung mit Hilfe anderer Instrumente realisiert werden müssen, was zusätzliche Schnittstellen erfordert und das Fehlerrisiko erhöht.
4. Das Ökobilanzierungswerkzeug sollte es ermöglichen, das Untersuchungsobjekt in einer angemessenen Form zu modellieren. Eine zusätzliche Visualisierung des untersuchten Systems auf dem Bildschirm und die Möglichkeit der direkten Veränderung sind eine wichtige Voraussetzung für eine effiziente Nutzung.
5. Eine vergleichende Untersuchung muß möglich sein. Das Programm sollte daher adäquate Lösungen für eine Verwaltung von Berechnungsvarianten gestatten. Insbesondere für die Schwachstellenanalyse und bei Fragen nach der ökologischen Optimierung eines Produktlebensweges bzw. Prozeßsystems ist dies eine nicht zu vernachlässigende Anforderung.

---

[2] Betrachtet man die Liste der veröffentlichten Umweltberichte und Ökobilanzen (Kreeb et al., 1994, S. 113 ff / UmweltMagazin 6/96, S. 36 und 41), so stellt man fest, daß gerade in Klein- und mittelständischen Unternehmen eine hohe Bereitschaft zur Umsetzung einer ökologischen Gestaltung der Firmenpolitik vorhanden ist und diese, zumindest in Deutschland, als Innovationsträger gelten dürfen.

6. Selbstverständlich gelten auch für Softwaretools zur Ökobilanzierung die allgemeinen Anforderungen an eine Anwendungssoftware, wie beispielsweise die konsequente Nutzung der Fenstertechnik oder die durchgängige Gestaltung der Dialogelemente nach software-ergonomischen Kriterien.

Diese Aufzählung erhebt keinen Anspruch auf Vollständigkeit und könnte erweitert und inhaltlich vertieft werden. Sie deutet aber bereits auf einige zentrale Charakteristika hin, die eine Ökobilanzierungssoftware zu einem universell einsetzbaren Werkzeug machen.

Konkrete Anforderungen

Die konkreten Anforderung leiten sich aus der Praxis ab und können daher bei den verschiedenen Anwendern unterschiedlicher Art sein. Betrachtet man jedoch die Softwarelösungen, die über einen längeren Zeitraum begleitend zu praktischen Bilanzierungsprojekten entstanden sind (u. a. GaBi, Euklid und Umberto), so können daraus gleichwohl konkrete Anforderungen abgeleitet werden. Die folgenden fünf Punkte wurden auf zwei internationalen Entwickler-Workshops[3] als die Basisfunktionen einer Ökobilanzsoftware herausgearbeitet und als Praxisanforderung definiert:

1. Graphische Modellierung des untersuchten Systems als Prozeßkette, Baum oder Netz. Direkte Manipulation, d. h. das Anklicken der Objekte im graphischen Modell ermöglicht einen Zugriff auf die durch das Objekt repräsentierten Daten auf funktionaler Ebene.
2. Datenbasis mit Standardprozessen aus verschiedenen Bereichen (z. B. Energieerzeugung, Transporte, Entsorgung). Unabdingbar ist die Möglichkeit, eigene Prozesse zu erzeugen und zum Bestand der Datenbasis hinzuzufügen.
3. Abhängig vom eingesetzten mathematischen Berechnungsverfahren: Lösung linearer oder nichtlinearer Abhängigkeiten, Ermittlung fehlender Werte, Skalierung nach funktioneller Einheit, Realisierung von Rückkopplungen (Recyclingschleifen). Wünschenswert ist die Berechnung hierarchischer Modelle.
4. Wirkungsanalyse- und Bewertungsmodul. Anerkannte Modelle sollten im Programm enthalten sein, um eine Auswertung der Daten der Sachbilanz durchführen zu können. Die Gestaltung eigener Auswertungsschemata durch Definition neuer oder durch die Parametrisierung vorhandener Bewertungsmodelle sollte realisiert sein.

---

[3] Workshops "State of the Art in Material Balancing and Accounting". SAMBA I 1995 in Wien und SAMBA II 1996 in Wuppertal.

5. Visualisierung der Ergebnisse der Bilanz in Tabellenform und als Diagramm. Möglichkeiten zur Reduktion der Komplexität durch Definition von Sichten. Aufbereitung der Daten zur Entscheidungsunterstützung, Export in andere Anwendungen und Dokumentationsfunktion.

Auch bei dieser Aufstellung besteht die Möglichkeit der Formulierung weiterer konkreter Anforderungen.

Marktübersicht Ökobilanzsoftware

Im internationalen Vergleich der Programmanbieter liegt Europa deutlich an der Spitze. Die meisten verfügbaren Ökobilanztools stammen aus den Niederlanden, der Schweiz, Deutschland und Österreich sowie aus Großbritannien. Aus den Vereinigten Staaten sind vergleichsweise wenig Produkte verfügbar. Zwei nordamerikanische *National Laboratories* sind gegenwärtig mit der Entwicklung einer Life Cycle Assessment (LCA)-Software beschäftigt. Es liegen keine Informationen über Ökobilanzprogramme aus anderen westlichen Industrienationen oder aus Japan vor.

Unter den angebotenen Softwareprodukten zur Unterstützung der Ökobilanzierung ist der überwiegende Teil (ca. 80 %) lediglich für die Unterstützung des LCA, also der Produktökobilanzierung und der Prozeßbilanzierung, geeignet. Der weitaus kleinere Teil der untersuchten Programme eignet sich für die betriebliche Ökobilanzierung, entweder in Form einfacher Input-Output-Bilanzen oder einer umfassenderen Stoff- und Energieflußanalyse. Es kann angesichts strenger werdender Umweltauflagen und gesetzlicher Vorgaben sowie im Rahmen der Initiativen zur praktischen Umsetzung der „EG-Öko-Audit-Verordnung" davon ausgegangen werden, daß es zu einer Verschiebung dieses Verhältnisses zugunsten der betrieblichen Untersuchungen kommen wird. Für die betriebliche Betrachtung muß es u. a. möglich sein, Bestandsbetrachtungen durchzuführen, da – anders als beim Life Cycle Assessment (LCA) – das Gesamtsystem unausgeglichen sein kann und Materialflüsse innerhalb des Systems nicht unbedingt immer auf die funktionelle Einheit bezogen sein müssen. Nur sehr wenige Programme sind so flexibel angelegt, daß mit ihnen beide Bilanzierungstypen gehandhabt werden können[4].

Um unter den zahlreichen Programmen diejenigen herauszufinden, die aufgrund ihrer methodischen und inhaltlichen Ausgestaltung am ehesten als universell einsetzbare Ökobilanzierungssoftware bezeichnet werden können, wurden diese auf die Ausprägung der fünf o. g. konkreten Anforderungen geprüft. Eine weitere

---

[4] Auf weitere Untersuchungsformen wie kommunal oder regional orientierte Bilanzierung oder Prozeßbilanzierung soll im Rahmen dieses Beitrags nicht weiter eingegangen werden.

Voraussetzung für die Nennung in der nachfolgenden Tabelle ist, daß die Software auf dem Markt frei verfügbar sein muß und es sich nicht um eine firmen- oder universitätsinterne Entwicklung oder um ein Programm für einen geschlossenen Benutzerkreis handelt.

Tab. 1. Alphabetische Zusammenstellung der Softwareprodukte, die die genannten Anforderungen erfüllen[5]. Die für den Einsatz zur Unterstützung der Produktökobilanzierung (P) und/oder der Betrieblichen Ökobilanzierung (B) geeigneten Programme sind in der Spalte „Typ" entsprechend gekennzeichnet.

Name der Software	Typ	Entwickler / Vertreiber
AUDIT	P/B	AUDIT GmbH, Graz / Österreich und Siemens Nixdorf, München
CUMPAN	P	DeBis Systemhaus, Fellbach, vormals Universität Hohenheim, Lehrstuhl für Wirtschaftsinformatik
EcoPro	P	EMPA Schweizerische Eidgenössische Materialprüfungsanstalt, St. Gallen / Schweiz
GaBi	P	IKP Institut für Kunststoffprüfung und Kunststoffkunde Universität Stuttgart und PE Product Engineering, Dettingen/Teck
KCL-ECO	P	The Finnish Pulp and Paper Research Institute (KCL), Espoo / Finnland
LCAinventory Tool	P	Chalmers Industriteknik, Göteborg / Schweden
PIA	P	Toegepaste Milieu Economie TME, Den Haag / Niederlande
SimaPro	P	Pré Consultants, Amersfoort / Niederlande
TEAM/DEAM	P/B?	Ecobilan, Paris / Frankreich
Umberto	P/B	Ifu Institut für Umweltinformatik Hamburg und ifeu - Institut für Energie- und Umweltforschung Heidelberg

In Tab. 1 sind nur jene Programme aufgeführt, die alle die o. g. Anforderungen erfüllen. Daneben gibt es natürlich noch zahlreiche, in der Praxis bisweilen recht verbreitete Programme zur Ökobilanzierung.

Manche der in Tab. 1 genannten Produkte versuchen zumindest rudimentär durch eine graphische Anzeige eines Prozeßbaums dem Anwender eine Übersicht über den modellierten Produktlebensweg zu geben. Doch bieten die meisten der

[5] Trotz großer Sorgfalt bei der diesem Beitrag zugrundeliegenden Untersuchung (Müller-Beilschmidt, 1996), bei der u.a. Demoversionen und Herstellerunterlagen der Software verwendet wurden, erhebt diese Tabelle keinen Anspruch auf Vollständigkeit.

angebotenen Softwaretools bislang keine graphische Modellierung der untersuchten Systeme: Dazu zählen u. a. EMIS, UMCON, CARA, LIMS, Boustead Model, Regis, Gemis und Heraklit/EUklid. Von einigen Herstellern dieser Softwaretools wurde bereits angekündigt, die graphische Modellierung der untersuchten Bilanzobjekte in zukünftigen Programmversionen zu implementieren.

Einige auf dem Markt erhältlichen Programme beinhalten keine mitgelieferten Standarddaten. Dazu zählen z. B. UMCON, Simbox und LMS-U1-BP. Der Umfang der Daten der in der Tabelle genannten Ökobilanzsoftware ist durchaus unterschiedlich und reicht von etwa 100 Datenobjekten (LCAiT) bis hin zu – laut Herstellerangaben – 12.500 (!) Datenobjekten (TEAM). In den meisten Fällen handelt es sich um öffentlich zugängliche Literaturdaten, doch zeichnen sich insbesondere die Programme aus, die eigene ermittelte Daten beinhalten (z. B. GaBi).

Andere Bilanzierungsprogramme wiederum sind beschränkt auf den Einsatz in einer bestimmten Branche oder im Hinblick auf den Untersuchungsrahmen. So konzentrieren sich Eco-Pack 2000, Ökobase für Windows und REPAQ auf Verpackungen und Gemis und CLEAN sind primär zur Bilanzierung von Energiesystemen und den damit verbundenen Emissionen geeignet.

Nicht als eigene Softwarelösung, sondern als integrierbares Ökobilanzmodul im Rahmen größerer Systeme werden die Produkte PIUSSoecos und LMS-U1-BP angeboten. Diese Alternative scheint dann geeignet, wenn in einem Unternehmen das BDE/PPS-System bereits eingeführt ist und die betreffenden Mitarbeiter mit den relevanten Teilen des Gesamtkonzepts gut vertraut sind.

Zahlreiche Softwaretools sind zum gegenwärtigen Zeitpunkt noch in der Entwicklung befindlich und nicht marktreif. Diese Produkte bleiben späteren Untersuchungen vorbehalten: EcoSys (Sandia), LCAD (Pacific Northwest), Cassandra und CARA. Bei einigen anderen Entwicklungen, insbesondere bei Softwaresystemen, die an Universitäten entstanden, ist ein Markteintritt nicht beabsichtigt oder es wurde über eine Fortentwicklung bis zur Marktreife noch nicht entschieden.

Es bleibt zu ergänzen, daß einige Softwaretools einer eingehenderen Untersuchung nicht unterzogen werden konnten, da die Hersteller bisweilen sehr restriktiv mit ihren Informationen umgehen. Keine oder nur minimale Informationen waren zu den folgenden Produkten erhältlich: PEMS/Eco-Assessor, LCASys, ECO-SYSTEM.

Ausblick

Eine eindeutige Aussage, welche Software für die Unterstützung der Ökobilanzierung am geeignetsten ist, läßt sich nicht treffen. Die auf dem Markt verfügbaren Softwaresysteme weisen in vielen Fällen ähnliche Programmelemente auf, sind jedoch in ihrer konkreten Ausgestaltung recht unterschiedlich. Eine fokussierende Annäherung an eine idealtypisches Modell einer Standardsoftware (wie das beispielsweise für Textverarbeitungs- oder Tabellenkalkulationsanwendungen geschehen ist) ist nicht unmittelbar zu erwarten. „Angesichts der teilweise sehr unterschiedlichen Funktionalität ist ein direkter Preis-Leistungsvergleich heute noch nicht möglich" (Siegenthaler et al., 1995, S. 12). Vermutlich werden sich aber mittelfristig die Programme zur Unterstützung der Ökobilanzierung in ihrem Funktionsumfang und ihrer Leistungsfähigkeit einander annähern, wobei der o. g. Katalog mit seinen fünf konkreten Anforderungen zugrunde gelegt werden kann. Es ist zu erwarten, daß das Hauptaugenmerk der Hersteller bei einer Weiterentwicklung auf die Bereitstellung einer graphischen Benutzungsoberfläche (GUI) und die Implementation von Wirkungsanalyse- und Bewertungsmethoden gerichtet ist.

Unterschiede in der preislichen Gestaltung werden weniger aus den Kosten des Programmsystems selbst resultieren, als vielmehr aus geforderten Zusatzleistungen (erweiterter Umfang der mitgelieferten Datenbasis, Schulung) oder aus den Leistungen eines umfangreicheren Beratungsprojekts in dem die Lieferung der Software eingebettet ist.

Daneben werden aber auch weiterhin große Lösungen (z. B. Ökobilanzmodul in PPS-Systemen) nachgefragt werden und kleinere Softwareprodukte (z. B. für Adhoc-Untersuchung anhand einer Input-Output-Gegenüberstellung) eine Existenzberechtigung behalten.

Welches Softwaretool für einen Anwender am geeignetsten ist, hängt sicherlich von den individuellen Einsatzwünschen ab. Die Entscheidung für eine bestimmte Software erfordert daher i. d. R. zunächst eine eingehende Analyse der aktuellen bzw. perspektivisch im Verlauf der Bilanzierungsprojekte anfallenden Aufgaben und der daraus resultierenden Erfordernisse. Die in Betracht kommende Bilanzierungssoftware wird demnach entweder der bereits existierenden Arbeitsweise weitgehend entsprechen oder durch ihre methodische Offenheit eine flexible Gestaltung der Untersuchung gewährleisten müssen. Weitere Rahmenbedingungen werden bei der Auswahl eine wichtige Rolle spielen, beispielsweise, ob eine regelmäßige Ergänzung des Datenbestandes durch den Hersteller garantiert ist oder ob Schulungs- und Supportangebote existieren.

Die Angaben in diesem Beitrag verstehen sich als eine Momentaufnahme und sind in Anbetracht des stetigen Fortschreitens der wissenschaftlichen Fachdiskussion und der zu erwartenden weiteren umweltpolitischen Regelungen lediglich als ein Zwischenstand zu betrachten. Auch von Fachleuten wird für die Zukunft ein starkes Wachstum des Marktes für Ökobilanzierungssoftware prognostiziert, wobei die Konkurrenz unter den Herstellern zu einer „aus Anwendersicht insgesamt als äußerst vielversprechend" (Siegenthaler et al., 1995, S. 12) zu beurteilenden Entwicklung führen wird. Diese dynamische Entwicklung darf mit Spannung verfolgt werden.

Literatur

Atlantic Consulting (Hrsg.) (1994): LCA-Software Buyers' Guide. London

Ellringmann, H. (Hrsg.) (1994): Softwareführer Umweltschutz. Loseblattsammlung. Luchterhand. Neuwied/Kriftel

INTACT (Hrsg.) (1995): USIS Handbuch der Umweltsoftware. Freiburg

Kreeb, M. et al. (1994): Fallstudien zur Computerunterstützung in der betrieblichen Ökobilanzierung. Studien zur Wirtschaftsinformatik Nr. 3. Stuttgart

Müller-Beilschmidt, P. (1996): Komparative Analyse und Evaluation von Softwaresystemen zur Unterstützung der Ökobilanzierung. Diplomarbeit Fachbereich Informatik. Universität Hamburg

Schmidt, M. (1995): Stoffstromanalysen und Ökobilanzen im Dienste des Umweltschutzes. In: Schmidt, M. und Schorb, A. (Hrsg.): Stoffstromanalysen in Ökobilanzen und Öko-Audits. Berlin/Heidelberg. S. 3-13

Siegenthaler, C. et al. (1995): Ökobilanz-Software Marktübersicht 1995. Eine Übersicht der PC-Programme zur Erstellung von Produkt- und Betriebsökobilanzen. Herausgegeben von Ö.B.U./A.S.I.E.G.E. Adliswil

Trischler und Partner (Hrsg.) (1996): Marktrecherche Audit- und Ökobilanzsoftware. Freiburg

UmweltMagazin (1996): Umweltreports im Überblick. In: UmweltMagazin Juni 1996, S. 36ff.

University of Tennessee. Center for Clean Products and Clean Technologies (ed.) (1996): Evaluation of Life-Cycle Assessment Tools. Intermediate Study Report. Knoxville

Stoffstromnetze zwischen produktbezogener und betrieblicher Ökobilanzierung

Mario Schmidt, Heidelberg

Betrieblicher Umweltschutz ist längst ein Aufgabenfeld, das weniger von Umweltskandalen, dem spektakulären „Schadstoff des Monats" oder verschärften Grenzwerten geprägt ist. Er ist Normalität und Alltag geworden, und kaum ein Unternehmen bestreitet seine Bedeutung. Umweltbeauftragte, Umweltmanagementsysteme oder Ökobilanzen haben in vielen Unternehmen ihren festen Platz. Neben den jährlichen Geschäftsberichten erscheinen Umweltberichte, und nicht wenige Konzerne nutzen das Umweltthema auch offensiv für die Produkt- oder Imagewerbung.

Die Gründe für diese Entwicklungen sind vielfältig. Einerseits haben die großen Skandale von Seveso bis Brent Spar und das gewachsene öffentliche Umweltbewußtsein den Druck auf die Wirtschaft verstärkt. Dazu kamen strenge Auflagen und Umweltvorschriften des Staates. Andererseits hat Umwelt heute auch ökonomisch einen hohen Stellenwert. Wer den Einsatz an Rohstoffen und Energie reduziert, spart auch Kosten. Abfälle sind inzwischen zu einem spürbaren Kostenfaktor geworden.

Davon abgesehen kann sich ein Unternehmen gegenüber den Kunden und den eigenen Mitarbeitern kein negatives Umweltimage mehr leisten. Selbst auf der Managementebene ist eine Generation nachgewachsen, für die Umweltschutz mehr als nur zusätzliche Kosten darstellt. Kurz: Umweltschutz spielt in vielen Bereichen der modernen Unternehmensführung eine wichtige Rolle. In Anbetracht der globalen Umweltprobleme wird dieser Trend langfristig anhalten, ungeachtet kurzzeitiger Rückschläge in wirtschaftlichen Krisenzeiten.

Ökobilanzen für den betrieblichen Umweltschutz

In den vergangenen Jahren haben sich die Ansprüche an den Umweltschutz erheblich vergrößert. Umweltprobleme sind in vielen Fällen nicht mehr augenscheinlich, sondern bedürfen genauer Analysen. Handlungsoptionen und deren Vor- und Nachteile müssen sorgfältig abgewogen werden. Ohne gute Datengrundlage und deren sachverständige Interpretation ist das fast unmöglich oder Entscheidungen überbleiben dem Zufall und politischem Wunschdenken.

Mario Schmidt, Andreas Häuslein (Hrsg.)
Ökobilanzierung mit Computerunterstützung

An dieser Stelle erhalten Ökobilanzen eine zentrale Bedeutung. Sie sind nicht, wie in der Öffentlichkeit oft kolportiert, das Instrument, um abschließend zu sagen, was „öko“ ist und was nicht. Aber sie stellen Informationen in systematischer Weise zur Verfügung, ermöglichen komplexe Auswertungen und sind damit ein wichtiges Hilfsmittel für den Umweltbeauftragten, den Berater oder den Umweltwissenschaftler. Die Ökobilanzierung ist deshalb zu einem veritablen Teilbereich der Umweltwissenschaften geworden, dem sich sogar internationale Fachzeitschriften speziell widmen[1].

Der populäre Begriff der „Ökobilanz“ ist als Symbol für eine ganze Klasse unterschiedlicher Methoden zur Quantifizierung der Umweltauswirkungen zu verstehen (Schmidt, 1995a). Er wird in Fachkreisen hauptsächlich auf zweierlei Weise verwendet:

- Die produktbezogene Ökobilanz – das sogenannte Life Cycle Assessment (LCA) – bilanziert die Umweltauswirkungen eines Produktes über den gesamten Lebensweg „von der Wiege bis zur Bahre“, d. h. von der Rohstoffgewinnung über die Produktion und Nutzung bis hin zur Entsorgung.
- Die betriebliche Ökobilanz ist dagegen standort- oder firmenbezogen und stellt das ökologische Gegenstück zur kaufmännischen Betriebsbilanz eines Unternehmens dar.

Eine Ökobilanz liefert grundsätzlich nie mehr Daten, als über die Umweltwirkungen von Produktionsprozessen oder menschlichen Tätigkeiten bereits bekannt sind oder speziell dafür erhoben werden. Das Besondere einer Ökobilanz ist vielmehr, daß sie Wissen neu zusammenfaßt, neue Erkenntnisse und Bewertungen ermöglicht und als Ergebnis stets das Ganze im Auge hat. Manchmal ist deshalb von ganzheitlicher Bilanzierung die Rede.

Zwei Aspekte sind dabei von Bedeutung:

- Eine Ökobilanz hat einen umfassenden Bilanzraum. Bei einer Produktökobilanz oder LCA wird über den ganzen Produktlebensweg bilanziert. Sektorale Verlagerungen oder Fehloptimierungen sind damit erkennbar. So läßt sich z. B. die Frage untersuchen, ob der geringere Benzinverbrauch durch die Verwendung leichterer Werkstoffen in der Pkw-Karosserie möglicherweise nicht durch höhere Energieaufwendungen bei der Herstellung der Werkstoffe oder Bereitstellung der Rohstoffe aufgewogen wird.
- In einer Ökobilanz werden nicht nur einzelne Aspekte, etwa der Energieverbrauch oder die Emission an Schwefeldioxid, analysiert, sondern Indikatoren für sehr unterschiedliche Umwelteinwirkungen in den verschiedenen Umweltmedien berücksichtigt. Dazu gehören Ressourcenverbrauch, Emissionen in die Luft oder in das Wasser, Abfälle oder Flächenbeanspruchungen. Damit können mediale Verlagerungen von Umweltproblemen, z. B. höhere Kohlendioxidemissionen bei weniger Abfallaufkommen, erkannt werden.

---

[1] International Journal of Life Cycle Assessment, ecomed publishers, Landsberg

Diese beiden Besonderheiten der Ökobilanz sind zugleich auch Ursprung ihrer Probleme: Der erste Punkt führt dazu, daß miteinander vernetzte hochkomplexe Systeme analysiert werden müssen. Das Ergebnis der Ökobilanz hängt entscheidend davon ab, ob die ökologisch relevanten Prozesse im Lebensweg eines Produktes berücksichtigt wurden. Werden Ökobilanzen verschiedener Produkte miteinander verglichen, so müssen der „Bilanzraum" (welche Prozesse werden noch einbezogen?) und die „Bilanztiefe" (wie genau werden die Teilprozesse erfaßt und welche Schadstoffe werden berücksichtigt?) der beiden Untersuchungen möglichst vergleichbar sein. Die Erstellung einer Ökobilanz wird damit zu einer anspruchsvollen Arbeit, in die viel Erfahrung und Kenntnis über die Daten und das zu analysierende System einfließen muß.

Der medial übergreifende Ansatz in der Ökobilanz führt hingegen zu einem Bewertungsproblem, das in der kaufmännischen Bilanz durch die einheitliche monetäre Skala per se gelöst ist: Wie werden verschiedene Wirkungsbereiche aggregiert und bewertet? Sind beispielsweise bei einer Produktoptimierung zusätzliche Kohlendioxidemissionen gegenüber verringerten Sonderabfällen vertretbar? Diese Bewertungsfragen werden im Beitrag auf S. 91 vertieft.

Verschiedene Perspektiven der gleichen Sache

Will ein Unternehmen ein Produkt unter ökologischen Gesichtspunkten verbessern oder neu planen, so wird es eine Produktökobilanz erstellen oder erstellen lassen. Die Bilanz bezieht sich in der Regel auf ein einzelnes Produkt, z. B. auf eine Papier-Handtuch, oder auf eine mit dem Produkt verbundene Dienstleistung, z. B. einmal Händetrocknen. Dies wird in der Ökobilanztheorie als funktionelle Einheit bezeichnet. Eine Produktökobilanz ist somit aus betriebswirtschaftlicher Sicht eine Stückrechnung (Möller und Rolf, 1995).

Dabei wird der eigentliche Herstellungsprozeß des Produktes mit seinem Bedarf an Energien, Vorprodukten, Rohstoffen und Hilfs- und Betriebsstoffen sowie mit den dabei entstehenden Emissionen und Abfällen untersucht. Dazu kommen im Sinne einer Lebenswegbilanz noch die Prozesse zur Bereitstellung der Energien oder der Vorprodukte, die Transporte, die eigentliche Nutzung des Produktes und die Prozesse zur Entsorgung des Produktes bzw. der Produktionsabfälle. Diese Kette wird zurückverfolgt bis zur „Wiege", also bis zur Entnahme der Rohstoffe aus der Umwelt, bzw. weiterverfolgt bis zur „Bahre", wo die Abfälle und Schadstoffe wieder in die Umwelt gelangen (siehe Abb.1).

Der Lebensweg eines Produktes wird also in Teilabschnitte und Teilprozesse zerlegt (siehe Abb. 2). Für jeden Teilprozeß sind Informationen über den Input an Vorprodukten bzw. Ressourcen aus der Umwelt und den Output an Produkten bzw. die Emissionen in die Umwelt erforderlich. Dieser modulare Aufbau einer Ökobilanz ermöglicht nicht nur eine übersichtliche Gliederung und Bearbeitung eines speziellen Produktlebensweges. Wenn die Beschreibung der einzelnen Prozesse allgemein genug gewählt wurde, so können sie auch für andere Untersuchungen eingesetzt werden. Die Ökobilanz eines Produktes zeichnet sich dann durch die Verknüpfung der verschiedenen Prozesse miteinander aus. Die Prozesse selbst sind jedoch – bis auf wenige Ausnahmen – universell einsetzbar.

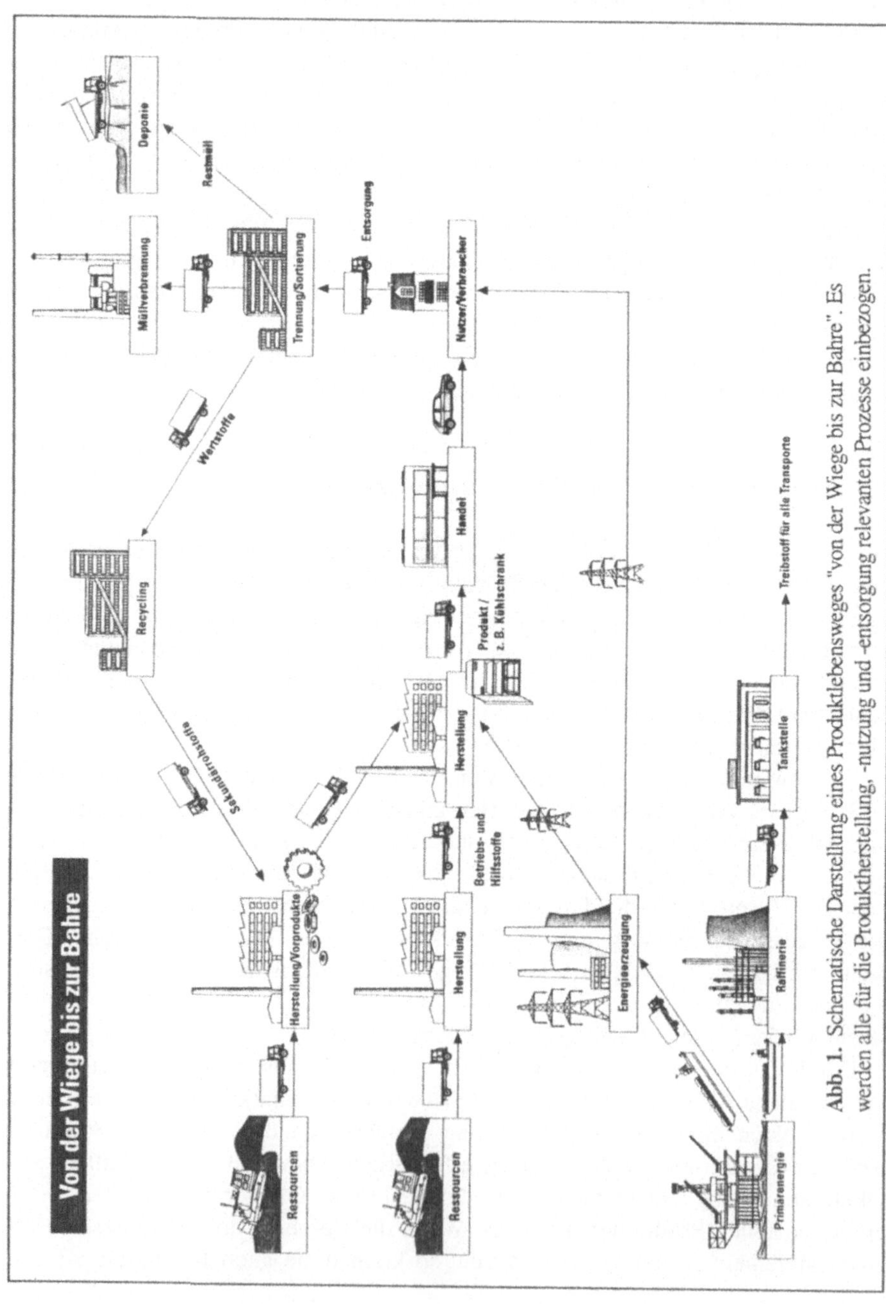

Abb. 1. Schematische Darstellung eines Produktlebensweges "von der Wiege bis zur Bahre". Es werden alle für die Produktherstellung, -nutzung und -entsorgung relevanten Prozesse einbezogen.

Über die Daten der eigentlichen Produktherstellung verfügt das Unternehmen meistens selbst. Daten über die Transporte, die Bereitstellung von Energie oder die Entsorgung der Abfälle liegen in der Regel in verallgemeinerter Form, z. B. als typischer Lkw-Transport oder durchschnittliche Müllverbrennungsanlage vor. Schwierig wird die Bereitstellung der Herstellungsdaten von Vorprodukten oder Werkstoffen. Hier kann entweder nur eine firmenübergreifende Kooperation helfen, oder es muß auf veröffentlichte Daten zurückgegriffen werden. Im ersteren Fall besteht noch die Möglichkeit, einzelfallbezogene Produktionsdaten zu erhalten und damit den spezifischen Lebensweg des jeweiligen Produktes genau abzubilden. Im letzteren Fall stehen meistens nur verallgemeinerte Daten zur Verfügung, bei der Mittelwerte über verschiedene Herstellungsprozesse, Herkunftsländer, Bezugszeitpunkte, Werkstoffvarianten usw. vorliegen.

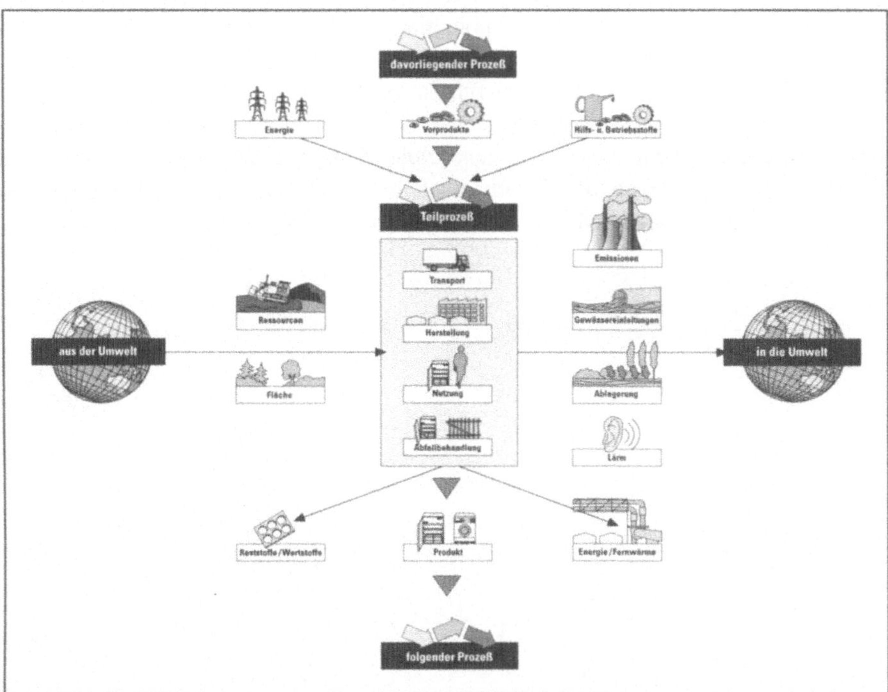

Abb. 2. Ein Produktlebensweg wird in einzelne Teilprozesse, z. B. aus den Bereichen Herstellung, Transport, Nutzung oder Abfallbehandlung zerlegt. Für jeden Teilprozeß werden die Input- und die Outputströme dargestellt.

Die betriebliche Ökobilanz bezieht sich im Gegensatz zur LCA nicht auf ein einzelnes Produkt, sondern auf einen ganzen Produktionsstandort oder ein ganzes Unternehmen. Sie ist eine Periodenrechnung (Möller und Rolf, 1995) und kann noch am ehesten als Bilanz im herkömmlichen Sinn aufgefaßt werden: Für ein Geschäftsjahr werden alle in das Unternehmen einfließenden Rohstoffe, Vorprodukte,

Energien usw. sowie alle ausfließenden umweltrelevanten Schadstoffe, Energien, Abfälle usw. erfaßt. Die Ergebnisse können mittels Kennzahlen auf den Umsatz, die Produktionsmenge, die Beschäftigten o. ä. bezogen und zeitlich bzw. branchenspezifisch verglichen werden.

In Abb. 3 ist der Vergleich einer kaufmännischen Bilanz mit einer betrieblichen Ökobilanz dargestellt. Dabei tritt eine Besonderheit zutage. Während in einer LCA lediglich Energie- und Stoff*ströme* betrachtet werden müssen, können in einer betrieblichen Ökobilanz auch Lager*bestände* eine wichtige Rolle spielen. Aus der Analogie mit einer Geschäftsbilanz wird das sofort deutlich: Würden in einer betrieblichen Ökobilanz nur die Input- und Outputströme eines Geschäftsjahrs betrachtet, so entspräche dies einer reinen Gewinn- und Verlustrechnung. Auch unter ökologischen Gesichtspunkten müssen jedoch die Anfangs- und Endbestände an Energien und Stoffen einbezogen werden. So stellen hohe Lagerbestände an Gefahrstoffen ein ökologisches Risikopotential dar, das in einer betrieblichen Ökobilanz mitbewertet werden sollte. Die Vernachlässigung der Bestände kann sogar zu erheblichen Fehlinterpretationen führen: Sinken z. B. die Mengen an Sonderabfall auf der Outputseite, so kann dies auch an einem erhöhten Lagerbestand im Betrieb gegenüber dem Vorjahr liegen. Ohne Erfassung der Bestände würde man diese reinen strombezogenen Daten als Erfolg des betrieblichen Umweltschutz werten. Mit den Bestandsdaten verkehrt sich diese Einschätzung ins Gegenteil.

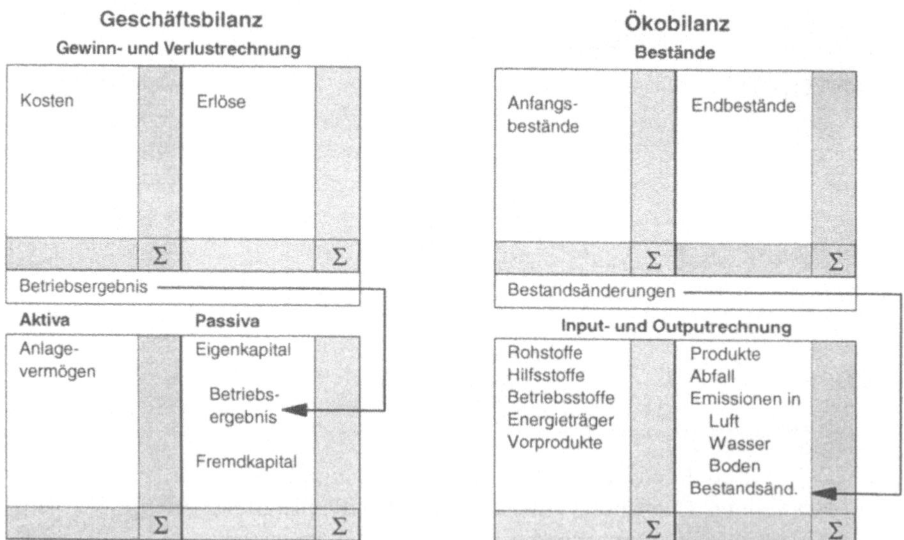

Abb. 3. Vergleich einer kaufmännischen Geschäftsbilanz mit einer betrieblichen Ökobilanz (nach Möller, 1995).

Produkt-Ökobilanz

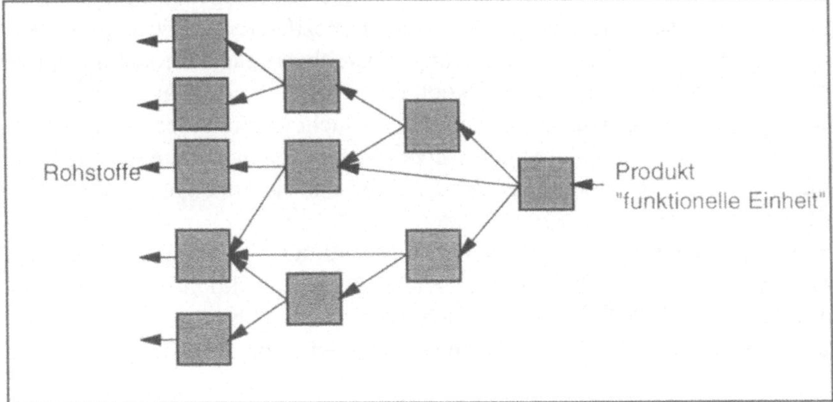

Sequenzielles Rechnen - "upstream"

Betriebliche Ökobilanz

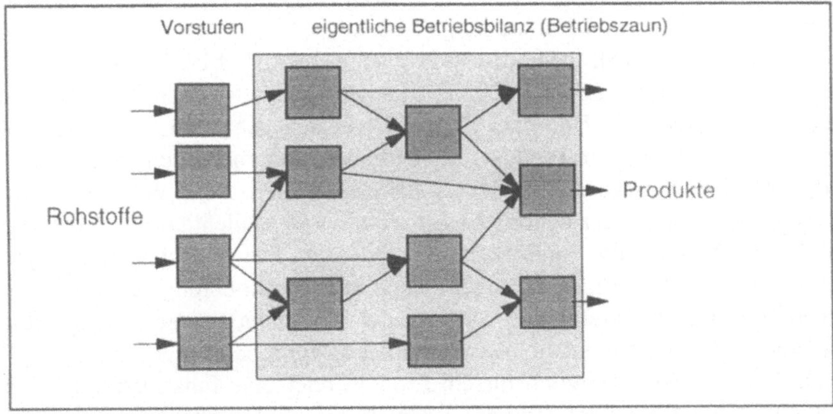

Sequenzielles Rechnen - "downstream"

Abb. 4. Berechnung einer Produktökobilanz und einer betrieblichen Ökobilanz. Die Pfeile deuten nicht die Stoffstromrichtung, sondern die Rechenrichtung an.

Geht es bei einer LCA um die ökologische Optimierung eines Produktes längs seines Produktlebensweges, so steht bei der betrieblichen Ökobilanz der Standort im Fokus. Beide Ansätze sind jedoch kein Gegensatz, sondern ergänzen sich, zumal sie oft von den gleichen Grunddaten ausgehen. Sie bilden ein reales

Stoffstromsystem lediglich unter verschiedenen Blickwinkeln – oder genauer: mit verschiedenen Bilanzräumen und funktionellen Einheiten – modellhaft ab. Dementsprechend ändert sich auch der Schwerpunkt verschiedener Optimierungsstrategien. Maßnahmen, die nur zu einer standortspezifischen Umweltentlastung führen, z. B. durch räumliche Auslagerung umweltbelastender Produktionsprozesse, wirken sich bei der betrieblichen Ökobilanz positiv – weil lokal umweltentlastend – aus, können die Produktökobilanz jedoch nicht beeinflussen. Umgekehrt sagt eine „gute“ Produktökobilanz nichts über die Umweltauswirkungen am Produktionsstandort aus, die wesentlich von der Lage und dem mengenmäßigen Umfang der Produktion abhängen.

Beide Bilanzierungsarten ermöglichen also die Optimierung des Systems unter verschiedenen Gesichtspunkten. Eine nachhaltige Umweltpolitik, die nicht nur auf den Standortbezug achtet, sondern auch die globalen Umweltprobleme einbezieht, muß bestrebt sein, beide Perspektiven angemessen zu berücksichtigen.

Methodische Unterschiede in der Berechnung

Für den Ökobilanzierer wäre es attraktiv, ein Stoffstromsystem unter beiden Perspektiven gleichermaßen abzubilden, nicht nur, um die verschiedenen Optimierungsmöglichkeiten herauszuarbeiten, sondern auch, weil die Datengrundlage der Prozeßbeschreibung im Idealfall die gleiche ist.

Dies stößt jedoch auf methodische Probleme. In Abb. 4 ist das unterschiedliche Vorgehen bei einer Produktökobilanz und bei einer betriebliche Ökobilanz stark vereinfacht dargestellt. Bei einer Produktökobilanz geht man von einer funktionellen Einheit, z. B. dem Produkt, aus und analysiert zuerst den Herstellungsprozeß, z. B. die Montage des Produktes aus Einzelteilen. Dann untersucht man die Herstellungsprozesse der benötigten Einzelteile und schließlich die dafür benötigten Vorprodukte, Hilfs- und Betriebsstoffe usw. Die Berechnung erfolgt also Schritt für Schritt entgegen der eigentlichen Stoffstromrichtung des Systems („upstream“). Für den Einzelprozeß wird aus der bekannten Menge an Produktoutput der Input (bzw. der Output an unerwünschten Stoffen) berechnet.

Das System wird lediglich für ein Produkt oder eine funktionelle Einheit berechnet. Dementsprechend müssen in den Prozessen Zurechnungsvorschriften bei Kuppelproduktionen berücksichtigt werden.

Anders bei einer betrieblichen Bilanz: Hier wird meistens vom Wareneingang aus und in Kenntnis der Herstellungsprozesse im Betrieb flußabwärts („downstream“) gerechnet. Für den Einzelprozeß wird aus der bekannten Inputmenge an Rohstoffen, Vorprodukten etc. der Output an Produkten, Emissionen etc. berechnet. In der betrieblichen Bilanz werden üblicherweise mehrere Produkte erfaßt. Zurechnungsfragen bei der Kuppelproduktion spielen nur eine untergeordnete Rolle. Die Berechnung erfolgt aber auch Schritt für Schritt, d. h. „sequenziell“.

Produkt-Ökobilanz

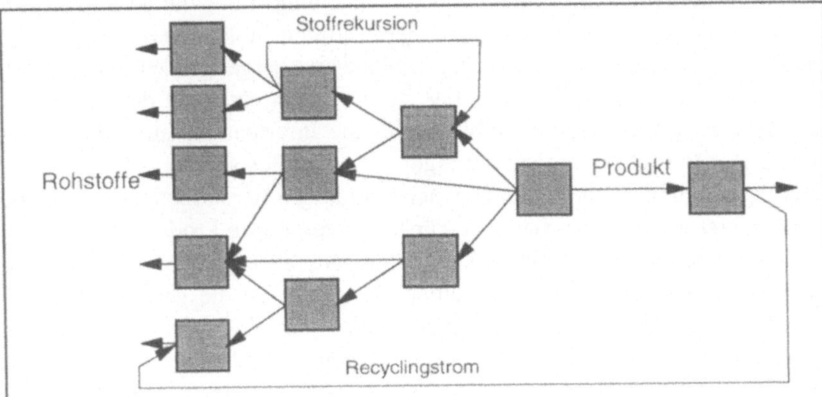

- Sequenzielles Rechnen mit Iteration
- Lösen eines linearen Gleichungssystems

Betriebliche Ökobilanz

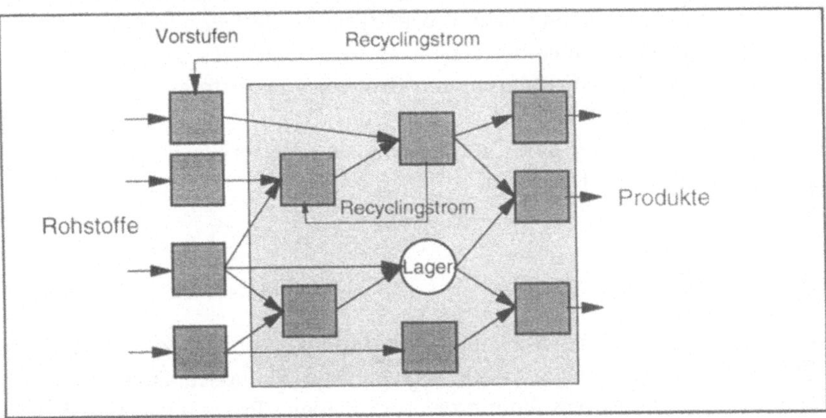

Ohne Lager:
- Sequenzielles Rechnen mit Iteration

Abb. 5. Berechnung einer Produktökobilanz und einer betrieblichen Ökobilanz mit Stoffrekursionen oder Recyclingschleifen. Die Pfeile deuten nicht die Stoffstromrichtung, sondern die Rechenrichtung an.

Schwieriger wird es, wenn in dem Stoffstromsystem Rekursionen auftreten, z. B. weil ein Prozeß Produkte in einer bestimmten Menge benötigt, die erst flußabwärts entstehen. Oder es können Recyclingschleifen auftreten, bei denen Wertstoffe nach der Nutzung wieder dem Herstellungsprozeß zugeführt werden (siehe Abb.5).

In Produktökobilanzen können dabei Berechnungsprobleme auftreten, je nachdem, wo die Informationen für diese gegenläufigen Stoffströme zuerst vorliegen. Benötigt ein Prozeß ein Produkt, das flußabwärts hergestellt wird (siehe Abb. 5 oben: Stoffrekursion), so läßt sich das System nicht entgegen der Stromrichtung sequentiell berechnen, denn es fehlt hierfür die Information, für welche Produktmenge dieser Produktionsstrang durchgerechnet werden soll.

Als Berechnungsmethoden bieten sich stattdessen Iterationen an, bei denen das System zuerst mit einem Schätzwert für die angeforderte Produktmenge sequentiell und dann iterativ mit verbesserten Werten berechnet wird. Die Konvergenz solcher Systeme ist freilich nicht garantiert. Eleganter ist die geschlossene Lösung des gesamten Systems durch Aufstellen eines – in der Regel linearen – Gleichungssystems, in dem alle diese Verknüpfungen abgebildet werden (Frischknecht und Kolm, 1995). Dabei wird allerdings davon ausgegangen, daß alle Input- und Outputströme der einzelnen Prozesse in einem streng linearen Verhältnis zueinander stehen.

In betrieblichen Ökobilanzen ist die Berechnung solcher Stoffrekursionen oder Recyclingschleifen kein Problem. Dagegen können im Betrieb Senken und Quellen in der Gestalt von Lagern auftreten, die nicht nur eine Stromrechnung, sondern auch eine Bestandsrechnung über die betrachtete Zeitperiode erfordern. Strom- und Bestandsrechnung müssen dabei konsistent sein. Dies entspricht einer kaufmännischen doppelten Buchführung mit Bestands- und Erfolgskonten.

Weiterhin tritt bei Berechnungen längs des Produktlebensweges eine Umkehrung der Rechenrichtung auf: Die Nutzung und Entsorgung des Produktes wird plötzlich „flußabwärts“ berechnet.

Stoffstromnetze

Diese Unterschiede in der Berechung von Produktökobilanzen und betrieblichen Ökobilanzen legen es nahe, völlig verschiedene Methoden zu verwenden. Der Nachteil ist allerdings, daß dafür zwei verschiedene Programme, möglicherweise sogar mit unterschiedlicher Datenbasis benötigt werden – mit entsprechendem finanziellen und personellen Aufwand im Unternehmen.

Dieser Gegensatz wird von den sogenannten Stoffstromnetzen überwunden (Möller, 1993; Möller und Rolf, 1995). Sie basieren auf den sogenannten Petrinetzen, einem speziellen Netztyp aus der theoretischen Informatik, der mit einer strengen Systematik nicht nur den Aufbau komplexer Systeme, sondern auch die kombinierte Strom- und Bestandsrechnung ermöglicht.

Stoffstromnetze bestehen aus drei verschiedenen Elementklassen (siehe Abb. 6). Die Knoten im Netz können entweder *Transitionen* (Quadrate in der graphischen Darstellung) oder *Stellen* (Kreise in der graphischen Darstellung) sein. Die

Knoten werden durch Verbindungen (Pfeile in der graphischen Darstellung) miteinander verknüpft.

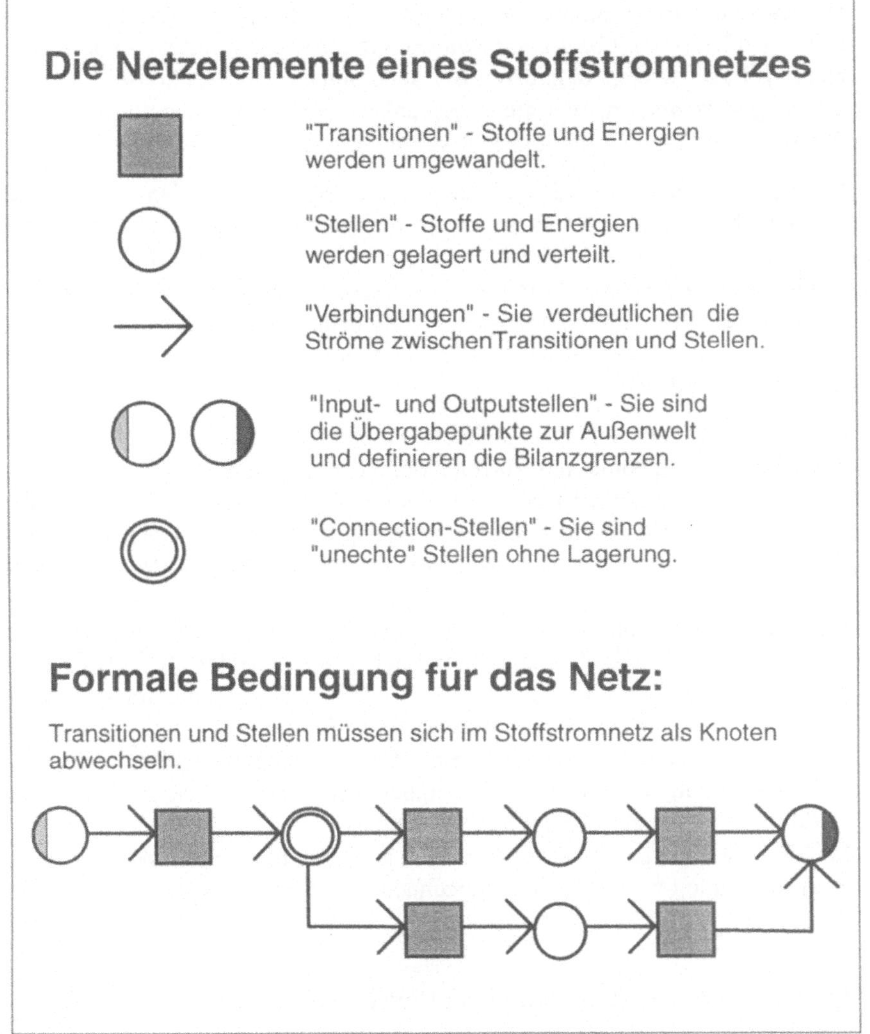

Abb. 6. Netzelemente und formale Bedingung für den Aufbau eines Stoffstromnetzes

Transitionen stehen stellvertretend für Prozesse: Aus verschiedenen Energie- und/oder Stoffströmen auf der Inputseite entstehen nach vordefinierten Regeln oder Rezepturen neue Energien und/oder Stoffe auf der Outputseite. In Transitionen findet also die Energie- und Stoffumwandlung eines Stoffstromnetzes statt.

Stellen sind dagegen Lager, in denen keine Materialumwandlung, sondern nur das Halten von Energie- und Stoffbeständen und die Verteilung derselben erfolgen. Es gibt noch Sondertypen von Stellen, die *Input-* und *Outputstellen*, die die Übergabepunkte der Bilanz zur Außenwelt darstellen, sowie die *Verbindungsstellen* (in Umberto: *Connection Places*), die Ströme nur verteilen können, aber nicht als Lager wirken, d. h. deren Bestände immer Null oder konstant sind.

Verbindungen zeigen an, wie die Energien und Stoffe im Netz fließen, welche Prozesse über die Energie- und Stoffströme miteinander verknüpft sind.

Der Stoffstromnetz-Formalismus besteht u. a. darin, daß Stellen und Transitionen sich als Knoten in einem Netz stets abwechseln. Eine Transition kann also nie mit einer anderen Transition direkt, sondern immer nur über eine Stelle verbunden sein. Findet zwischen zwei Prozessen keine Lagerhaltung statt, dann können die Transitionen durch eine Verbindungsstelle miteinander verbunden werden.

Mit diesem Ansatz der Stoffstromnetze können die wesentlichen o. g. Anforderungen erfüllt werden:

- Mit Stoffstromnetzen können beliebig komplexe Produktionsnetze oder Produktlebenswege modular aus Einzelprozessen aufgebaut werden.
- Es erfolgt eine vollkonsistente Strom- und Bestandsrechnung des Stoffstromnetzes. Wenn der Anwender die Produktionsprozesse in den Transitionen richtig beschrieben hat, können im Netz keine Energien oder Stoffe „verloren gehen".
- Die Berechnung erfolgt sequenziell und lokal, ist aber völlig frei in der Rechenrichtung. Das heißt, die Rechenrichtung hängt nicht von der Stoffstromrichtung ab, sondern nur davon, wo Informationen bereits bekannt sind und wo fehlende Informationen errechnet werden müssen (siehe Beitrag S. 115).
- Mit Stoffstromnetzen kann sowohl eine Periodenrechnung als auch eine Stückrechnung durchgeführt werden. Sie eignen sich somit gleichermaßen für Produktökobilanzen und betriebliche Ökobilanzen.
- Innerhalb der Stoffstromnetze lassen sich auch komplexe Stoffrekursionen oder Recyclingschleifen abbilden und berechnen (siehe Beitrag S. 131).

Möglichkeiten der Stoffstromnetze im Umweltmanagement

Gerade für den betrieblichen Umweltschutz stellen Stoffstromnetze eine erhebliche Innovation dar (Schmidt, 1995b). War es bei betrieblichen Ökobilanzen bisher üblich, den Betrieb als eine „Black Box" zu betrachten, also mit Öko-Kontenrahmen nur das, was in den Betrieb rein- und aus ihm wieder rausfließt, zu bilanzieren, können mit Stoffstromnetzen auch Modelle aufgebaut werden, die die Energie- und Stoffströme und deren Umwandlung *im* Betrieb darstellen. Mit Stoffstromnetzen können sämtliche Informationen bis hinab auf die Ebene einzelner Herstellungsprozesse bereitgestellt werden. Die betriebliche Ökobilanz ist dann lediglich die Zusammenfassung dieser Detailinformationen.

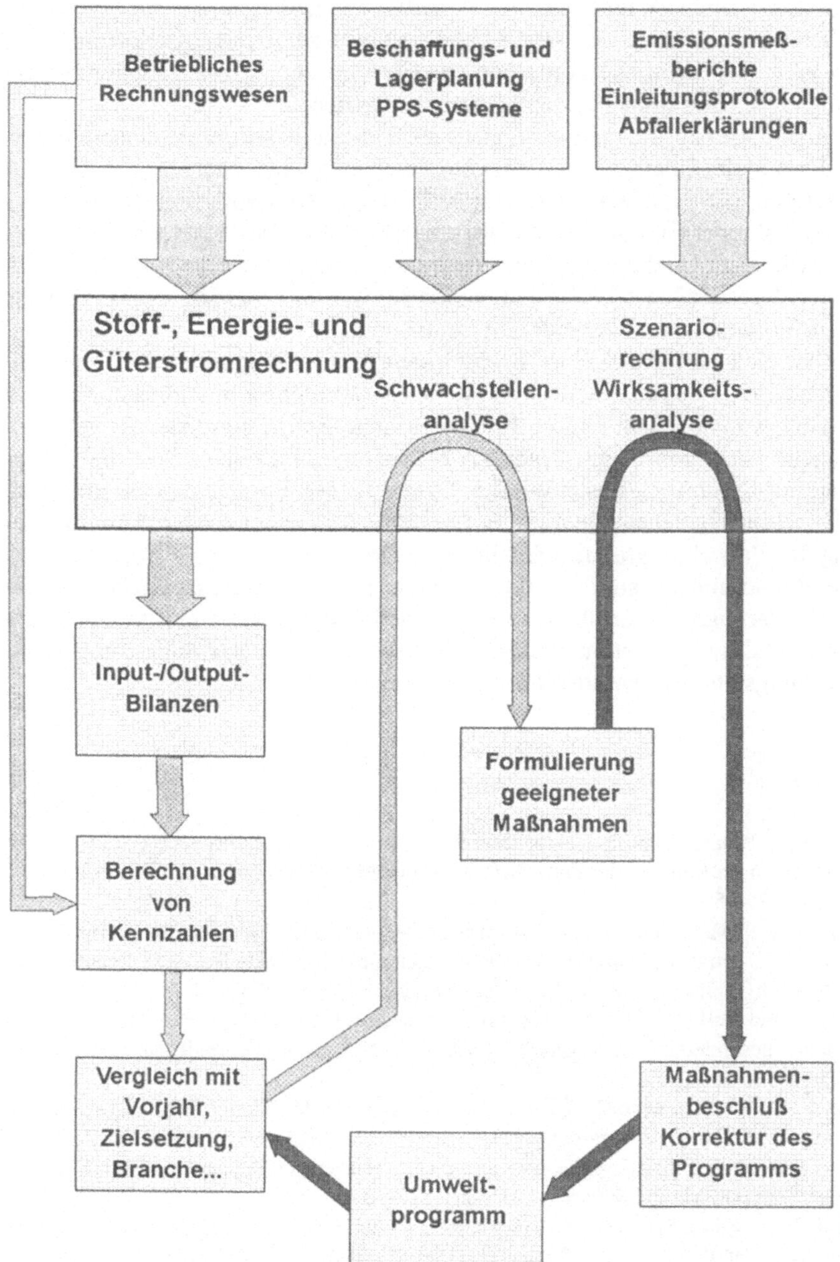

Abb. 7. Stoffstrommanagement mit einer Energie- und Stoffstromrechnung im Rahmen eines Umweltmanagementsystems

Dieser Zugang zu detaillierten Informationen im Stoffstromsystem ist eine wichtige Voraussetzung, um nicht nur ein Berichtswesen, sondern auch eine Schwachstellenanalyse innerhalb des Betriebes zu etablieren, mit der eine kontinuierliche Verbesserung des betrieblichen Umweltschutzes möglich wird. Dies genau ist eine wesentliche Forderung der EG-Verordnung zur freiwilligen Einführung eines Umweltmanagementsystems in Betrieben.

In Abb. 7 ist das Ablaufschema eines solchen Stoffstrommanagements dargestellt. Eine Stoff-, Energie- und Güterstromrechnung wird regelmäßig, z. B. jährlich, auf der Basis von Daten aus dem betrieblichen Rechnungswesen, der Materialwirtschaft oder Emissionsprotokollen durchgeführt. Das Ergebnis wird zu einer betrieblichen Ökobilanz aggregiert. Daraus können für relevante Umweltindikatoren Kenngrößen oder Bewertungsgrößen gebildet werden, um Vergleiche mit dem Vorjahr, anderen Standorten etc. zu ermöglichen.

An den Soll-Ist-Vergleich, z. B. mit einem Umweltprogramm des Unternehmens, kann eine Schwachstellenanalyse im Stoffstromnetz anschließen. Es wird untersucht, von welchem Prozeß besonders hohe Emissionen oder Ressourcenverbräuche herrühren. Danach können Maßnahmen formuliert und ihre Wirksamkeit mit Szenarien getestet werden. Damit werden Entscheidungen innerhalb des Umweltmanagementsystems, z. B. über neue Maßnahmen oder über eine Änderung des Umweltprogramms, fachlich fundiert.

Die Stoffstromnetze sind von ihrem Ansatz her so konzipiert, solche komplexen Anforderungen zu erfüllen, in der Modellierung flexibel und trotzdem anschaulich und transparent zu bleiben. Mit ihnen wird die Ökobilanzierung zu einem leistungsfähigen Instrument des betrieblichen Umweltmanagements.

Literatur

Frischknecht, R. und Kolm, P. (1995): Modellansatz und Algorithmus zur Berechnung von Ökobilanzen im Rahmen der Datenbank ECOINVENT. In: Schmidt, M. und Schorb, A. (Hrsg). S. 79-95

Möller, A. (1993): Datenerfassung für das Öko-Controlling: Der Petri-Netz-Ansatz. In: Arndt, H.-K. (Hrsg.): Umweltinformationssysteme für Unternehmen. Schriftenreihe des Instituts für Ökologische Wirtschaftsforschung Nr. 69/93. Berlin

Möller, A. und Rolf, A. (1995): Methodische Ansätze zur Erstellung von Stoffstromanalysen unter besonderer Berücksichtigung von Petri-Netzen. In: Schmidt, M. und Schorb, A. (Hrsg.). S. 33-58

Möller, F. (1995): Software für Ökobilanzen im Rahmen des Stoffstrommanagement. In: Scheer, A.-W. (Hrsg.): Computergestützte Stoffstrommanagement-Systeme. S. 9-23

Schmidt, M. (1995a): Stoffstromanalysen und Ökobilanzen im Dienste des Umweltschutzes. In: Schmidt, M. und Schorb, A. (Hrsg.). S. 3-13

Schmidt, M. (1995b): Stoffstromanalysen als Basis für ein Umweltmanagementsystem im produzierenden Gewerbe. In: Haasis, H.-D. et al. (Hrsg.): Umweltinformationssysteme in der Produktion. Marburg. S. 67-80

Schmidt, M. und Schorb, A. (Hrsg.) (1995): Stoffstromanalysen in Ökobilanzen und Öko-Audits. Berlin/Heidelberg

Ökobilanzieren mit Umberto

Der Einstieg in Umberto – ein einfaches Beispiel

Mario Schmidt, Heidelberg, Andreas Häuslein, Hamburg

Ein Computerprogramm lernt man am einfachsten durch Ausprobieren kennen. An dieser Stelle wird ein einfaches Beispiel vorgestellt, an dem die wesentliche Funktionsweise von Umberto verdeutlicht wird. In den Beiträgen auf den S. 37, 51 und 115 erfolgt dann ein eher abstrakter Zugang zu der Funktionalität von Umberto.

Aufgabe des Beispiels ist die Erstellung eines einfachen Stoffstromnetzes, das vorläufig aus einem einzigen Prozeß besteht. Dieser Prozeß stellt Polyethylen-Granulat (PE-Granulat) her, benötigt dafür Erdöl und weitere Hilfstoffe und setzt Emissionen frei.

Umberto gliedert seine Daten in *Projekte* und *Szenarien.* Ein *Projekt* wird angelegt, wenn eine neue Aufgabe oder eben ein Projekt ansteht, das z. B. durch eine aufgabenspezifische Materialliste definiert ist. Ein Projekt kann dann aus mehreren *Szenarien* bestehen, die die eigentlichen Stoffstromnetze beinhalten. In Abb. 1 wird mit entsprechenden Fenstern das Projekt „PE-Verarbeitung“ und danach das Szenario „PE-Granulat“ definiert.

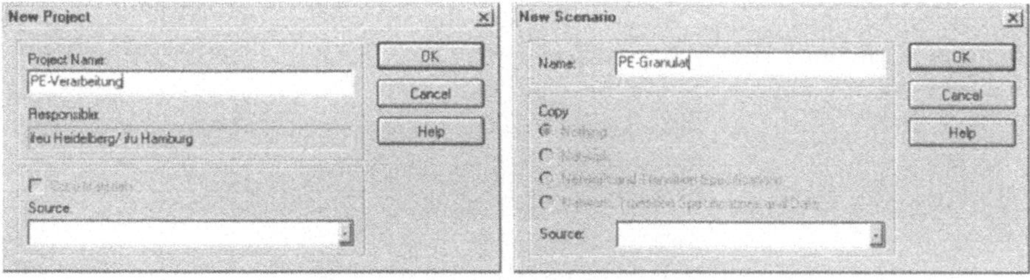

Abb.1. Dialogfenster zum Anlegen neuer Projekte (links) oder Szenarien (rechts)

Für den Benutzer werden mit Anlegen eines Projektes und eines Szenarios die in Abb. 2 dargestellten Fenster geöffnet: Links ist ein Fenster zur Verwaltung der *Materialien* abgebildet, das allerdings noch leer ist. Rechts erscheint das wichtigste Hilfsmittel für den Benutzer: der *Netzwerkeditor.* In ihm werden die Stoffstromnetze graphisch aufgebaut.

Mario Schmidt, Andreas Häuslein (Hrsg.)
Ökobilanzierung mit Computerunterstützung

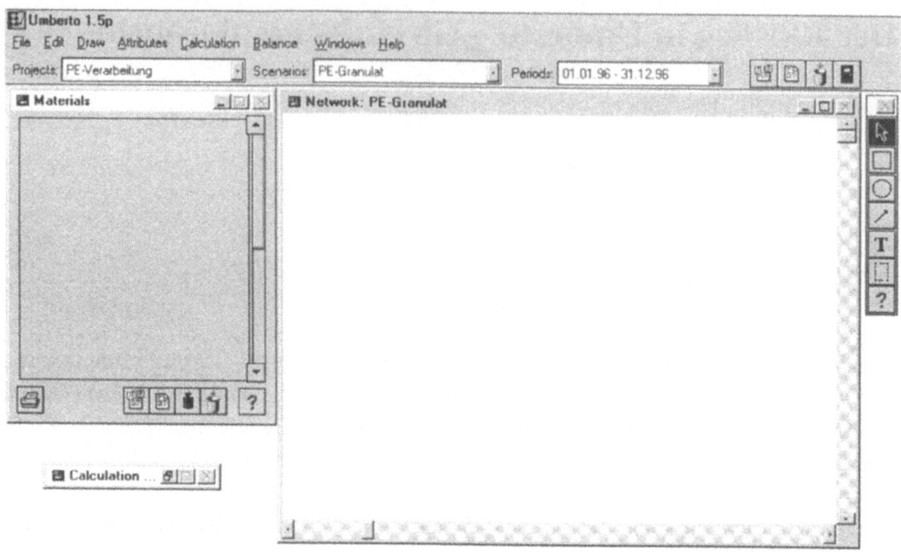

Abb. 2. Die Benutzeroberfläche mit dem Fenster zur Materialverwaltung (links) und dem Netzwerkeditor (rechts)

Entsprechend der o. g. Aufgabe sollen in dem Stoffstromnetz verschiedene *Materialien* fließen. Es empfiehlt sich, diese Materialien zu Beginn zu definieren. Sie können allerdings auch zu einem späteren Bearbeitungszeitpunkt, wenn sich aus der Netzmodellierung die Notwendigkeit ergibt, ergänzt werden. Unter Materialien wird in Umberto alles verstanden, was an Stoffen oder Energie fließen oder gelagert werden kann. Die Materialien können vom Benutzer frei definiert und mit einem Namen bezeichnet werden. Darüber hinaus besteht die Möglichkeit, die Materialien in einer Hierarchie anzuordnen.

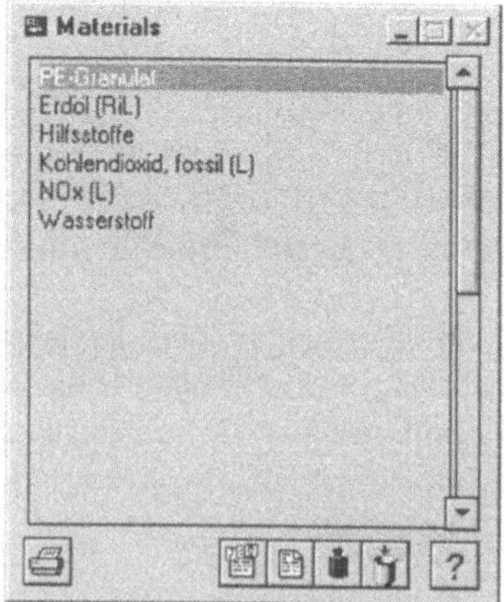

Abb. 3. Das Fenster zur Verwaltung der Materialliste mit einigen Materialeinträgen

Im Materialfenster kann mit dem Button „New“ ein neues Material in die Liste eingefügt werden. Je nachdem, ob es ein Stoff oder eine Energie ist, kann man kg oder kJ als interne Berechnungseinheit (basic unit) gewählt werden. Alle internen Berechnungen zu dem jeweiligen Material werden dann in dieser Einheit durchgeführt. Für die Ein- und Ausgabe der Rechenwerte können allerdings für jedes Material beliebige Einheiten (Data Entry Unit, Display Unit) definiert werden. Für das vorliegende Beispiel werden folgende Materialien definiert:

- PE-Granulat
- Erdöl (RiL)
- Hilfsstoffe
- Kohlendioxid, fossil (L)
- NO_x (L)
- Wasserstoff

Die Zusätze (L) und (RiL) sollen dabei das Material genauer bezeichnen und wurden vom Anwender entsprechend seinen Bedürfnissen gewählt. (L) bedeutet, daß das Umweltmedium Luft betroffen ist, RiL steht für „Rohstoff in Lagerstätten“.

Die wichtigste Aufgabe besteht im Aufbau des eigentlichen Stoffstromnetzes. Dies erfolgt im Netzeditior mit Hilfe einer Toolleiste (in Abb. 2 am rechten Rand). Durch Anklicken eines Symbols mit der Maus, können in der Zeichenfläche entsprechende Symbole plaziert werden. Die Quadrate stehen dabei für *Transitionen*. Sie symbolisieren die Prozesse, bei denen Materialien in irgendeiner Weise umgewandelt werden. Die Kreise stehen für die sogenannten *Stellen* (engl. places). Die Stellen symbolisieren Lager, in denen Materialien gelagert oder von wo aus sie weiter verteilt werden.

Die Entnahme von Roh- und Hilfsstoffen aus der Umwelt sowie die Abgabe von Emissionen bzw. der Produkte in die Umwelt werden mit solchen *Stellen* dargestellt. Sie wirken wie Konten, von denen bzw. auf die bestimmte Materialmengen gebucht werden.

In die Mitte der Zeichenfläche wird mit der Maus eine Transition plaziert. Sie steht für den Prozeß der PE-Granulatherstellung. Zu Gliederung der Input- und Outputströme werden insgesamt vier Stellen im Netz eingefügt: Eine Stelle steht für die Bereitstellung der Rohstoffe, eine weitere für die Hilfsstoffe. Auf der Outputseite sollen alle Emissionen auf eine gemeinsame Stelle fließen, getrennt davon die Produkte auf eine gesonderte Stelle.

Alle Objekte werden vom Programm mit einem Bezeichner (T1, P1, P2, P3...) versehen. Klickt man mit der linken Maustaste doppelt auf diesen Text, so kann man ihn erweitern: z. B. „T1: PE-Granulat-Produktion“.

Die Transition und die vier Stellen müssen allerdings noch miteinander verbunden werden und zwar in Flußrichtung der Materialien. Dazu wird in der Toolleiste das Symbol für Verbindungen, der Pfeil, ausgewählt. Eine Verbindung kann dann eingezeichnet werden, indem die linke Maustaste über dem Anfangsobjekt, z. B. einer Stelle, gedrückt und über dem Endobjekt, der Transition, losgelassen wird. Es wird dann zwischen Stelle und Transition ein Pfeil eingetragen.

Die Stellen P1 und P2 müssen nun noch als Inputstellen bzw. die Stellen P3 und P4 als Outputstellen markiert werden. Dazu werden die Stellen jeweils mit der rechten Maustaste angeklickt. Es erscheint ein Auswahlmenü, bei dem der Typ der Stelle als Input oder Output eingestellt werden kann. Die Stellen werden farblich markiert: Inputstellen werden grün abgebildet und erhalten einen Balken auf der linken Seite, Outputstellen sind rot und tragen einen Balken auf der rechten Seite.

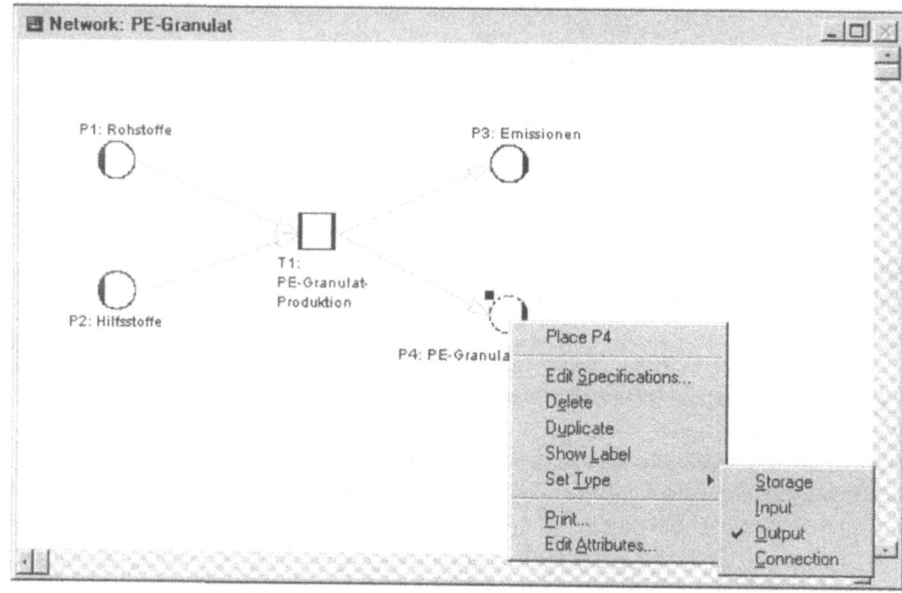

Abb. 4. Ein einfaches Stoffstromnetz mit einer Transition und jeweils zwei Input und Outputstellen. P4 wurde gerade mit einem Auswahlmenü als Outputstelle bezeichnet.

Damit ist das Stoffstromnetz in seiner Netzstruktur festgelegt. Nun kann der Herstellungsprozeß in der Transition T1 beschrieben werden. Dazu wird die Transition T1 definiert oder – wie es in der Fachsprache heißt – *spezifiziert*. Der Prozeß wird einerseits durch die Materialien, die in ihn ein- und aus ihm ausfließen, bestimmt. Andererseits stehen die Materialien auf Input- und Outputseite in einem gewissen funktionellen Verhältnis zueinander. Dadurch läßt sich der Herstellungsprozeß beschreiben. In diesem Fall soll die einfachste Möglichkeit gewählt werden: Alle Materialien sind über Verhältniszahlen miteinander linear verbunden.

Die Transition wird mit der rechten Maustaste angeklickt, und es erscheint ein Auswahlmenü. Mit „Edit Specifications ... Input/Output Relation“ wird ein Spezifikationsfenster für die Transition geöffnet. Es ist in eine Inputliste (links) und in eine Outputliste (rechts) unterteilt. Hier müssen nun die entsprechenden Materialien eingetragen werden. Mit der Maus erleuchtet man in der Liste des Materialfensters das entsprechende Material und „zieht“ es mit gedrückter linker Maustaste auf das Transitionsfenster. Es erfolgen Einträge in den Listen des Transitionsfensters. Die Fragezeichen ??? stehen für die Herkunft des Materials. Hier müssen die entsprechenden Stellen P1 oder P2 angegeben werden. Ist die Herkunft eindeutig, wird diese Spalte vom Programm ausgefüllt. Die Zahlen sind die Koeffizienten, die das relative Verhältnis der Input- und Outputmengen zueinander angeben. Sie können entsprechend dem Produktionsprozeß eingegeben werden.

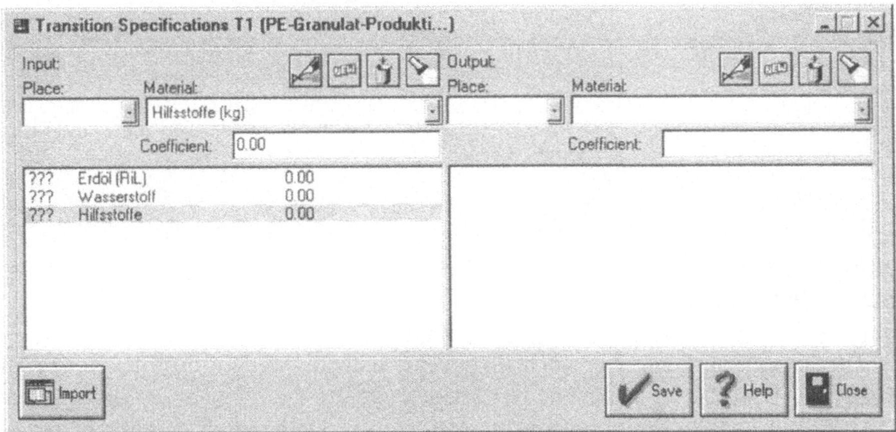

Abb. 5. Das einfache Fenster zur Spezifikation einer Transition mittels Verhältniszahlen zwischen Input und Output

Im vorliegenden Fall wurde angenommen, daß für 100 kg PE-Granulat als Rohstoff 413.48 kg Erdöl benötigt werden. Weiterhin sind 2.424 kg Wasserstoff und 763 g Hilfsstoffe erforderlich. Neben dem eigentlichen Produkt entstehen noch 560.6 kg Kohlendioxid und 1.27 kg NO_x-Emissionen. Die vollständigen Einträge sind in Abb. 6 zu sehen. Die Transition ist damit vollständig *spezifiziert* und kann mit Save und Close abgespeichert werden.

Die Materialien Wasserstoff und Hilfsstoffe fließen im System von der Stelle P2. Die Emissionen von Kohlendioxid und NO_x werden auf P3 gebucht. Damit wird deutlich, daß unter Umberto in einer Stelle, aber auch in den entsprechenden Verbindungen, beliebig viele Materialien fließen können. Es ist nicht notwendig, für jedes Material eine eigene Verbindung einzuführen.

Die Spezifikation der Transition T1 bedeutet nun folgendes: Wenn auf der Outputseite 100 kg PE-Granulat angefordert werden, so berechnet T1 dafür die entsprechenden Mengen, die noch nicht bestimmt sind, also Erdöl (413.48 kg), Wasserstoff usw. auf der Input- bzw. Outputseite. Wird mehr PE-Granulat angefordert, werden die Mengen entsprechend nach oben skaliert, für 200 kg beispielsweise verdoppelt.

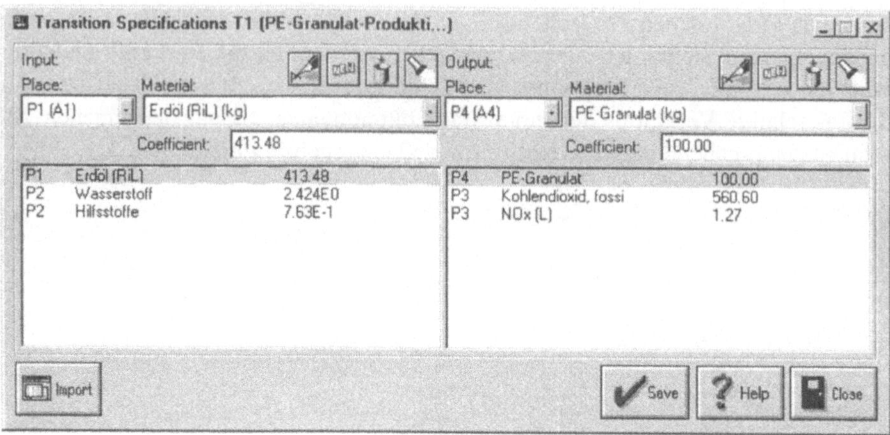

Abb. 6. Vollständig spezifizierte Transition über die Mengenverhältnisse von Input- zu Outputmaterialien

Die Transition kann aber auch umgekehrt rechnen: Wenn die Inputmenge an Erdöl (z. B. 1000 kg) bekannt ist, können daraus die Menge an PE-Granulat (241.85 kg) und die Emissionen berechnet werden. Damit ist in dem modellierten Stoffstromnetz die Rechenrichtung beliebig. Sie hängt davon ab, wo im Netz ein Materialfluß bekannt ist. Das Programm rechnet, von diesem bekannten Fluß ausgehend, alle unbekannten Größen im Netz aus (Details siehe S. 115).

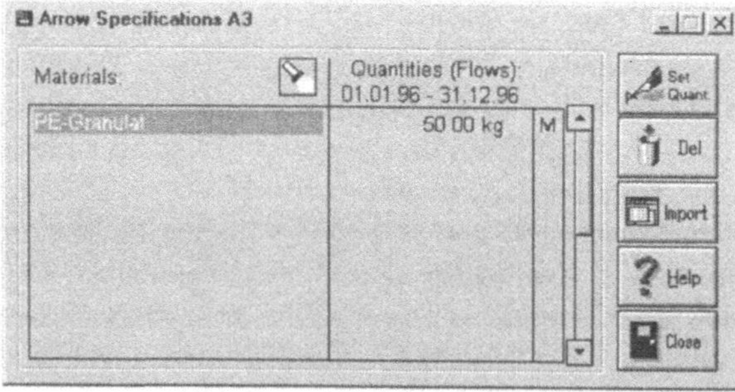

Abb. 7. Für die Verbindungen kann ebenfalls durch Mausklick ein Spezifikationsfenster geöffnet werden. In ihm können z. B. Flußmengen manuell eingetragen werden. Es kann nach der Berechnung aber auch zur Anzeige der berechneten Flüsse verwendet werden.

Dazu wird z. B. in der Verbindung zwischen T1 und P4 ein Fluß von 50 kg PE-Granulat manuell eingetragen (Abb. 7). Dieser manuelle Eintrag wird im sogenannten Calculation Monitor angezeigt. Der Eintrag reicht aus, um das Netz zu berechnen. Das System ist damit vollständig bestimmt. In *welchen* Stellen oder Verbindungen *welche* Materialien in *welchen* Mengen auftreten, ist Aufgabe der Berechnung. Drückt man auf den Button unten links im Calculation Monitor, so rechnet Umberto die unbekannten Größen im Stoffstromnetz aus. Den Berechnungsvorgang kann man graphisch verfolgen, da Umberto die berechneten Verbindungen nacheinander schwarz einfärbt. Kann das Programm an einer Stelle nicht weiterrechnen, weil Informationen fehlen, so wird der Berechnungsvorgang dort unterbrochen und die Verbindungen bleiben grau eingefärbt.

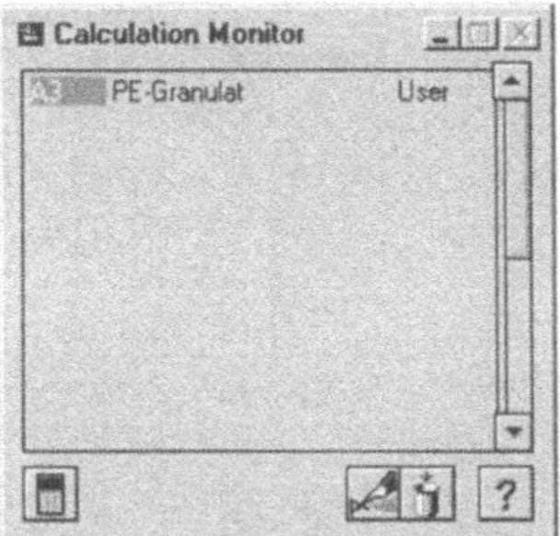

Abb. 8. Der sogenannte Calculation Monitor zeigt alle manuell eingetragenen Flüsse im Stoffstromnetz an. Von ihm aus läßt sich mit dem Button unten links der Berechnungsvorgang starten.

Das berechnete Stoffstromnetz läßt sich nun auf zweierlei Weise auswerten. Zum einen kann man jedes beliebige Objekt im Stoffstromnetz anklicken und sich anzeigen lassen, welche Materialströme dort fließen oder gelagert werden. Umberto hat automatisch alle Materialien eingetragen, die Einträge auf Konsistenz geprüft und die Mengen berechnet. In Abb. 9 ist z. B. der Bestand an Emissionen zu sehen, der auf die Outputstelle P3 „gebucht" wurde.

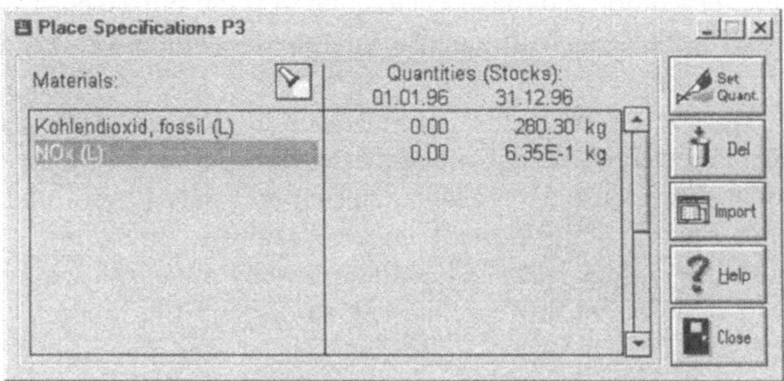

Abb. 9. Die berechnete Menge an Emissionen in der Outputstelle P3

Zum anderen besteht die Möglichkeit, für das gesamte Stoffstromnetz oder wählbare Ausschnitte daraus eine Bilanz erstellen zu lassen. Dazu werden sämtlichen Einträge der Inputstellen sowie der Outputstellen für die einzelnen Materialien addiert und nach verschiedenen Sortierkriterien aufgelistet. Solche Bilanzen werden mit einem speziellen Fenster, dem sogenannten „Umberto Inventory Inspector" angezeigt (Abb. 10). Er ermöglicht umfangreiche graphische Darstellung (siehe S. 79) und weiterhin auch Bewertungen dieser Sachbilanzergebnisse (siehe S. 105).

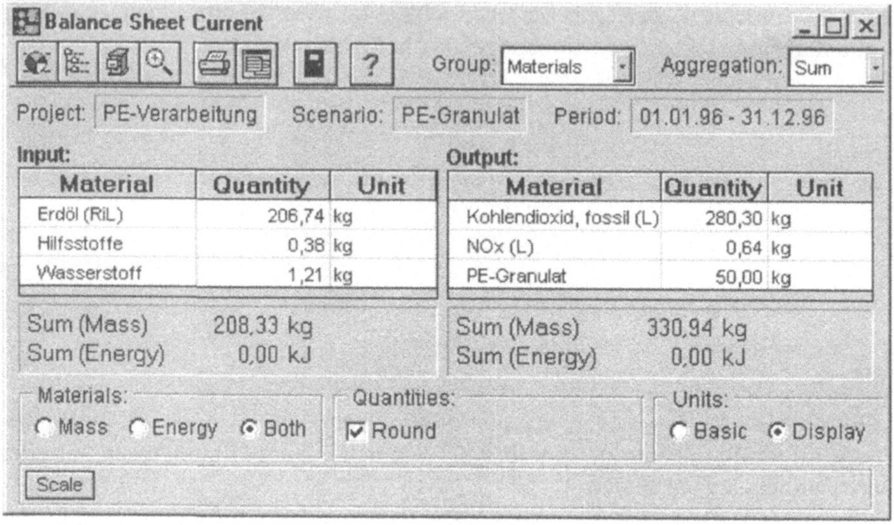

Balance Sheet Current

Group: Materials Aggregation: Sum

Project: PE-Verarbeitung Scenario: PE-Granulat Period: 01.01.96 - 31.12.96

Input:

Material	Quantity	Unit
Erdöl (RiL)	206,74	kg
Hilfsstoffe	0,38	kg
Wasserstoff	1,21	kg

Sum (Mass) 208,33 kg
Sum (Energy) 0,00 kJ

Output:

Material	Quantity	Unit
Kohlendioxid, fossil (L)	280,30	kg
NOx (L)	0,64	kg
PE-Granulat	50,00	kg

Sum (Mass) 330,94 kg
Sum (Energy) 0,00 kJ

Materials: Mass Energy Both Quantities: Round Units: Basic Display

Scale

Abb. 10. Das Bilanzergebnis für das gesamte Stoffstromnetz oder für Ausschnitte davon wird mit dem Umberto Inventory Inspector angezeigt.

Der Vorteil von Umberto liegt in der Flexibilität der weiteren Bearbeitung. Nachdem man dieses einfache Netz erfolgreich bearbeitet hat, könnte man es nun beliebig verändern oder erweitern. Eine zusätzliche Aufgabe bestünde z. B. darin, das Netz so zu erweitern, daß das PE-Granulat 200 km mit einem Lkw transportiert werden soll, um danach in einem weiteren Herstellungsprozeß zu PE-Folie verarbeitet zu werden.

Der Lkw-Transport wird in diesem Fall auch als Prozeß, d. h. als Transition aufgefaßt, denn es werden in Abhängigkeit der transportierten Menge (die im Input und Output des Transportvorgangs natürlich konstant bleibt) und der Transportentfernung Energie umgewandelt und Emissionen „produziert". Der Transportvorgang soll allerdings nicht neu modelliert werden. Hierfür kann auf ein vordefiniertes Modul aus einer Prozeßbibliothek zurückgegriffen werden.

Der Herstellungsprozeß zur PE-Folie kann wieder vom Benutzer definiert werden. Er muß dabei nicht unbedingt lineare Verhältniszahlen zur Berechnung der Input- und Outputgrößen verwenden. Er kann auch komplexere mathematische Beziehungen zwischen Input- und Output definieren (siehe S. 51).

An dieser Stelle soll nur angedeutet werden, wie das Netz auf einfache Weise erweitert werden kann. Dazu wird die Stelle P4 angeklickt und im Typ zu einer *Verbindungsstelle* (Connection Place) umgewandelt. Dies deutet an, daß das PE-Granulat in P4 nicht gelagert werden soll, sondern direkt in den nächsten Prozeß weiterfließt. Dazu wird eine Transition T2 für den Lkw-Transport definiert. Mit dem Auswahlmenü für Transitionen kann aus der Prozeßbibliothek dann ein geeigneter Datensatz geladen werden (siehe S. 61). Einer weiteren Verbindungsstelle folgt schließlich die Transition T3, die den Herstellungsprozeß zur PE-Folie darstellt. Die Transition kann über den Input PE-Granulat, über irgendwelche Hilfstoffe und Energie sowie über den Output PE-Folie in bekannter Weise spezifiziert werden. Zwischen allen Stellen und Transitionen werden die erforderlichen Verbindungen gezogen. Von der Transporttransition können Emissionen z. B. auch auf P3 fließen.

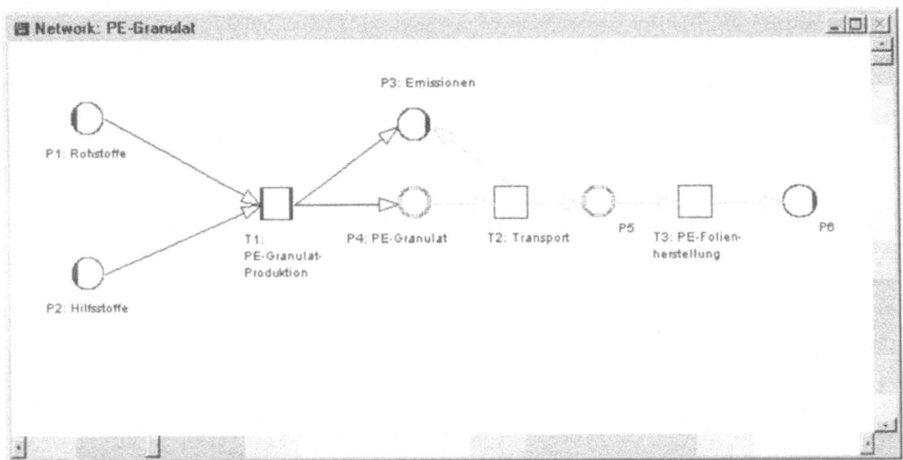

Abb. 11. Einfache Erweiterung des Netzes durch einen Transportprozeß und den Prozeß der PE-Folienherstellung

Bei der Erweiterung des Stoffstromnetzes wird spätestens bei der Transition T3 die Einführung eines weiteres Materials „PE-Folie" notwendig. Dies kann problemlos im Materialfenster nachträglich ergänzt werden. Für den Fall, daß in einem vordefinierten Modul aus der Prozeßbibliothek andere Materialien, als die im Projekt bereits definierten, verwendet werden (z. B. Diesel für den Lkw-Transport), ergänzt Umberto die Liste automatisch um die zusätzlich erforderlichen Materialien.

In Abb. 12 ist der Endzustand des erweiterten Netzes dargestellt. Es wurde eine weitere Inputstelle für die Bereitstellung von elektrischem Strom sowie eine Outputstelle für die Ablagerung von Abfall eingeführt. Letztere hätte quasi die Bedeutung einer Deponie. Die PE-Folie fließt auf die Outputstelle P6. Will man das Netz neu durchrechnen, so kann entweder eine Menge an PE-Folie zwischen T3 und P6 manuell festgelegt werden, oder eine Menge an PE-Granulat zwischen T1 und P4 oder Erdöl zwischen P1 und T1. Möglich wäre aber auch die Vorgabe einer bestimmten Menge an Wasserstoff. Umberto könnte aufgrund der Verhältniszahlen die restlichen Größen im Netz bis hin zur PE-Folie berechnen.

Stoffstromnetze können allerdings auch so aufgebaut werden, daß mehrere manuelle Einträge an verschiedenen Punkten im Netz notwendig sind, um es vollständig zu berechnen. Mit dem Input Monitor (siehe S. 137) ist eine komfortable

Verwaltung dieser manuellen Vorgaben möglich. Das Programm wird damit sehr flexibel einsetzbar und eignet sich zu mehr als nur zur reinen Ökobilanzierung.

Das soeben aufgebaute Netz könnte nun wiederum erweitert werden. So wird momentan auf der Inputseite elektrischer Strom für die Folienherstellung benötigt und als solcher bilanziert. Es wäre jetzt aber denkbar, diesen Strom von einem Kraftwerk produzieren zu lassen und stattdessen auf der Inputseite des Gesamtsystems Steinkohle o. ä. zu bilanzieren. Umgekehrt könnte man den Abfall auf eine Transition „Deponie" fließen lassen. Die Deponie würde dann als Umwandlungsprozeß aufgefaßt, bei der Sickerwasser, Deponiegas usw. entsteht.

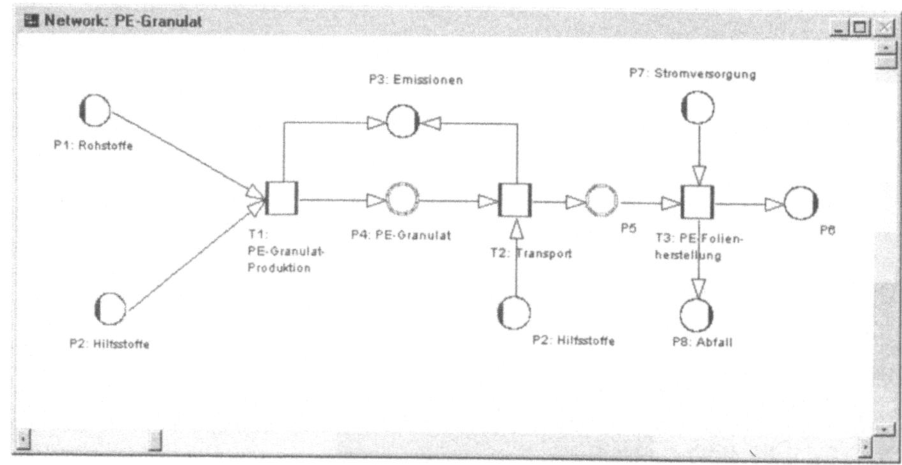

Abb. 12. Erweitertes Netz im Endzustand

Die verschiedenen Erweiterungen des Netzes können jeweils gesondert als eigenes Szenario innerhalb des Projektes „PE-Verarbeitung" abgespeichert werden. Damit sind alle Bearbeitungsschritte des Stoffstromnetzes rekonstruierbar und die Ergebnisse miteinander vergleichbar.

Die Grundfunktionen von Umberto

Andreas Häuslein, Jan Hedemann, Hamburg

Bei der Erstellung einer Stoffstromanalyse oder Ökobilanz wird der Bearbeiter im wesentlichen mit drei Aufgabenbereichen konfrontiert:

- Modellierung des untersuchten Stoffstromsystems[1]
- Berechnung unbekannter Stoffströme und -bestände
- Auswertung und Darstellung der Stoffstromdaten

Die *Modellierung des untersuchten Stoffstromsystems* beinhaltet die Abbildung der Eigenschaften des realen Systems in eine abstrakte Repräsentation im Computer, die im weiteren Verlauf der Untersuchung als Modell des Systems genutzt wird. Bei der Abbildung werden idealerweise alle Eigenschaften berücksichtigt und im Modell festgehalten, die im Zusammenhang mit einer Stoff- und Energiestromanalyse sowie der Ausgangsfragestellung der Untersuchung von Bedeutung sind.

Die *Berechnung unbekannter Stoffströme und -bestände* geht von den Angaben aus, die bereits im Modell vorhanden sind, und ermittelt daraus alle Werte, die auf der Basis der vorliegenden Daten ableitbar sind. Auf diese Weise wird der im Modell vorhandene Datenbestand erweitert.

Durch die *Auswertung und Darstellung der Stoff- und Energiestromdaten* wird versucht, Erkenntnisse im Sinne der Ausgangsfragestellung zu gewinnen. Es gehört zu den Grundprinzipien jeder Modellierung, daß die mit dem Modell gewonnen Erkenntnisse auf das untersuchte System selbst übertragen werden. Zur Vertiefung der methodischen Aspekte der Modellierung wird auf Page (1991) verwiesen.

Die genannten Aufgabenbereiche einer Stoffstromanalyse und Ökobilanzierung werden bei der folgenden Beschreibung der Funktionalität des Programms zur Strukturierung genutzt.

[1] Wenn in diesem Beitrag nur Stoffe, nicht aber Energie explizit genannt werden, ist dies keine inhaltliche Einschränkung, sondern dient lediglich der einfacheren Formulierung. Implizit sind jeweils auch die energetischen Aspekte eingeschlossen. Der Begriff „Material" umfaßt unter Umberto sowohl Stoffe als auch Energie.

Mario Schmidt, Andreas Häuslein (Hrsg.)
Ökobilanzierung mit Computerunterstützung

Modellierung von Stoffstromsystemen mit Umberto

Das Programm Umberto basiert auf der Methodik der *Stoffstromnetze*, die auf S. 20 beschrieben ist (siehe auch (Möller und Rolf, 1995)). Stoffstromnetze bestehen aus den Elementen *Transitionen* zur Beschreibung von Umwandlungsprozessen, *Stellen* zur Abbildung von Beständen und *Verbindungen* für die Stoffströme. Die „Knoten" eines Stoffstromnetzes sind die Transitionen und Stellen. Mit diesen Elementen können beliebig komplexe Netzstrukturen für die Stoffströme aufgebaut werden.

Ein Stoffstromnetz besteht aber nicht nur aus einer Netzstruktur. Neben der *Strukturebene* existiert noch eine *Spezifikationsebene* und eine *Dokumentationsebene*. Die sogenannte *Spezifikation* dient der Beschreibung der einzelnen Netzelemente, z. B. der Umwandlungsprozesse in Gestalt von Transitionen. Die Strukturebene und die Spezifikationsebene stehen in Beziehung zueinander und beschreiben zusammen das Stoffstromnetz. Um ein untersuchtes System als Stoffstromnetz zu modellieren, sind daher die folgenden Teilaufgaben zu bearbeiten (siehe auch Häuslein und Hedemann, 1995):

- Aufbau der Struktur des Stoffstromnetzes
- Spezifikation der Netzelemente
- Dokumentation

In den folgenden Abschnitten wird dargestellt, welche Funktionen Umberto zur Bearbeitung dieser Teilaspekte der Modellierung zur Verfügung stellt. In einem abschließenden Abschnitt werden weitere Aspekte der Modellierung behandelt, die die Strukturierung des Gesamtdatenbestandes über die Stoffstromnetze hinaus betreffen.

Aufbau der Struktur des Stoffstromnetzes

Beim Aufbau der Struktur des Stoffstromnetzes geht es darum, sowohl die Elemente, die im realen System die Stoff- und Energieströme beeinflussen, als auch die Wege der Ströme zwischen den Elementen zu identifizieren und im Modell festzuhalten. Auf besondere strukturelle Konstellationen, die bei der Modellierung adäquat behandelt werden müssen (z. B. Recyclingschleifen oder Einführung von Materialkonten durch entsprechende Stellen) wird in den Beiträgen auf S. 131 und S. 71 gesondert eingegangen.

Der Aufbau der Struktur der Stoffstromnetze erfolgt in Umberto direkt am Bildschirm. Umberto bietet einen *interaktiven graphischen Netzeditor*, mit dessen Funktionen die Netzelemente und ihre Verbindungen in einem Bildschirmfenster vom Benutzer mit der Maus eingefügt werden können (siehe Abb. 1). Die Struktur des Stoffstromnetzes wird graphisch in Form eines *Netzdiagramms* dargestellt.

Dabei kommt die Symbolik der Stoffstromnetze zur Anwendung, wie sie auf S. 20 vorgestellt wurde.

Zum Einfügen neuer Netzelemente wählt der Benutzer in einer separaten Tool-Leiste das einzufügende Symbol per Mausklick aus und positioniert es mit einem weiteren Mausklick in der Fläche des Bildschirmfensters. Zum Einfügen von Verbindungen führt der Benutzer nach Auswahl des Verbindungssymbols in der Tool-Leiste die Maus mit gedrückter Maustaste zwischen den zu verbindenden Netzelementen. Alle eingefügten Netzelemente erhalten vom Programm automatisch einen Kurzbezeichner, der ihre eindeutige Identifizierung sicherstellt. Zusätzlich kann der Benutzer die Elemente benennen, um die Interpretation des Netzdiagramms für einen Betrachter zu erleichtern.

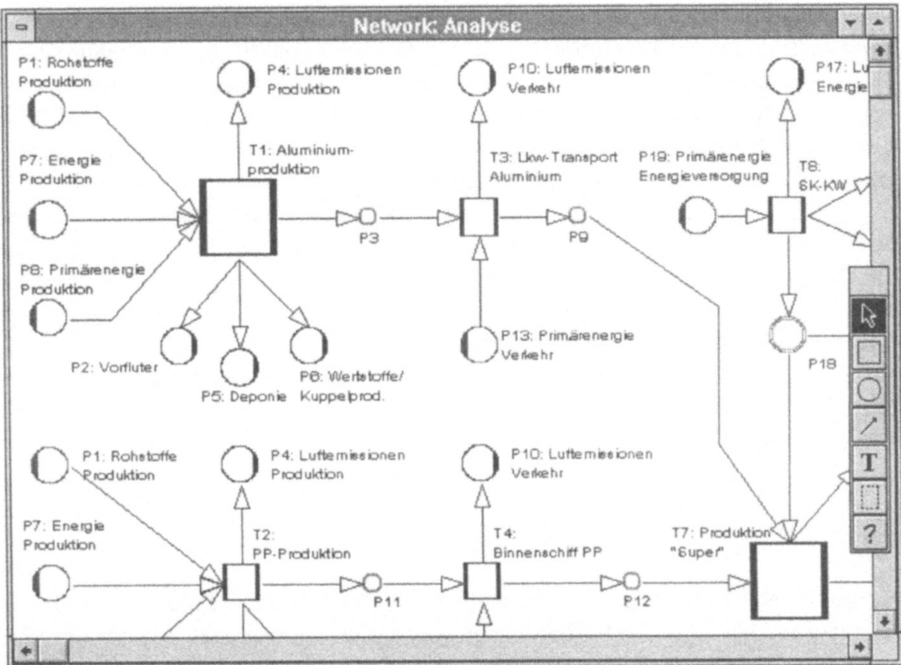

Abb. 1. Darstellung der Struktur eines Stoffstromnetzes in einem Bildschirmfenster von Umberto (mit Tool-Leiste)

Das *Layout des Netzdiagramms* kann der Benutzer mit Hilfe zahlreicher Funktionen, seinem Bedarf entsprechend, gestalten. Die wichtigste Funktion des Netzeditors ist in diesem Zusammenhang das Verschieben von Netzelementen. Einzelne Elemente oder Gruppen von ausgewählten Netzelementen können mit der Maus oder per Cursortasten auf der Zeichenfläche des Bildschirmfensters verschoben werden. Alle Verbindungen, die zu verschobenen Elementen bestehen, werden automatisch nachgeführt. Das gleiche gilt für die Namen der Elemente, die ihrerseits relativ zum Netzelement ebenfalls frei positioniert werden können. Auch die

Variation der Symbolgröße und das Einfügen von Eckpunkten in den Verlauf von Verbindungslinien unterstützen eine problembezogene und übersichtliche Gestaltung des Netzlayouts.

Durch das Einfügen von Rahmen und ergänzenden Texten kann die Anschaulichkeit und Aussagekraft des Netzdiagramms weiter erhöht werden. Diese zusätzlichen graphischen Elemente zählen jedoch nicht zur logischen Netzstruktur und haben keinen Einfluß auf die Stoff- und Energieströme.

Eine wichtige Funktion zur Gestaltung des Netzlayouts ist das *Duplizieren von Stellen* (siehe auch S.72). Beim Duplizieren einer Stelle wird ein weiteres Symbol für die Stelle erzeugt. Auf logischer Ebene handelt es sich somit weiterhin um *eine* Stelle, die jedoch im Netzdiagramm durch *mehrere Symbole* dargestellt wird. Dementsprechend haben alle Duplikate den gleichen Bezeichner. Der Einsatz von Stellenduplikaten ist nützlich, wenn eine Stelle mit vielen Transitionen in Verbindung steht und diese Transitionen weit verteilt in der Netzstruktur auftreten. Ohne die Möglichkeit zu Stellenduplikaten müßten alle Verbindungen im Netzdiagramm von einem Stellensymbol ausgehend gezogen werden. Dies würde zu vielen langen Verbindungen sowie Überkreuzungen von Verbindungen führen und die Übersichtlichkeit des Netzdiagramms erheblich einschränken.

Im Sinne einer möglichst aussagekräftigen Modellierung ist anzustreben, das Netzdiagramm in Anlehnung an die Struktur des realen Systems aufzubauen. Bei der Gestaltung des Netzlayouts ist jedoch auch zu berücksichtigen, daß die graphische Darstellung des Stoffstromnetzes in Umberto *den* wesentlichen Zugang zur Spezifikationsebene und damit zu den Prozeß- bzw. den Stoff- und Energiestromdaten bildet. Neben der Nähe zu realen Systemstrukturen ist deshalb die Übersichtlichkeit der Netzstruktur als Gestaltungskriterium für das Netzdiagramm ebenfalls von Bedeutung.

Spezifikation der Netzelemente

Neben der Netzstruktur müssen die darin enthaltenen Netzelemente, also die Transitionen, Stellen und/oder Verbindungen spezifiziert werden. Das Ziel der Spezifikationen ist einerseits, bekannte Stoffstromgrößen in den Stoffstromnetzen festzuhalten. Andererseits sollen die Spezifikationen dazu dienen, die Berechnung von möglichst vielen unbekannten Stoffströmen und -beständen zu ermöglichen.

Gegenstand der Spezifikation der Netzelemente ist es, für die Elemente quantitative Angaben zu machen, die Art und Umfang der Stoff- und Energieflüsse direkt oder indirekt bestimmen. Jede Angabe in den Spezifikationen besteht in Stoffstromnetzen grundsätzlich aus der Materialbezeichnung und der Angabe zur Materialmenge bzw. zur Ermittlung einer Materialmenge (siehe z. B. Abb. 2).

Zur Vorbereitung von Spezifikationen müssen zunächst die Namen der Materialien eingegeben werden, die in den Spezifikationen auftreten sollen. In Umberto wird für ein Untersuchungsprojekt eine *Materialliste* geführt, die alle dort auftretenden Materialien zusammenfaßt. In diese Materialliste kann der Benutzer seinem

Bedarf bei der Modellierung entsprechend zusätzliche Materialien eintragen. Die Möglichkeiten, die Umberto beim Aufbau der Materialliste und ihrer Strukturierung bietet, werden z. B. im Beitrag auf S. 189 gezeigt.

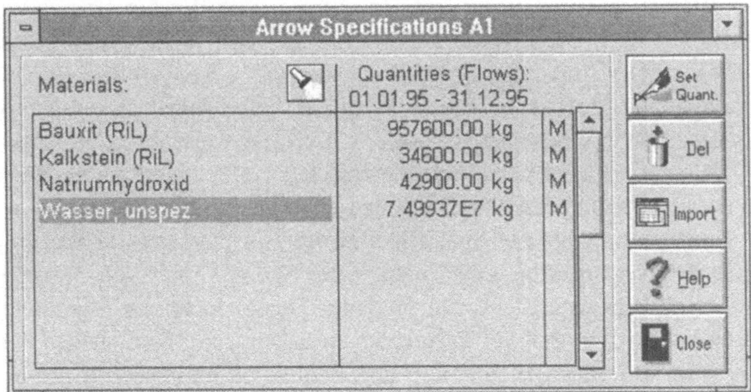

Abb. 2. Beispiel eines Spezifikationsfensters für Verbindungen

Über die Gemeinsamkeit des grundsätzlichen Aufbaus der Spezifikationsangaben hinaus unterscheidet sich der Inhalt der Angaben in Abhängigkeit vom Typ des spezifizierten Netzelementes:

- *Transitionen*: Zur Spezifikation von Transitionen werden die Materialien angegeben, die als Input oder Output des abgebildeten Prozesses auftreten, und es werden Angaben gemacht, wie die Materialströme, die in dem Prozeß auftreten, voneinander abhängen. Diese Angaben dienen dazu, aus einem oder mehreren für diese Transition bekannten Stoffströmen die anderen an der Transition unbekannten Ströme zu berechnen. Die Angaben zu den Abhängigkeiten können in Form von Verhältniszahlen oder Funktionsdefinitionen gemacht werden. Auf die Möglichkeiten der Transitionsspezifikationen wird im Detail im Beitrag auf S. 51 eingegangen. Für eine Reihe von Prozessen, die im Rahmen der Modellierung von Stoffstromsystemen wiederholt in Stoffstromnetzen zu berücksichtigen sind, ist die Spezifikation in der *Prozeßbibliothek* enthalten, die mit dem Programm Umberto mitgeliefert wird. Die Prozeßbibliothek und ihre Nutzung wird im Beitrag auf S. 61 ausführlich beschrieben.
- *Stellen*: Die Spezifikation für Stellen besteht aus der Angabe von Anfangsbeständen von Materialien für den jeweils eingestellten Betrachtungszeitraum. Jede Angabe zu einem Anfangsbestand besteht aus der Materialbezeichnung und der Materialmenge. Typischerweise werden nur für Stellen vom Typ "Storage" Spezifikationen gemacht. Für Stellen anderen Typs reicht es meist aus, von einem Anfangsbestand Null für jedes dort auftretende Material auszugehen.
- *Verbindungen*: Um Verbindungen zu spezifizieren, werden die Materialien angegeben, von denen ein Fluß in der jeweiligen Verbindung auftritt, und die zugehörige Mengenangabe, die sich auf den jeweils eingestellten Betrachtungszeitraum bezieht (siehe Abb. 2). Unter der Voraussetzung, daß zu den meisten

Transitionen Spezifikationen vorliegen, genügen nur wenige Verbindungsspezifikationen, um alle anderen Stoffströme berechnen zu können.

Jede Spezifikation kann aus beliebig vielen Angaben zu Materialarten und -mengen bestehen; beispielsweise können entlang einer Verbindung in der Netzstruktur beliebig viele unterschiedliche Materialien mit jeweils unterschiedlichen Mengen fließen. Der Inhalt der Spezifikationsangaben ist zum Teil durch die bereits festgelegte Netzstruktur bestimmt. Es dürfen keine Angaben gemacht werden, die in Widerspruch zur Netzstruktur stehen. Beispielsweise kann ein Prozeß kein Material von einem Lager beziehen, wenn in der Netzstruktur keine Verbindung zwischen der entsprechenden Transition und einer Lagerstelle besteht.

Der Ausgangspunkt für die Spezifikation der Netzelemente ist die graphische Darstellung der Netzstruktur. Die Eingabe der Spezifikation von Netzelementen erfolgt in Spezifikationsfenstern, die für jedes Netzelement per Menübefehl oder Doppelklick auf das Symbol des Elementes zu öffnen sind. Der Aufbau der Spezifikationsfenster ist je nach Elementtyp unterschiedlich und spiegelt die oben aufgeführten unterschiedlichen Spezifikationsinhalte wider.

Die Vorgehensweise bei der Eingabe einer Spezifikation ist grundsätzlich zweistufig: zuerst wird das Material angegeben, danach erfolgt die Eingabe eines (Mengen-)Wertes für das Material. Die Angabe des Materials erfolgt ausgehend von der Materialliste. Dort kann der Benutzer ein Material auswählen und per Maus nach dem Prinzip des „Drag & Drop“ in das jeweilige Spezifikationsfenster übertragen.

Die Mengenangaben in den Spezifikationen können in einem speziellen Bildschirmfenster vom Benutzer per Tastatur gemacht werden. Dabei kann er gesondert definierte Eingabeeinheiten für das jeweilige Material ebenso nutzen wie die Auswertungsmöglichkeit von Berechnungsvorschriften, die zur Ermittlung des Mengenwertes eingegeben werden können. Diese Funktionen der Werteeingabe bestehen auch für die Eingabe von Verhältniszahlen in den Transitionsspezifikationen. Wenn eine Transitionsspezifikation in Form von Funktionsdefinitionen erfolgen soll, findet die Eingabe der Funktionstexte in einem gesonderten Fenster mit der Funktionalität eines einfachen Texteditors statt (siehe Beitrag S. 51).

Neben der hier beschriebenen Eingabe der einzelnen Spezifikationsangaben zu einzelnen Netzelementen per Maus und Tastatur können die Spezifikationsdaten auch aus separat vorliegenden Dateien importiert werden. Für den Import können Dateien von Spreadsheet- und Datenbankprogrammen oder ASCII-Dateien genutzt werden. Die Inhalte der Dateien müssen Formatvorschriften genügen, die vom Typ des zu spezifizierenden Elementes abhängig sind.

Eine weitere Möglichkeit, Spezifikationsdaten in die Netzelemente einzutragen, bietet Umberto mit einer eigens für diesen Zweck geschaffenen Programmkomponente, dem sogenannten „Input Monitor". Der Input Monitor gestattet es, Listen von Spezifikationsdaten zusammenzustellen. Eine einzelne Angabe in diesen Listen besteht aus einer Koeffizientenbezeichnung, einer Wertangabe und einer Einheit. Jede Liste, die zunächst unabhängig von einzelnen Netzen aufgebaut wird, kann zur Versorgung eines Stoffstromnetzes mit Spezifikationsdaten genutzt werden. Dazu müssen die Angaben in den Listen den zu spezifizierenden Elementen des sich aktuell in Bearbeitung befindenden Netzes zugeordnet werden. Auf Knopfdruck werden die Werte aus der Liste in die Spezifikationen der referenzierten Netzelemente übertragen. Der Input Monitor bildet in Umberto somit eine zentrale Komponente zur Werteversorgung der Stoffstromnetze, die auch zur Anbindung von externen Datenquellen genutzt werden kann. Der Input Monitor und die aus seiner Funktionalität resultierenden weitreichenden Möglichkeiten werden im Beitrag auf S. 137 näher erläutert.

Dokumentation der Netze, Netzelemente und Materialien

Die Angaben, die im Verlauf der Modellierung die logischen und funktionalen Zusammenhänge in einem Stoffstromnetz bestimmen, werden meist durch eine Vielzahl von vereinfachenden und hypothetischen Annahmen, von Randbedingungen und Zielsetzungen geprägt. Diese Einflüsse auf das entstehende Modell lassen sich aus den im Resultat vorliegenden Netzstrukturen und Elementspezifikationen nachträglich nicht mehr erschließen. Für das Verständnis der Stoffstromnetze und die korrekte Interpretation der Netze und der mit ihnen ermittelten Ergebnisse ist es jedoch unverzichtbar, auch diese Einflüsse explizit zu dokumentieren, die sich nur indirekt im Modell wiederfinden. Das Programm Umberto bietet daher für die Stoffstromnetze und alle in ihnen auftretenden Objekte Dokumentationsmöglichkeiten an. Es stehen Textfelder zur Verfügung, in die beschreibender Text eingegeben oder per Zwischenablage übertragen werden kann.

Diese dokumentieren Texte sind einerseits bei Benutzung des Programms direkt per Mausklick für jedes Objekt abrufbar, andererseits sind sie in den Reports enthalten und stehen damit auch in ausgedruckter Form für die Gesamtdokumentation der Stoffstromnetze zur Verfügung.

Weitere Aspekte der Modellierung in Umberto

Beim Einsatz einer Software zur Ökobilanzierung entsteht schnell ein so großer Datenbestand, daß die Abgrenzung durch die Stoffstromnetze als alleinige Strukturierung des gesamten Datenbestandes nicht ausreicht. In Umberto sind daher zusätzliche Strukturierungselemente vorgesehen (siehe Abb. 3).

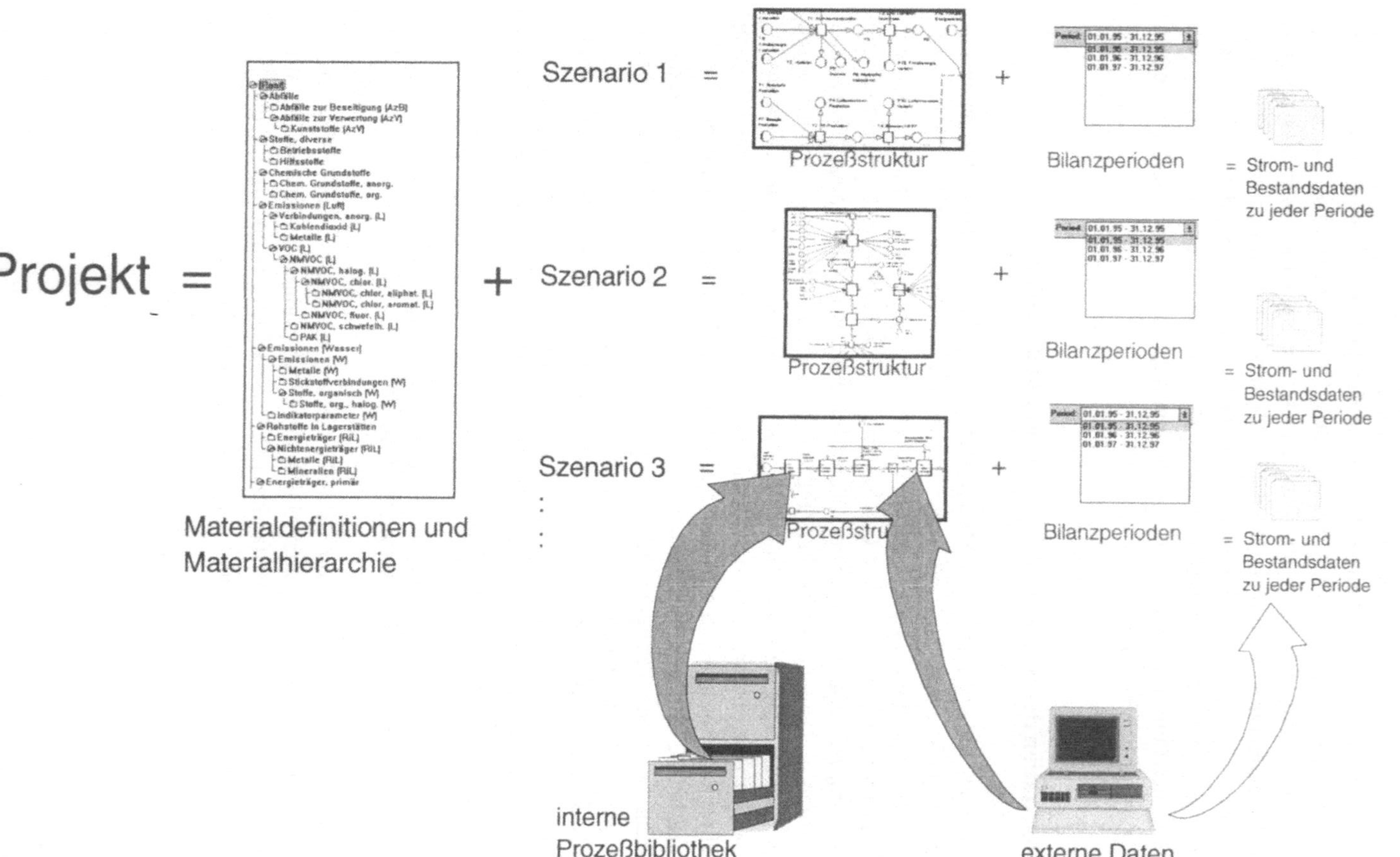

Abb. 3. Datenstruktur unter Umberto (Schmidt, 1996)

Projekte fassen alle Daten zusammen, die zu einem inhaltlich abgegrenzten Untersuchungsthema gehören. Sie beinhalten eine *Materialliste* mit einer ordnenden Materialhierarchie und eine beliebige Anzahl von *Szenarien.* Die Szenarien bestehen aus einem Stoffstromnetz und einer beliebigen Anzahl von *Betrachtungszeiträumen* oder *Bilanzperioden.* Die Materialangaben in den Spezifikationen aller Szenarien eines Projektes beziehen sich auf die Materialliste des Projektes.

Das Konzept der Szenarien kann zum einen genutzt werden, um unterschiedliche Aspekte eines Stoffstromsystems in getrennten Stoffstromnetzen zu modellieren. Das Gesamtsystem wird dann durch die Menge aller Szenarien beschrieben. Zum anderen können die Szenarien zur Darstellung von Alternativstrukturen für einen bestimmten Aspekt des untersuchten Stoffstromsystems genutzt werden. Jedes einzelne Szenario gibt dann das Gesamtsystem wieder, wobei sich die Struktur des Stoffstromnetzes jeweils unterscheidet.

Die Angaben zu Stoffströmen und -beständen auf der Spezifikationsebene eines Stoffstromnetzes erhalten durch einen wählbaren Betrachtungszeitraum einen expliziten Zeitbezug. Ein Szenario kann eine beliebige Anzahl von Betrachtungszeiträumen und damit eine entsprechende Anzahl von Datensätzen zu Stoffstömen und -beständen im Netz umfassen. Das Konzept der Betrachtungszeiträume kann zu Untersuchungen von Veränderungen hinsichtlich der Stoffströme und -bestände über mehrere Betrachtungszeiträume hinweg genutzt werden.

Berechnung unbekannter Stoffströme und -bestände

Nur in Ausnahmefällen sind für ein untersuchtes System alle Stoff- und Energieströme sowie die Bestände vollständig bekannt. Es ist daher eine wichtige Funktion von Programmen zur Ökobilanzierung, daß unbekannte Stoff- und Energieströme aus den vorhandenen Angaben zu einem Stoffstromsystem berechnet werden können.

Während in diesem Abschnitt nur das Grundprinzip des Berechnungsverfahrens in Umberto erläutert wird, ist im Beitrag auf S. 115 eine detailliertere Beschreibung des Berechnungsvorganges enthalten.

Durch den Berechnungsvorgang können grundsätzlich zwei Arten von unbekannten Werten ermittelt werden:

- Materialflüsse im Betrachtungszeitraum
- Materialbestände am Ende des Betrachtungszeitraumes

Für die Berechenbarkeit der unbekannten Werte gelten dabei jeweils unterschiedliche Voraussetzungen. Ein *unbekannter Materialfluß* kann direkt ermittelt werden, wenn an der Transition, die ihn verursacht, ein oder mehrere Materialflüsse bekannt sind und in den Spezifikation der Transitionen eine Angabe

(Verhältniszahl oder Berechnungsfunktion) vorhanden ist, die eine Berechnung des unbekannten Materialflusses aus den bekannten gestattet.

Ein *unbekannter Materialbestand* an einer Stelle kann ermittelt werden, wenn alle Materialflüsse, die von der Stelle abfließen und zu der Stelle hinfließen, bekannt sind. Auf die Besonderheiten des Berechnungsverfahrens an Verbindungsstellen wird hier nicht näher eingegangen (siehe dazu den Beitrag auf S. 115).

Das Berechnungsverfahren arbeitet in einer Iterationsschleife bei jedem Schleifendurchlauf alle Transitionen ab, zu denen mindestens ein Materialfluß bekannt ist. Dabei ist es gleichgültig, ob die Flüsse durch eine Spezifikation des Benutzers oder durch eine Berechnung in einem vorhergehenden Schleifendurchlauf bekannt sind. Das Verfahren versucht, aus den bekannten Flüssen alle unbekannten Flüsse an der Transition zu ermitteln. Wenn dies gelingt, ist die Transition vollständig bearbeitet und wird bei folgenden Schleifendurchläufen nicht erneut berücksichtigt. Wenn die Ermittlung der unbekannten Flüsse scheitert, wird der Schleifendurchlauf mit der nächsten Transition, an der Flüsse bekannt sind, fortgesetzt. Die vorher bearbeitete Transition wird im nächsten Schleifendurchlauf erneut berücksichtigt. Durch die mittlerweile erfolgte Berechnung von weiteren Flüssen kann dann eine Situation entstanden sein, in der die restlichen unbekannten Flüsse der Transition berechenbar sind.

Wurden unbekannte Flüsse oder Endbestände ermittelt, so werden die Verbindungs- bzw. Stellenspezifikationen um diese Angaben automatisch ergänzt. Dabei werden sowohl die Materialien als auch die Materialmengen eingetragen. Die errechneten Werte werden zu Unterscheidung von den benutzereingegebenen Werten gesondert gekennzeichnet.

Das Berechnungsverfahren in Umberto arbeitet vollständig lokal, immer bezogen auf eine einzelne Transition oder eine einzelne Stelle. Dieser Ansatz reduziert die Voraussetzungen für die Anwendbarkeit des Berechnungsverfahrens und erlaubt die Durchführung der Berechnungen, auch wenn die Spezifikationen in einem Stoffstromnetz noch nicht vollständig sind.

Der Benutzer kann den Fortschritt der Berechnungen am Bildschirm verfolgen. Zum einen wird in einem Fenster angezeigt, welche Transition oder welche Stelle gerade bearbeitet wird, zum anderen wird die Darstellung der Verbindungen, deren Flüsse vollständig berechnet werden konnten, im Netzdiagramm von grau auf schwarz umgesetzt. Dadurch erhält der Benutzer einen guten Überblick, welche Teile des Stoffstromnetzes (noch) nicht berechnet werden konnten.

Bei Ablauf des Berechnungsverfahrens finden weitreichende Konsistenzprüfungen statt. Werden Inkonsistenzen festgestellt, weist das Programm auf diese durch Warnmeldungen hin oder bietet dem Benutzer direkt die Gelegenheit, durch zusätzliche Angaben die Inkonsistenzen aufzulösen. Der Benutzer kann damit sicher sein, daß die Spezifikationen zumindest auf logischer Ebene stimmig sind. Durch Einstellungen in Berechnungsoptionen erlaubt Umberto die Striktheit der Konsistenzprüfungen zu variieren (z. B. die Toleranz, mit der Abweichungen zwischen benutzereingegebenen und berechneten Werten ignoriert werden).

Auswertung und Darstellung der Stoffstromdaten

Die Stoff- und Energiestromdaten, die auf der Spezifikationsebene eines Stoffstromnetzes vorliegen, seien sie vom Benutzer eingegeben oder durch das Berechnungsverfahren ermittelt, können mit Umberto auf vielfältige Weise ausgewertet und angezeigt werden.

Dabei ist die Zusammenstellung und Anzeige von Werten auf Sachbilanzebene von den Auswertungen und der Anzeige zu unterscheiden, die sich durch bzw. nach der Anwendung von Bewertungsmethoden auf Sachbilanzen ergeben. Da beide Auswertungs- und Darstellungsebenen Gegenstand von gesonderten Beiträgen sind, wird an dieser Stelle nur ein knapper Überblick über die Funktionen gegeben.

Zusammenstellung und Anzeige von Sachbilanzdaten

Die wichtigste Auswertungs- und Anzeigemöglichkeit für Sachbilanzdaten wird durch die Zusammenstellung und Anzeige von Bilanzen im Umberto Inventory Inspector bereitgestellt (Abb. 4). Die Bilanzen sind eine tabellarisch-numerische Darstellung von Stoffströmen hinsichtlich der auftretenden Materialarten und -mengen. In den Bilanzen sind entweder alle Input- und Outputströme enthalten, die an Input- bzw. Outputstellen des bilanzierten Stoffstromnetzes auftreten, oder die Input- und Outputströme, die von einem ausgewählten Teilnetz weg- bzw. in dieses hineinfließen. Damit ist sowohl die vollständige Bilanzierung von Stoffstromnetzen möglich, als auch die Bilanzierung beliebiger Ausschnitte aus den Stoffstromnetzen bis hin zur Bilanzierung einzelner Prozesse. Bei der Anzeige der Werte können über die Basiseinheiten hinaus auch Ausgabeeinheiten genutzt werden, die für jedes Material definiert werden können.

Die Zusammenstellung der Werte in den Bilanzen findet standardmäßig nach Materialien aggregiert statt. Umberto gestattet jedoch auch eine nach Netzelementen differenzierte Aufbereitung der Bilanzdaten. Damit wird in den Bilanzen der Beitrag von einzelnen Netzelementen zu den Input- bzw. Outputflüssen deutlich. Der Umberto Inventory Inspector bietet über die Anzeige von Flußdaten hinaus auch Darstellungen von Bestandsdaten und eine Aufstellung der Parameterwerte, die bei der Berechnung der Daten eingestellt waren. Letztere ist für die Dokumentation der Datengrundlage, auf der die Ergebnisdaten ermittelt wurden, unverzichtbar.

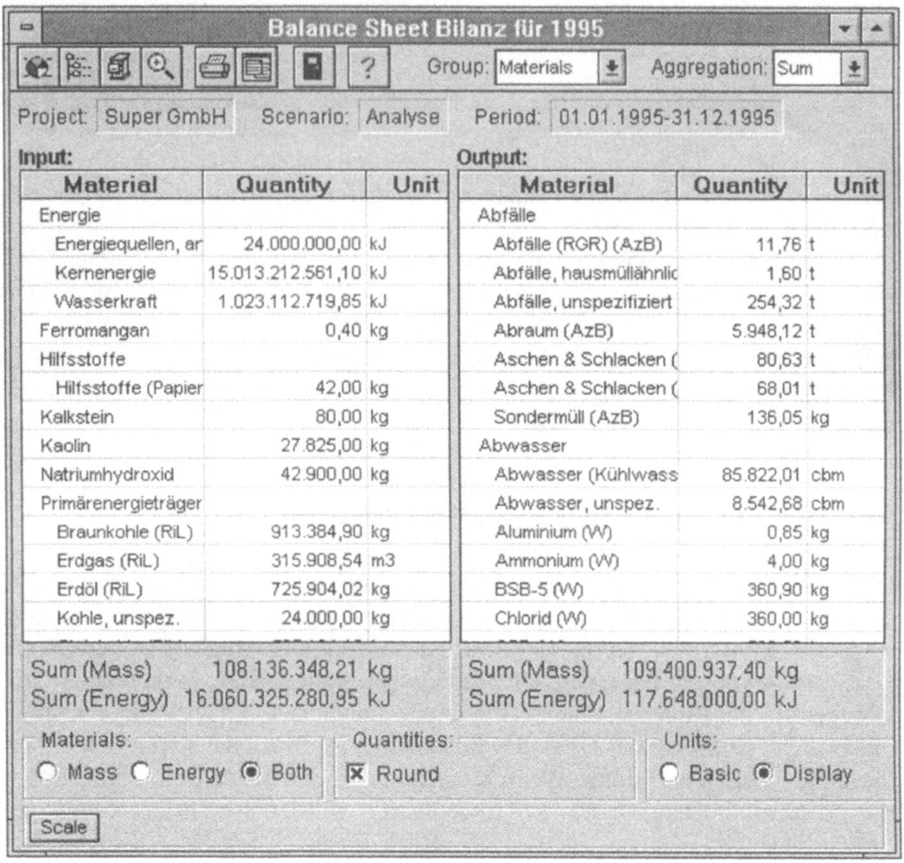

Balance Sheet Bilanz für 1995

Group: Materials Aggregation: Sum

Project: Super GmbH Scenario: Analyse Period: 01.01.1995-31.12.1995

Input:

Material	Quantity	Unit
Energie		
Energiequellen, ar	24.000.000,00	kJ
Kernenergie	15.013.212.561,10	kJ
Wasserkraft	1.023.112.719,85	kJ
Ferromangan	0,40	kg
Hilfsstoffe		
Hilfsstoffe (Papier	42,00	kg
Kalkstein	80,00	kg
Kaolin	27.825,00	kg
Natriumhydroxid	42.900,00	kg
Primärenergieträger		
Braunkohle (RiL)	913.384,90	kg
Erdgas (RiL)	315.908,54	m3
Erdöl (RiL)	725.904,02	kg
Kohle, unspez.	24.000,00	kg

Sum (Mass) 108.136.348,21 kg
Sum (Energy) 16.060.325.280,95 kJ

Output:

Material	Quantity	Unit
Abfälle		
Abfälle (RGR) (AzB)	11,76	t
Abfälle, hausmüllähnlic	1,60	t
Abfälle, unspezifiziert	254,32	t
Abraum (AzB)	5.948,12	t
Aschen & Schlacken (	80,63	t
Aschen & Schlacken (	68,01	t
Sondermüll (AzB)	136,05	kg
Abwasser		
Abwasser (Kühlwass	85.822,01	cbm
Abwasser, unspez.	8.542,68	cbm
Aluminium (W)	0,85	kg
Ammonium (W)	4,00	kg
BSB-5 (W)	360,90	kg
Chlorid (W)	360,00	kg

Sum (Mass) 109.400.937,40 kg
Sum (Energy) 117.648.000,00 kJ

Materials: Mass Energy Both — Quantities: Round — Units: Basic Display

Scale

Abb. 4. Darstellung einer Sachbilanz im Umberto Inventory Inspector

Die tabellarisch-numerische Bilanzdarstellungen („Balance Sheet") sind der Ausgangpunkt für die Erstellung von Diagrammen unterschiedlicher Form, in denen ausgewählte Bilanzwerte in graphischer Form visualisiert werden können (Abb. 5).

Die Möglichkeiten der Zusammenstellung und Anzeige von Sachbilanzdaten werden über die hier dargestellten Grundfunktionen hinaus im Beitrag auf S. 79 ausführlich erläutert.

Unabhängig von der Zusammenstellung der Daten zu Bilanzen im Inventory Inspector kann der Benutzer in den Stoffstromnetzen auf die Strom- und Bestandsdaten einzelner Netzelemente zugreifen. Diese werden in den Spezifikationsfenstern der einzelnen Netzelemente angezeigt.

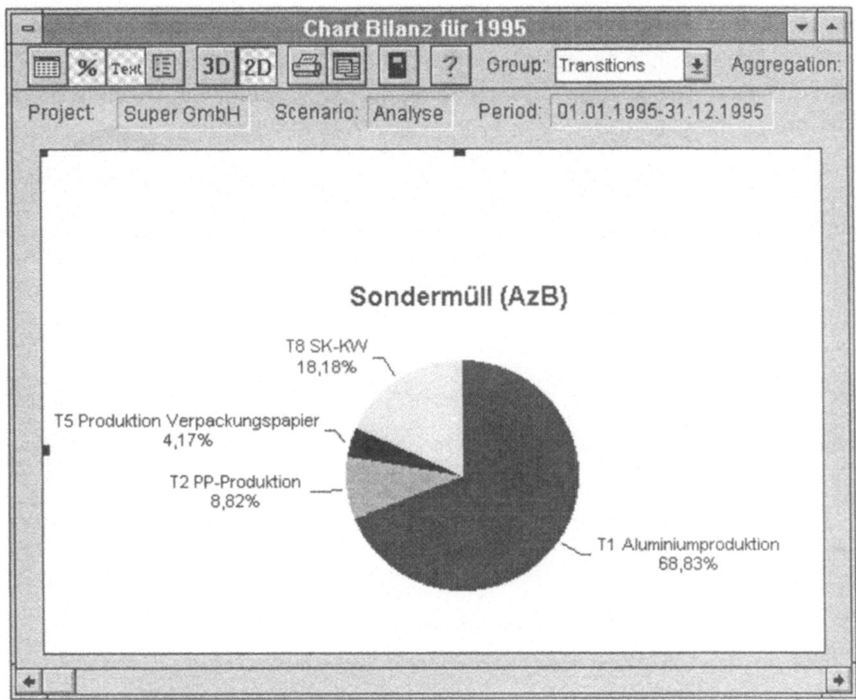

Abb. 5. Darstellung von Sachbilanzdaten in Form eines Tortendiagramms

Anwendung von Bewertungsmethoden

Durch die Anwendung von Bewertungs- oder Kennzahlensystemen auf Sachbilanzdaten ermöglicht Umberto nicht nur weitere Auswertungen, die über die Sachbilanzebene hinausgehen, sondern auch eine Bewertung der Sachbilanzergebnisse. Die Stoffstromdaten auf Sachbilanzebene können beliebig aggregiert, miteinander verrechnet und in Kategorien eingeteilt werden. Die resultierenden Kennzahlen können numerischer Art sein oder qualitative Wertekategorien enthalten.

Die Programmkomponente „Valuation System Editor" dient dazu, Kennzahlensysteme zu definieren. Diese bestehen aus einer Sammlung von Kennzahlen und zugehörigen Berechnungsvorschriften, in denen festgelegt ist, auf welche Weise die Kennzahlenwerte aus Sachbilanzdaten zu berechnen sind. Die Möglichkeiten der Definition von Kennzahlensystemen mit dem Valuation System Editor werden im Beitrag auf S. 105 ausführlich beschrieben.

Vorliegende Kennzahlensysteme können im Umberto Inventory Inspector auf Sachbilanzen angewendet werden. Dazu muß in einem ersten Schritt eine Verknüpfung zwischen den Elementen des Kennzahlensystems und den in der Bilanz enthaltenen Daten hergestellt werden. Dann kann die Berechnung der Kennzahlen gestartet werden, in die die Sachbilanzdaten an den im Verknüpfungsschritt festgelegten Stellen einfließen. Die Ergebnisse können tabellarisch-numerisch oder in Form von Diagrammen angezeigt werden (Abb. 6). Die Diagrammanzeige erlaubt auch die vergleichende Ergebnisdarstellung der Anwendung eines Kennzahlensystems auf mehrere Bilanzen.

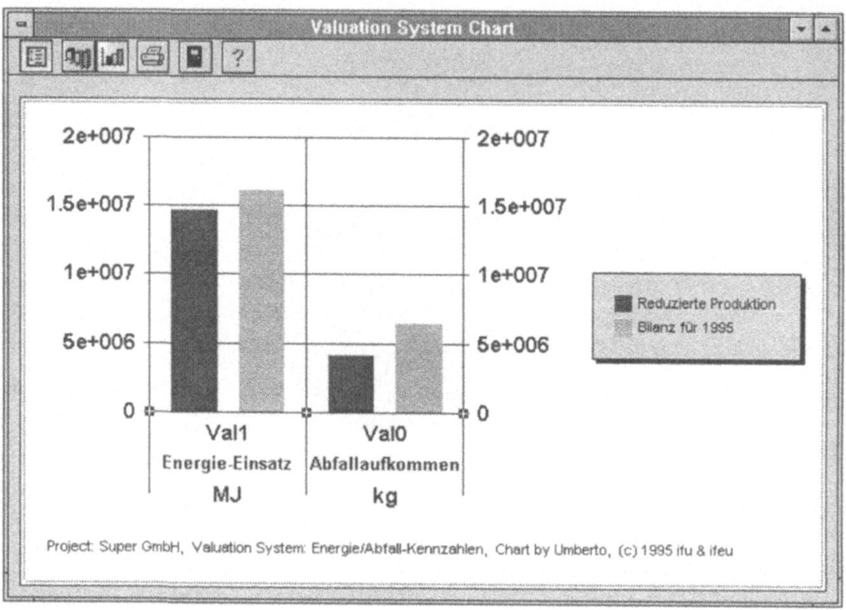

Abb. 6. Vergleichende Darstellung der Ergebnisse von Kennzahlensystemen

Die Möglichkeiten der Anwendung von Kennzahlensystemen auf Sachbilanzen werden im Beitrag auf S. 105 ausführlich erläutert.

Literatur

Häuslein, A. und Hedemann, J. (1995): Die Bilanzierungssoftware Umberto und mögliche Einsatzgebiete. In: (Schmidt und Schorb, 1995), S. 59-78

Möller, A. und Rolf, A. (1995): Methodische Ansätze zur Erstellung von Stoffstromanalysen unter besonderer Berücksichtigung von Petri-Netzen. In: (Schmidt und Schorb, 1995), S. 33-58

Page, B. (1991): Diskrete Simulation. Eine Einführung mit Modula-2. Berlin/ Heidelberg

Schmidt, M., Meyer, U. und Mampel, U. (1996): Prozeßmodellierung und Datenstruktuierung in Stoffstromnetz-Systemen. In: Scheer, A.-W. (Hrsg): Computergestützte Stoffstrommanagement-Systeme. Marburg. S. 25-38

Schmidt, M. und Schorb, A. (Hrsg.) (1995): Stoffstromanalysen in Ökobilanzen und Öko-Audits. Berlin/Heidelberg

Möglichkeiten der Prozeßmodellierung in Transitionen

Andreas Häuslein, Hamburg

In Stoffstromnetzen werden Prozesse grundsätzlich als Transitionen abgebildet. Die Eigenschaften der Prozesse werden jedoch nicht auf der strukturellen Ebene, sondern in den Spezifikationen der Transitionen – und ergänzend in den zugehörigen Dokumentationstexten – festgelegt. Auf die Dokumentation wird in diesem Beitrag nicht weiter eingegangen. Die Darstellung der Modellierungsmöglichkeiten für Prozesse beschränkt sich hier auf die Transitionsspezifikationen.

Gegenstand der Transitionsspezifikationen

In den realen Stoffstromsystemen sind es die Prozesse, die Stoff- und Energieströme auslösen und bestimmen. So wie Prozesse in realen Systemen die aktiven Elemente sind, übernehmen die Transitionen diese Rolle in den Stoffstromnetzen. Die Transitionsspezifikationen haben die Aufgabe, die Charakteristika der Prozesse hinsichtlich ihrer Einflüsse auf die Stoff- und Energieströme zu beschreiben. Sie legen fest, welche Materialflüsse in welcher Höhe zu/von welchen anderen Elementen des Stoffstromnetzes auftreten.

In den Transitionsspezifikationen erfolgt dies nicht durch die Angabe von absoluten Materialmengen, sondern durch die Beschreibung der mengenbezogenen Abhängigkeiten zwischen den Materialströmen des Prozesses. Dadurch wird eine Verallgemeinerung der Prozeßbeschreibung erreicht, die ihre Gültigkeit unabhängig von konkret auftretenden absoluten Materialmengen gewährleistet.

Neben Aspekten der Dokumentation von Prozeßeigenschaften ist der Hauptzweck der Transitionsspezifikationen, innerhalb eines Stoffstromnetzes Berechnungen durchführen zu können. Im Kern dienen die Transitionsspezifikationen als Rechenvorschriften zu Ermittlung von unbekannten Materialströmen. Sind in einem Stoffstromnetz Materialströme vom Benutzer eingegeben, sollen die Transitionsspezifikationen die Berechnung unbekannter Materialströme aus den schon bekannten ermöglichen. Transitionsspezifikationen helfen somit, den Bedarf an Daten zu absoluten Materialmengen in den Verbindungen eines Stoffstromnetzes zu verringern.

Bei der Transitionsspezifikation sind drei Ebenen zu unterscheiden:

Mario Schmidt, Andreas Häuslein (Hrsg.)
Ökobilanzierung mit Computerunterstützung

- Festlegung der Materialarten, die als Input- oder Outputstrom eines Prozesses auftreten
- Festlegung der Stellen in der Netzstruktur, von denen die Materialströme kommen bzw. zu denen sie hingehen
- Festlegung der mengenbezogenen Abhängigkeiten zwischen den verschiedenen Strömen eines Prozesses

Durch die *Festlegung der Materialarten* werden die Materialen, die vom Prozeß aufgenommen und abgegeben werden, bestimmt. Darüber hinaus wird damit auch die Anzahl der an einem Prozeß auftretenden Ströme festgelegt. Um diese Angabe zu machen, können, ausgehend von der Materialliste des jeweiligen Projektes, die Materialien auf der Input- und der Outputseite der Spezifikationen eingetragen werden (u. a. mit der Maus per „Drag & Drop").

Nur in dem Spezialfall, daß ein Prozeß seine Materialien in der Struktur des Stoffstromnetzes nur von *einer* Stelle bezieht bzw. Materialien nur an *eine* Stelle abgibt, ist eindeutig festgelegt, welche Materialien von welcher Stelle in den Prozeß geliefert werden bzw. an welche Stellen welche Outputmaterialien fließen. Ansonsten ist für jeden Materialfluß, der im ersten Spezifikationsschritt angegeben wurde, eine *Festlegung der Stelle* notwendig, die das Material liefert bzw. aufnimmt. Dabei ist die Auswahl der Stellen durch die Netzstruktur eingeschränkt. Es kommen auf der Inputseite der Spezifikation nur Stellen in Frage, von denen eine Verbindung zur Transition besteht, während auf der Ouputseite die Stellen zur Auswahl stehen, zu denen eine Verbindung von der Transition hinführt. Umberto stellt diese Konsistenz der Spezifikation mit der Netzstruktur automatisch durch eine entsprechende Vorauswahl der zur Spezifikation angebotenen Stellen sicher.

Bei der *Festlegung der mengenbezogenen Abhängigkeiten* handelt es sich generell um eine mathematische Beschreibung der Abhängigkeiten, wobei diese Beschreibung auch für numerische Berechnungen nutzbar sein muß. Während die beiden zuvor beschriebenen Ebenen für alle Transitionsspezifikationen gleich sind, führen die verschiedenen Möglichkeiten zur Festlegung der mengenbezogenen Abhängigkeiten zu verschiedenen Arten der Transitionsspezifikation. Umberto bietet zwei Ansätze der Transitionsspezifikation:

- Transitionsspezifikation durch Verhältniszahlen
- Transitionsspezifikation durch benutzerdefinierte Funktionen

Diese beiden werden im folgenden Abschnitt beschrieben. Ergänzend wird dann die Transitionsspezifikation durch die Nutzung der Prozeßbibliothek von Umberto beschrieben.

Arten der Transitionsspezifikation

Bei der Beschreibung der Möglichkeiten zur Transitionsspezifikation in diesem Abschnitt liegt das Hauptaugenmerk auf den Aspekten der Modellierung von Prozeßeigenschaften, während die konkreten Arbeitsschritte mit den Funktionen des Programms Umberto in den Hintergrund treten.

Transitionsspezifikation durch Verhältniszahlen

Die Transitionsspezifikation durch Verhältniszahlen beruht auf dem Prinzip, daß die Abhängigkeiten zwischen den Materialströmen eines Prozesses durch Zahlen beschrieben werden, von denen jede den Anteil eines Materials an der Gesamtstrommenge eines Prozesses wiedergibt. Vom Benutzer muß zu jedem Materialeintrag, den er auf der Inputseite und der Outputseite einer Transitionsspezifikation gemacht hat, einen Wert eingeben werden, der die Relation der Menge des jeweiligen Materials zu den Mengen der anderen Materialien beschreibt.

Im Beispiel der folgenden Abbildung ist ein Prozeß spezifiziert (T1), dessen Inputstrom an Stahlblech einen Anteil von 7,5 an der Gesamtmenge der Ströme hat, während der Outputstrom der produzierten Gehäuse einen Anteil von 6,0 aufweist. Tritt bei diesem Prozeß ein Inputstrom von 112,5 kg Stahlblech auf, ist damit der Outputstrom von Gehäusen auf 90 kg festgelegt. Ein Outputstrom an Gehäusen von 120 kg verursacht umgekehrt einen Inputstrom von 150 kg Stahlblech.

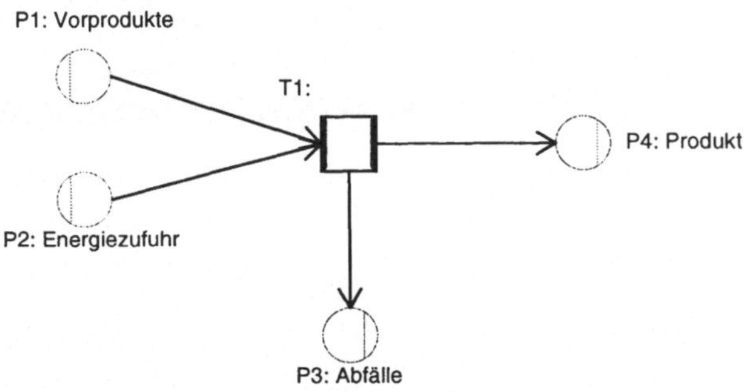

Input			Output		
P1	Stahlblech	7,5	P4	Gehäuse	6
P1	Kunststoffteile	0,1	P3	Blechverschnitt	1,5
P2	Elektr. Energie	4000	P3	Kunststoffabfall	0,01

Abb. 1. Transitionsspezifikation durch Verhältniszahlen

Der große Vorzug der Transitionsspezifikation mit Verhältniszahlen ist ihre Einfachheit, insbesondere in Verbindung damit, daß ohne weitere Maßnahmen des

Modellierers ein beliebiger bekannter Materialstrom ausreicht, um alle anderen unbekannten Ströme des Prozesses berechenbar zu machen.

Die Transitionsspezifikation mit Verhältniszahlen ist für die Modellierung aller Prozesse geeignet, die durch rein lineare Abhängigkeiten zwischen ihren Materialströmen gekennzeichnet sind. Das bedeutet, daß beispielsweise die Verdoppelung eines Stoff- oder Energiestromes bei einem solchen Prozeß automatisch zur Verdoppelung aller anderen Stoff- und Energieströme dieses Prozesses führt.

Für zahlreiche Prozesse der Realität trifft die Charakterisierung als linearer Prozeß tatsächlich zu, jedenfalls bei einer praktisch relevanten Größenordnung der Materialströme. Es gibt jedoch auch Prozesse, die in der Realität kein lineares Verhalten aufweisen. Bei der Benutzung von Umberto kann der Modellierer sich bei diesen Prozessen entscheiden, ob die Vereinfachung der Modellierung durch die Annahme linearer Verhältnisse angemessen ist oder ob die Transition durch benutzerdefinierte Funktionen spezifiziert werden sollte, die auch nicht-lineare Abhängigkeiten zulassen (s. u.).

Die Eingabe der Transitionsspezifikationen auf der Basis von Verhältniszahlen erfolgt in einem eigens für diesen Zweck gestalteten Bildschirmfenster. Es enthält für den Input und den Output einer Transition jeweils eine Liste von Tripeln der Art "Stelle – Material – Verhältniszahl". Die Eingabe neuer Spezifikationstripel oder die Änderung bereits vorhandener kann in gesonderten Eingabebereichen des Fensters erfolgen, in denen für jedes der drei Elemente ein Eingabefeld existiert.

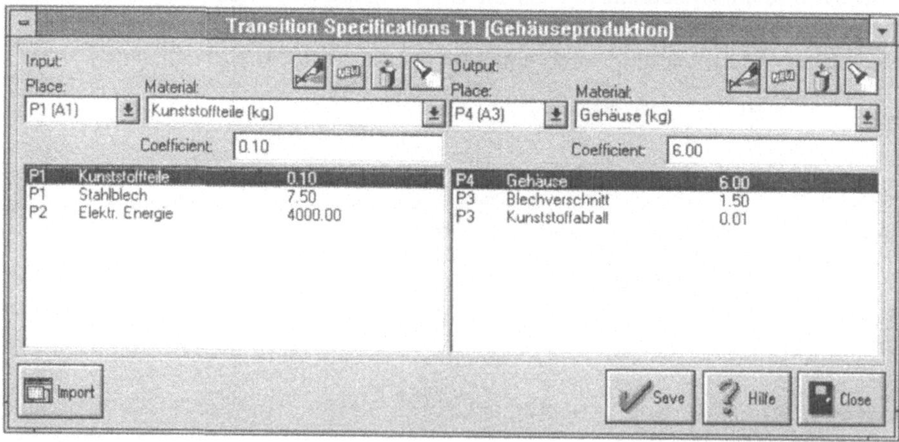

Abb. 2. Bildschirmfenster zur Spezifikation von Transitionen mit Verhältniszahlen

Die Angaben dieser Art von Transitionsspezifikation können nicht nur per Tastatur und Maus eingegeben werden, sondern auch aus extern vorliegenden Dateien importiert werden. Dann ist vom Benutzer zur Vervollständigung der Spezifikation lediglich die Zuordnung der Stellen aus der Netzstruktur zu den einzelnen Materialströmen vorzunehmen.

Transitionsspezifikation durch benutzerdefinierte Funktionen

Wenn ein Prozeß des untersuchten Stoffstromsystems nicht durch lineare Abhängigkeiten zwischen den durch ihn ausgelösten Materialströmen charakterisiert ist, muß der Prozeß durch eine Transitionsspezifikation mit benutzerdefinierten Funktionen modelliert werden. Das Prinzip dieser Art von Transitionsspezifikation beruht darauf, daß zu den Strömen, die vom Prozeß beeinflußt werden, mathematische Funktionen formuliert werden, die angeben, wie ein Strom von den anderen abhängt. Sie haben den Aufbau „<Abhängiger Materialstrom> = f(<bestimmende Materialströme>)“. Die Funktionen werden als Berechnungsvorschriften genutzt, indem die Funktion als Zuweisung interpretiert und der Materialstrom auf der linken Seite des Gleichheitszeichens aus den bekannten Materialströmen auf der rechten Seite des Gleichheitszeichens berechnet wird.

Zur Formulierung der Funktionen wird jedem Material in der Spezifikation eine Variable zugeordnet, z. B. X01 oder Y03. Diese Variable steht in den Funktionstexten für den Wert des jeweiligen Materialstroms. Einerseits kann diese Variable auf der linken Seite einer Berechnungsvorschrift auftreten; dann wird der Wert des Stroms aus dem Ausdruck berechnet, der auf der rechten Seite des Gleichheitszeichens steht. Wenn die Variable andererseits auf der rechten Seite von Berechnungsvorschriften verwendet wird, dann trägt ihr Wert zur Berechung der jeweils links stehenden Variablen bei.

Die Funktionen können ohne Einschränkung nach den üblichen Regeln der numerischen Mathematik aufgebaut sein. Damit sind beliebige, auch nicht-lineare Zusammenhänge zwischen den Strömen eines Prozesses abbildbar.

Darüber hinaus stehen auch *vordefinierte Funktionen* zur Verfügung, die in den Ausdrücken aufgerufen werden können (z. B. trigonometrische Funktionen). Dazu gehören Funktionen, die auf der Basis von logischen Ausdrücken eine Auswahl zwischen zwei oder mehr Werten vornehmen (if-Funktion, range-Funktion), und zur Modellierung von Fallunterscheidungen und abschnittsweise linearem Verhalten dienen können (siehe Liste auf S. 65).

In den Funktionen können *lokale Variablen* ohne gesonderte Deklaration verwendet werden. Beispielsweise können in mehreren Funktionen benötigte Werte als lokale Variable zwischengespeichert werden, die an den entsprechenden Stellen in den Funktionen aufgeführt sind. Um eine einfache Steuerbarkeit der Transitionsspezifikationen und ihre Anpaßbarkeit an verschiedene Konstellationen, die in der Realität der modellierten Prozesse auftreten können, zu gewährleisten, können *Parameter* definiert werden. Eine Parameterdefinition besteht aus der Angabe eines Namens, eines Wertes und einer Einheit. Für die Verwendung des Parameters in den Funktionen wird jeder Parameterdefinition ebenfalls eine Variable zugeordnet. Durch eine gesonderte Möglichkeit zum Zugriff auf die Parameterwerte im Spezifikationsfenster (s. u.) erhält der Benutzer eine einfache Möglichkeit zur Modifikation der Spezifikationen, ohne auf die Ebene der Funktionen zugreifen zu müssen.

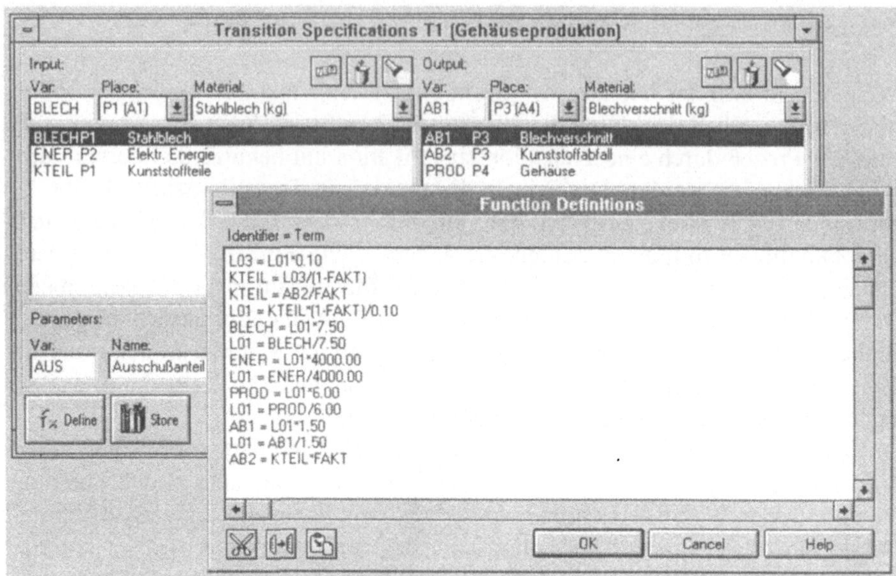

Abb. 3. Bildschirmfenster zur Transitionsspezifikation mit benutzerdefinierten Funktionen

Die Abarbeitung der Funktionen einer Transitionsspezifikation im Verlauf des Berechnungsverfahrens erfolgt in einer Iterationsschleife, in der nacheinander jede Funktion darauf geprüft wird, ob die Werte aller Variablen auf der rechten Seite des Gleichheitszeichens bekannt sind. Ist dies der Fall, wird der Ausdruck ausgewertet und der resultierende Wert wird der Variablen auf der linken Seite zugewiesen. Im nächsten Schleifendurchlauf wird diese Funktion dann nicht mehr berücksichtigt bzw. die Variable auf der linken Seite nicht mehr neu berechnet. Diese Iteration erfolgt so lange, wie in einem Durchlauf noch mindestens ein neuer Wert für eine Variable berechnet wurde. Aufgrund der iterativen Bearbeitung der Funktionen muß der Modellierer also nicht auf die Reihenfolge der Funktionen in der Transitionsspezifikation achten.[1]

Der Vorzug dieser Art von Transitionsspezifikation liegt in der großen Flexibilität, die der Modellierer bei der Abbildung der Eigenschaften des realen Prozesses hat. In Kombination mit dem Berechnungsverfahren (siehe den Beitrag auf S. 115) kann selbst komplexes Prozeßverhalten mit der gewünschten Realitätstreue abgebildet werden.

Während die im vorherigen Abschnitt beschriebene Spezifikation mittels Verhältniszahlen generell vollständig ist, kann die Spezifikation durch benutzerdefinierte Funktionen unterschiedliche Vollständigkeitsgrade aufweisen. Die Minimalspezifikation besteht aus der Angabe einer Berechnungsfunktion für einen einzi-

[1] Es dient jedoch der effizienteren Abarbeitung, wenn die Reihenfolge so gewählt wird, daß in einem Schleifendurchlauf möglichst viele Werte errechnet werden können.

gen prozeßbezogenen Strom. Diese Art der Spezifikation bedeutet, daß alle anderen Ströme bekannt (d. h. eingegeben oder berechnet) sein müssen, damit durch die Berechnung des einzigen unbekannten Stroms letztlich die Ströme der Transition vollständig bekannt werden. In einer vollständigen Transitionsspezifikation existiert zu jedem prozeßbezogenen Strom mindestens eine Funktion, und die Funktionen sind so aufgebaut, daß, ausgehend von einem beliebigen bekannten Strom, alle anderen Ströme des Prozesses berechenbar sind. Diese Vollständigkeit wird in der Praxis selten erreichbar sein. In vielen Fällen ist durch die Verhältnisse in der Realität von vornherein klar, welche Ströme an einem Prozeß bekannt sind. In diesem Fall genügt es, die Funktionen für die Berechnung der anderen unbekannten Ströme an dieser Konstellation auszurichten. Außerdem setzt die vollständige Spezifikation voraus, daß für jede Funktion, die in der Transitionsspezifikation enthalten ist, auch eine Umkehrfunktion angegeben werden kann, damit jede Rechenrichtung möglich wird. Auch dies ist nur bei einem bestimmten Aufbau der Funktionen gegeben. Generell ist hervorzuheben, daß diese Art der Transitionsspezifikation vom Modellierer gute mathematische Kenntnisse verlangt.

Transitionsspezifikation durch Bibliotheksmodule

Die Spezifikation von Transitionen durch Module der Bibliothek ist für den Benutzer die komfortabelste Modellierungsmethode. Er kann anhand der Beschreibungen im Handbuch, die für ihn geeigneten Module auswählen. Die Spezifikation wird aus der Bibliothek geladen und der zu spezifizierenden Transition zugeordnet. Die Materialien, die in der Spezifikation auftreten, werden automatisch in der Materialliste des Projektes ergänzt. Der Benutzer muß lediglich die Einbindung der Transitionsspezifikation in die spezielle Netzstruktur vornehmen, d. h. er muß zu jedem in der Spezifikation enthaltenen Strom angeben, von welcher bzw. zu welcher Stelle der Netzstruktur der Strom fließt.

Bei vielen Transitionsmodulen sind Parameter in der Spezifikation enthalten. Diese können zur Anpassung des Moduls an den speziellen Modellierungskontext genutzt werden.

Übergänge zwischen der Arten der Transitionsspezifikation und Bezüge zur Spezifikation von Stoffstömen

Die vorgestellten Arten der Transitionsspezifikation stehen nicht isoliert nebeneinander, sondern Umberto erleichtert den Übergang von einer Art auf die andere. Wenn eine *Transitionsspezifikation mit Verhältniszahlen* vorliegt, kann diese als Transitionsspezifikation mit benutzerdefinierten Funktionen geöffnet werden. Dies führt dazu, daß die Abhängigkeiten, die durch die Verhältniszahlen gegeben sind, in die entsprechenden mathematischen Funktionen umgesetzt und dem Benutzer angezeigt werden. Die Transitionsspezifikation mit Funktionen wird für den Benutzer dadurch wesentlich erleichtert, da er eine Basis von Funktionen erhält, die er seinen Anforderungen entsprechend modifizieren kann.

Umgekehrt erzeugt Umberto aus einer *Transitionsspezifikation mit Funktionen* bei Aufruf der Transitionsspezifikation mit Verhältniszahlen automatisch die entsprechenden Verhältniszahlen, sofern die Funktionen rein linear vorliegen.

Wenn eine Transition durch ein Bibliotheksmodul spezifiziert wurde, kann bei den meisten Modulen auf die Inhalte der Spezifikation durch Aufruf der Transitionsspezifikation mit Verhältniszahlen oder mit benutzerdefinierten Funktionen zugegriffen werden. Der Benutzer erhält damit eine weitere Möglichkeit zur gezielten Anpassung der Spezifikation an seine Anforderungen.

Bei der Datenerfassung von Untersuchungsprojekten in der Praxis werden, bevor eine Modellierung der Prozesse ins Auge gefaßt wird, typischerweise zunächst Stoff- und Energieströme gemessen und in die entsprechenden Verbindungen in der Netzstruktur eingetragen. Auch wenn es sich um absolute Mengenangaben handelt, können diese Daten in Umberto als Ausgangspunkt für die Transitionsspezifikation mit Verhältniszahlen genutzt werden. Wenn in den Verbindungen, die an eine unspezifizierte Transition anschließen, Materialströme spezifiziert sind, werden diese Mengenangaben beim Öffnen der Transitionsspezifikation mit Verhältniszahlen automatisch als Verhältniszahlen übernommen. Dies ist möglich und sinnvoll, weil die gemessenen Mengen auch den prozeßspezifischen Mengenverhältnissen entsprechen müssen.

Verallgemeinerung von Transitionsspezifikationen zu Bibliotheksmodulen

Die Besitzer einer Consulting-Version des Programms Umberto haben die Möglichkeit, Transitionsspezifikation, die sie in Stoffstromnetzen erstellt haben, in die Transitionsbibliothek der Transitionsspezifikationen einzutragen. Den Ausgangspunkt hierzu bietet das Bildschirmfenster der Transitionsspezifikation mit benutzerdefinierten Funktionen. Über die entsprechende Schaltfläche erhält der Benutzer eine gesondertes Fenster, in dem er zusätzliche Festlegungen für den Eintrag in die Bibliothek machen kann.

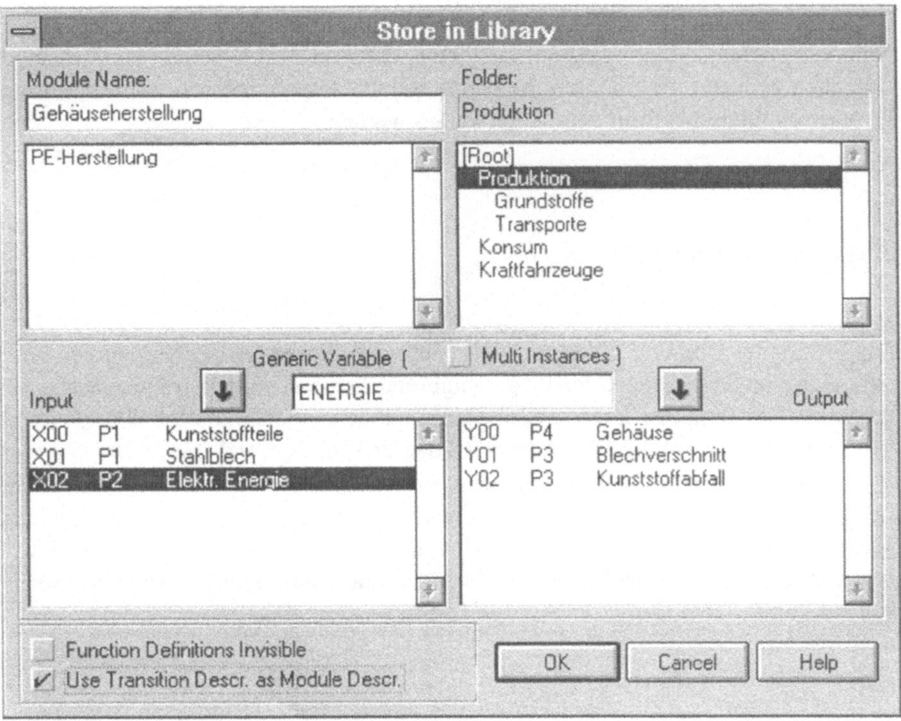

Abb. 4. Bildschirmfenster zum Eintrag von Transitionsspezifikationen in die Bibliothek

Der Benutzer kann das Verzeichnis der Bibliothek wählen, in das der Eintrag erfolgen soll, und ob die Funktionen verschlüsselt und damit für zukünftige Nutzer des Moduls nicht zugreifbar sein sollen.

Eine wichtige Möglichkeit zur Verallgemeinerung und flexibleren Einsatzmöglichkeit der Module ist die *Festlegung von Platzhaltern für Materialien.* Der Benutzer kann wählen, für welche Materialien, die in der Transitionsspezifikation auftreten, ein Platzhalter eingesetzt werden soll. Diese Platzhalter muß der Nutzer des Moduls, wenn er es aus der Bibliothek lädt, mit den entsprechenden Materialien aus seinem Projekt belegen. Beispielsweise ist für Transportprozesse vorab nicht festzulegen, welches Transportgut transportiert wird. Daher wird in das Bibliotheksmodul ein Platzhalter „Transportgut“ eingefügt, der bei der Benutzung des Moduls durch das tatsächlich transportierte Material ersetzt werden muß. Dieser Vorgang wird in der Fachsprache Instanziierung genannt. Umberto gestattet auch, *einen* Platzhalter für *beliebig viele* Materialien einzusetzen. Der Benutzer des Moduls kann dann wählen, durch wieviele Materialien er den Platzhalter ersetzen möchte. Auch diese Konstellation ist beim Beispiel von Transportprozessen gegeben, da vorab nicht festgelegt werden kann, wieviele Transportgüter beispielsweise auf einem Lkw transportiert werden sollen.

Bei der Gestaltung der Transitionsspezifikationen, die in die Bibliothek aufgenommen werden sollen, ist darauf zu achten, daß von dem Konzept der Parameter Gebrauch gemacht wird. Durch die damit erzielte Anpaßbarkeit der Module kann ihr Verwendungsspektrum deutlich erweitert werden.

Zusammenfassung

Das Programm Umberto bietet mit den unterschiedlichen Möglichkeiten zur Spezifikation von Transitionen leistungsfähige und flexible Modellierungsansätze für Prozesse. Der Benutzer kann zwischen der einfach zu erstellenden Spezifikation mit Verhältniszahlen zur Modellierung linearer Prozesse und der aufwendigeren aber leistungfähigeren Spezifikation durch benutzerdefinierte Funktionen wählen. Letztere bietet alle Freiheiten zur Modellierung von komplexem und nichtlinearem Prozeßverhalten. Durch die Übergänge zwischen diesen Spezifikationsansätzen, die von Umberto unterstützt werden, kann der Benutzer auch nachträglich auf komfortable Weise die Art der Transitionsspezifikation wechseln.

Die Prozeßbibliothek in Umberto

Ulrich Mampel, Heidelberg

Ein wichtiger Arbeitsschritt einer Produktökobilanz oder einer betrieblichen Ökobilanz ist die Umsetzung der erhobenen Daten in eine quantitative und modellmäßige Beschreibung der einzelnen Prozesse. Dabei können diese Modelle, je nach Datenlage, sehr einfach sein oder komplizierte Zusammenhänge abbilden. Auch können die Daten spezifisch für das speziell zu untersuchende Objekt sein, oder aber es werden durchschnittliche bzw. geschätzte Daten für die Prozeßbeschreibung verwendet. Beispielsweise wird man für die Herstellung eines speziellen Produktes den tatsächlichen Herstellungsprozeß mit entsprechend spezifischen Daten modellieren. Für den Bezug an elektrischer Energie zieht man dagegen einen durchschnittlichen bundesdeutschen „Strommix" aus dem öffentlichen Stromnetz heran.

Immer dann, wenn die Optimierung der eigenen Produktionsprozesse im Vordergrund steht, ist die Verwendung spezieller eigener Datensätze unabdingbar. Dagegen kann man für die Modellierung eines Lebensweges, bei denen auf allgemeine, nicht im Einzelfall beschreibbare Prozesse zurückgegriffen wird (Stromerzeugung im Verbundnetz, am Markt gekaufte Rohstoffe, Transporte mit gängigen Transportmitteln u. ä.), allgemeine und repräsentative Daten verwenden. Häufig werden auch für direkte Vorprodukte oder deren Transporte sowie die unternehmensinterne Energieerzeugung allgemeine Daten verwendet, weil spezielle Daten zunächst nicht verfügbar sind.

Um dem Nutzer die Erstellung von Ökobilanzen zu erleichtern und teilweise die umfangreichen Datenrecherchen zu ersparen, stehen für viele Prozesse solche allgemeine Datensätze in einer Prozeßbibliothek zur Verfügung. Die Datensätze aus der Bibliothek dienen der Spezifikation von Transitionen eigener und neu erstellter Stoffstromnetze. Diese Bibliothek soll im folgenden beschrieben werden. Gleichzeitig werden an einzelnen Modulen der Bibliothek Möglichkeiten der Prozeßmodellierung in Umberto erläutert.

Wofür ist die Bibliothek?

Zum besseren Verständnis der Verwendung der Module soll hier nochmals der Zweck der Bibliothek präzisiert werden:

Mario Schmidt, Andreas Häuslein (Hrsg.)
Ökobilanzierung mit Computerunterstützung

Die Bibliothek leistet dem Bilanzierer *Hilfestellungen* für die Modellierung von Prozessen, zu denen er vorerst keine genaueren Daten zur Verfügung hat, die außerhalb seines Unternehmens liegen oder die mengenmäßig eher eine untergeordnete Rolle spielen. Natürlich ersetzt die Bibliothek auf Dauer nicht die fundierte Analyse der speziellen Prozeßkette.

Im Idealfall modelliert der Bilanzierer die Prozesse seines Betriebes mit *eigenen* Daten, z. B. aus der Fabrikation, der Verpackung der Produkte, der betriebsinternen Prozeßwärmeproduktion usw. und *ergänzt* die Ökobilanz durch Bibliotheksmodule von für ihn nicht näher bekannten Prozessen, z. B. die Lkw-Transporte oder die Strombereitstellung aus dem öffentlichen Netz.

Für die wichtigsten Prozesse aus den Bereichen Energiebereitstellung, Verkehr, Abfallbeseitigung, Materialien und Werkstoffe wurden vereinfachte Standardmodule erstellt, die in der Bibliothek dem Anwender zur Verfügung stehen. Die Datensätze dieser Prozeßmodule stellen Mittelwerte oder Schätzwerte aus einem großen Anwendungsbereich dar. Im Einzelfall können – je nach verwendeter Technologie oder Prozeßführung – deutlich differierende Werte auftreten.

Grundsätzlich sollte sich ein Bilanzierer von folgendem Grundsatz leiten lassen: *Wenn dem Bilanzierer detaillierte und spezifische Daten für einen bestimmten Prozeß zur Verfügung stehen und seine Daten vollständig und nachvollziehbar sind, sollte er diese Daten den Standardmodulen aus der Bibliothek vorziehen.* Die dadurch verursachten Abweichungen von den Standardprozessen müssen dann aber zusammen mit der Herkunft der Daten dokumentiert werden. Dazu kann die komfortable Dokumentationsmöglichkeit praktisch aller Objekte, aber insbesondere der Transitionen, unter Umberto genutzt werden.

Stellt sich im weiteren Verlauf einer Ökobilanz heraus, daß die aus der Bibliothek verwendeten Prozesse einen maßgeblichen Anteil an bestimmten Umweltbelastungen haben, sollte geprüft werden, ob diese Prozesse nicht genauer modelliert und spezifische Daten, die speziell für diesen Anwendungsfall gelten, eingesetzt werden können.

Der Umfang der Bibliothek

Aus diesem Anwendungszweck erklärt sich auch der derzeitige Umfang der Bibliothek. Schwerpunkte sind die allgemeinen Module im Bereich der Energieerzeugung, des Transportes und der Entsorgung. Diese Prozesse – außer der Energieerzeugung – werden aus Daten des ifeu-Instituts errechnet; bei der Energieerzeugung werden die Daten aus dem Gesamt-Emissions-Modell Integrierter Systeme (GEMIS), das in Deutschland nahezu ein Standard für Energieerzeugungssysteme ist (Fritsche et al., 1993), übernommen bzw. ausgewertet.

In der Bibliothek sind sowohl Datensätze für einzelne Prozesse im eigentlichen Sinn als auch für ganze Prozeßketten abgelegt. Ein Beispiel sind dafür die Transport-Datensätze. So existiert ein Datensatz „Lieferwagen“, der tatsächlich nur den Prozeß des Transportes umfaßt. Auf der Inputseite dieses Prozesses wird beispielsweise Dieselkraftstoff angefordert, der aus der Transportdistanz und der Menge an Transportgut berechnet wird. In einer Produktökobilanz, die zurück bis zu den Rohstoffen, also dem Erdöl, bilanziert, müßte vor diesen Transportprozeß nun noch die Bereitstellung des Dieselkraftstoffes durch Raffinerie, Tanktransporte usw. modelliert werden. Dazu wird in der Bibliothek ein Modul „Lieferwagen m. V." angeboten. Der Zusatz „m. V." steht für „mit Vorkette" und bedeutet, daß in diesem Fall die gesamte Vorkette zur Dieselbereitstellung einbezogen wurde. Dieses Modul fordert deshalb auf der Inputseite Erdöl an, obwohl der Lieferwagen mit Erdöl natürlich nicht betrieben wird.

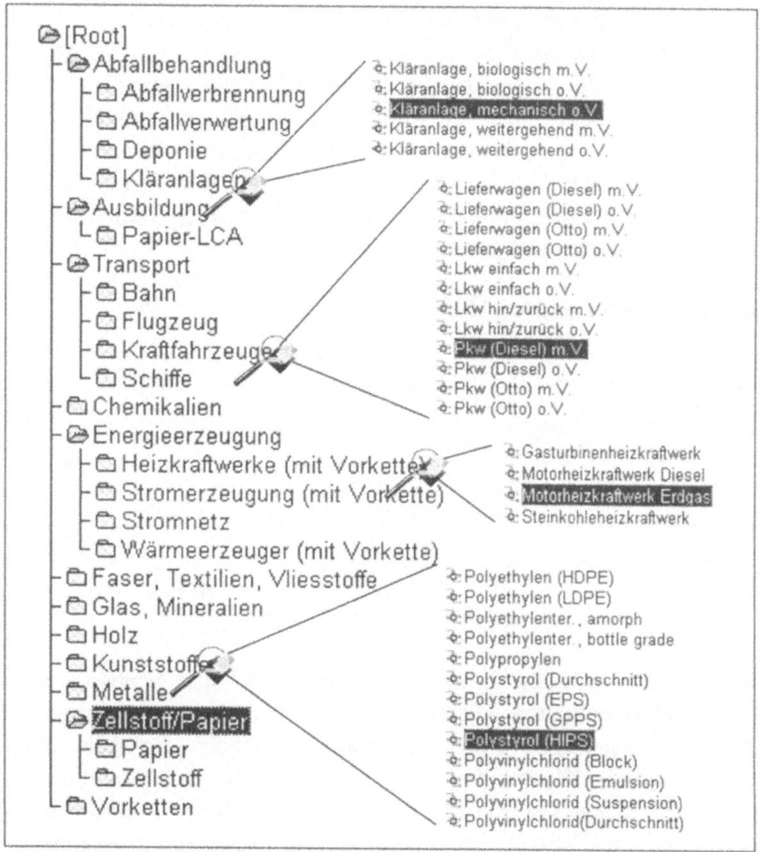

Abb. 1. Prozeßkategorien und Bespiele für verfügbare Module in der Prozeßbibliothek von Umberto (Schmidt et al., 1996)

Da es oft von Interesse ist, Energieerzeugung, Transporte und Vorprodukte in Vorketten an spezielle Verhältnisse anzupassen, werden aber auch Prozesse ohne Vorketten (o.V.) in die Prozeßbibliothek übernommen. Damit kann der Nutzer dann eigene Vorketten modellieren.

Im Bereich der Grundstoffe lassen sich die Probleme der Verwendung von allgemeinen Datensätzen, die ganze Prozeßketten repräsentieren, gut aufzeigen. Hier wird auf in der Literatur verfügbare Datensätze zurückgegriffen. So wurden alle wesentlichen Datensätze aus den Arbeiten der APME (Association of Plastic Manufacturers in Europe) zu Kunststoffen übernommen (z. B. PWMI, 1993).

Die Datensätze, z. B. zu Polyethylen (PE), beziehen alle Vorprozesse mit ein. Dies umfaßt auch die Energieerzeugung und den Transport. Damit handelt es sich um Datensätze *mit* Vorkette. Allerdings wurde in den Arbeiten das für die europäische Kunststoffindustrie spezifische Energieezeugungssystem in der Analyse verwendet. Dies unterscheidet sich vom bundesdeutschen Energieerzeugungssystem und auch von der Energieezeugung deutscher Kunststoffhersteller. Da für viele Produkte vorausgesetzt werden kann, daß PE auf dem europäischen Markt gekauft wird, ist die Verwendung der europäischen Daten oft angemessen.

Dennoch sollte nicht übersehen werden, daß es sich bei den Werten, wie bei den meisten Studien dieser Art, um Mittelwerte handelt. Es können dabei erhebliche Unterschiede zwischen den einzelnen Ländern und Herstellern auftreten. Wenn eine eindeutige Beziehung zu bestimmten Kunststoffproduzenten vorhanden ist, sind die spezifischen Daten vorzuziehen.

Tab. 1. Wichtige Quellen von Hilfsprozessen

Module	Quellen
Transporte	ifeu (1994) und Hassel (1995)
Abfallentsorgung	ifeu (1994)
Kläranlagen	ifeu (1994), überarbeitet
Energie	überw. GEMIS, Fritsche et al. (1993)
Kunststoffe	APME, z. B. PWMI (1993)
Metalle	überw. Ökoinventare f. Energiesysteme Frischknecht et al. (1994)

Derzeit (Stand II/1996) sind in der Prozeßbibliothek unter Umberto ca. 150 verschiedene Module enthalten. Dies kann allerdings nicht einfach mit 150 Prozeßdatensätzen gleichgesetzt werden, da zahlreiche Module Prozeßbeschreibungen enthalten, die ganze Klassen von Prozessen abbilden. So ermöglicht z. B. das Transportmodul „Lkw Hin/Zurück" die Wahl zwischen 6 verschiedenen Fahrzeugtypen vom 3,5-t-Fahrzeug bis zum Sattelzug. In anderen Programmen müßten dafür 6 verschiedene Datensätze verwendet werden.

Spezifikation von Modulen für die Bibliothek

Module sind Prozeßdatensätze, die in der Bibliothek von Umberto abgelegt sind und die für die Spezifikation von Transitionen in Stoffstromnetzen aufgerufen werden können. Umgekehrt werden die Module – bei der Erstellung – aus spezifizierten Transitionen gebildet. Lizenzträger der Consultantversion von Umberto haben die Möglichkeit, eine in einem Stoffstromnetz an beliebiger Stelle definierte Transition als Modul in der Bibliothek abzulegen. Dieser Datensatz ist dann via Bibliothek an beliebiger Stelle für die Spezifikation weiterer Transitionen nutzbar.

Tab. 2. In Umberto verwendbare mathematische Funktionen

>(expr1,expr2)	EXP(expr)	COS(expr)
<(expr1,expr2)	LN(expr)	SIN(expr)
=(expr1,expr2)	SQR(exp)	TAN(expr)
AND(expr1,expr2)	SQRT(expr)	ARCTAN(expr)
OR(expr1,expr2)	MAX(expr1,expr2)	PI()
NOT(expr)	MIN(expr1,expr2)	DAYS
IF(expr1,expr2,expr3))	ABS(expr)	FDY
FALSE()	INT(expr)	LDY
TRUE()	ROUND(expr1,expr2)	GWFY

Die dem Modul zugrundeliegende Transitionsspezifikation kann sowohl auf Verhältniszahlen (siehe Beitrag S. 51) als auch auf benutzereigenen Spezifikationen mit Formeln basieren. Letztere Möglichkeit bietet sich aufgrund ihrer Vielseitigkeit für das Erstellen von Datensätzen für die Bibliothek besonders an. Dazu müssen die Materialbezeichnungen auf Input- und Outputseite festgelegt werden. Mit einem Formeleditor werden die funktionellen Zusammenhängen zwischen Input- und Outputmaterialien hergestellt. Dabei ist die Verwendung der gebräuchlichsten mathematischen Funktionen erlaubt (Tab. 2). Außerdem bestehen folgende zusätzliche Möglichkeiten:

- *Interne Variablen* können in den Formeln zur besseren Übersichtlichkeit der Berechnung verwendet werden. Mit ihnen können innerhalb des Formelsatzes der Transition Zwischenergebnisse berechnet werden.
- *Parameter* dienen als Platzhalter für diejenigen prozeßsteuernden Größen, die der Nutzer bei der Verwendung der Transition öfter verändern will (siehe Bsp. in Abb. 2). Dies reicht von Elementgehalten und Heizwerten bei Abfallstoffen bis hin zu Transportentfernungen und Straßenkategorien bei Transportvorgängen. Parameter können z. B. auch als Schalter für bestimmte Prozeßvarianten (Lkw-Typ) verwendet werden. Mit Parametern können sehr komplexe Prozesse als Transitionen oder Module abgebildet werden.
- Statt konkreter Materialbezeichnungen auf Input- und Outputseite können in Modulen Platzhalter verwendet werden. Bei Aufrufen des Moduls zur Spezifizierung einer Transition kann an die Stelle des Materialplatzhalters dann eine konkrete Materialbezeichnung der eigenen Wahl gesetzt werden. Sie gilt für die spezielle Transition. Dieser Vorgang wird im Fachjargon *Instanziierung* genannt.

Die Kombination dieser Möglichkeiten erlaubt die Erstellung vielseitig verwendbarer Module. Deren Nutzungsmöglichkeiten geht weit über gewöhnliche

Prozeßdatensätze hinaus, bei denen die Input- und Outputmaterialien durch Verhältniszahlen zueinander in linearer Beziehung stehen. Die verschiedenen Möglichkeiten der Modellierung sollen an zwei Beispielen erläutert werden.

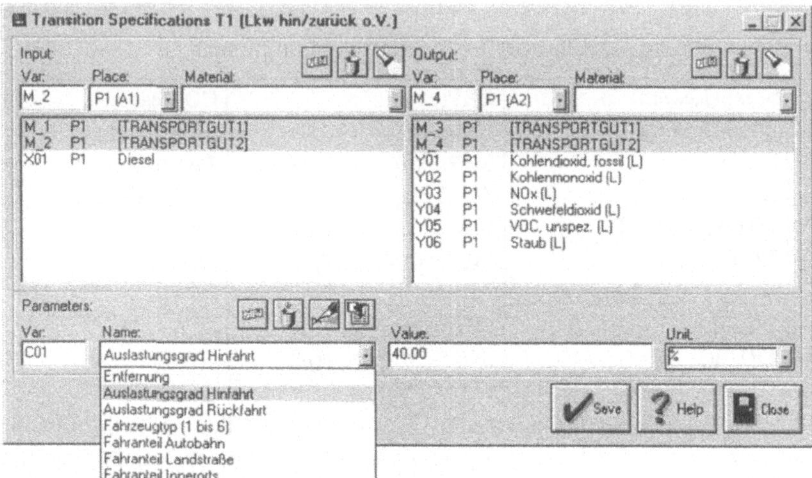

Abb. 2. Lkw-Transport-Transition mit Platzhaltern für zwei Transportgüter und Darstellung der einstellbaren Parameter

Beispiel 1: Das allgemeine Müllverbrennungsmodul

Das am ifeu-Institut entwickelte Modul basiert auf den Arbeiten zur Verpackungsökobilanz (ifeu, 1994). Dabei wurde aus einer Mischung von theoretischen Annahmen und auf Erfahrung basierenden Parameterannahmen, z. B. zu typischen Emissionen, ein funktionaler Zusammenhang zwischen Abfallinput und Emissionen formuliert. Vereinfachend gesagt, zeigt die Transition folgende Merkmale:

- Abfall kann im Anwendungsfall als spezielles Material über die Instanziierung flexibel eingesetzt werden.
- Parameter geben den Gehalt an Elementen sowie den Heizwert und Inertanteil des Abfalls an; sie müssen, abhängig vom Abfall, manuell eingegeben werden.
- Abfallabhängige Emissionen errechnen sich direkt aus dem Elementgehalt im Abfall und der Reinigungseffizienz.
- Typische Reinigungseffizienzen sind im Datensatz vorgegeben.
- Verbrennungsbedingte Schadstoffe (z. B. Dioxine) sind in der Emission an das Abluftvolumen gebunden.
- Reststoffe sind vom Inertanteil des Abfalls abhängig.
- Der Energiegewinn ist vom Heizwert des Abfalls abhängig.

Die konkrete Umsetzung dieser Eigenschaften in den Funktionen der Transition sei an einigen wenigen Beispielen erläutert. Folgende Parameter gehören zum Parametersatz der Transition:

C03 = Kohlenstoffgehalt (regenerativ) in g/kg Abfall
C04 = Kohlenstoffgehalt (fossil) in g/kg Abfall
C07 = Schwefelgehalt in g/kg Abfall

Diese Größen dienen zur Berechnung des Volumens der Verbrennungsprodukte. Dieses wiederum ist die Basis für die Berechnug des gesamten Abluftvolumens, der Schlüsselgröße zur Berechnung aller verbrennungsabhängigen Schadstoffe. Ihre Emission errechnet sich aus empirisch erfaßten oder an Grenzwerten orientierten Emissionskonzentrationen und dem Abluftvolumen.

Beispielsweise wird die SO_2-Emission, ausgedrückt als die Größe Y00, wie folgt berechnet:

Berechnung der absoluten Kohlenstoff- und Schwefelmengen
L103 = c03*x0
L104 = c04*x0
L100 = L103+L104
....
L107 = c07*x0
...

Hier werden aus den Elementgehalten und der Masse des zu verbrennenden Abfalls (x0) die absoluten Kohlenstoff- und Schwefelmengen berechnet. Die lokalen Variablen (L103 etc.) enthalten interne Zwischenergebnisse für die weitere Berechnung.

Berechnung des ungereinigten Rauchgasvolumens der Verbrennungsprodukte:
L01 = 0.0224*(L100/12.01+L107/32.07+L108/14.01+L109/35.45+L110/19)

Hier erfolgt die Umrechnung der absoluten Stoffmengen in Mol und die Umrechnung in Volumen. Der Term L107/32.07 beschreibt z. B. die Verbrennungsprodukte von Schwefel (genau genommen für Schwefeldioxid: L107*64.07/ 32.07/ 64.07 = L107/32.07). Zusammen mit anderen Größen, z. B. dem Luftbedarf, wird daraus das Abluftvolumen berechnet.

Berechnung der Schwefeldioxidemission nach Reinigung:
Y00 = L107*64.07/32.07*0.2/1000

Diese Gleichung dient zur Umrechnung der Schwefelmenge in Schwefeldioxid, der Berechnung der emittierten Schwefeldioxidanteile (20% Emission), basierend auf einer Reinigungseffizienz, und schließlich der Umrechnung von Gramm in Kilogramm. Theoretisch könnte die Reinigungseffizienz über einen Parameter auch variabel gehalten werden.

Beispiel 2: Das allgemeine Lkw-Transportmodul

Als weiteres Beispiel dient das Transportmodul „Lkw hin/zurück m. V.". Es wird durch die Menge an Gütern beschrieben, die transportiert werden sollen und sowohl auf der Input- als auch auf der Outputseite als invariante Größe geführt wird. Bei der Umsetzung in Umberto ergeben sich folgende Besonderheiten:

- Das Transportgut kann frei gewählt und über die sogenannte Instanziierung eingesetzt werden.
- Durch Parameterwahl wird zwischen mehreren Lkw-Typen gewählt.
- Die Emissionen sind neben der Transportmenge abhängig von Auslastung, Transportentfernung und Anteile der Straßenkategorien an der Fahrleistung.
- Die Vorkette der Dieselbereitstellung wird in diesem Fall mit eingerechnet.

Folgende Parameter können in dem Modul eingestellt werden:

C00 = Transportentfernung in km
C01 = Auslastungsgrad (Hinfahrt) in Prozent
C02 = Auslastungsgrad (Rückfahrt) in Prozent
C03 = Lkw-Typ (Zahl zwischen 1 und 6)
C04 = Fahranteil Autobahn
C05 = Fahranteil Landstraße
C06 = Fahranteil Innerorts

Beim Fahrzeugtyp werden sechs verschiedene Größenklassen von Lkw, gemessen am zulässigen Gesamtgewicht, betrachtet: Lkw mit 3,5 - 7,5 t, Solo-Lkw mit 16 t, Solo-Lkw mit 22 t, Lastzug < 28 t, Lastzug 28 - 32 t, Lastzug/ Sattelschlepper > 32 t. Je nach Wahl des Fahrzeugtyps werden unterschiedliche Faktoren für die Berechnung der Kfz-Abgase und des Energieverbrauchs verwendet. Der Vorteil, dafür keine getrennten Module zu verwenden, liegt darin, daß der Anwender bei Optimierungsfragen einfach zwischen verschiedenen Fahrzeugtypen, Auslastungsgraden, Entferungen usw. wählen kann und das Stoffstromnetz als solches nicht umstrukturieren muß.

Die Fahrzeugemissionen werden dem Transportgut in diesem Fall entsprechend den Auslastungsgraden angerechnet: Im einfachsten Fall ist der Auslastungsgrad bei der Hinfahrt 100 % – die Emissionen der Hinfahrt sind dann ganz dem Transportgut zuzurechnen – und der Auslastungsgrad der Rückfahrt 0 % – dann muß dem Transportgut noch zusätzlich die Leerfahrt angerechnet werden. Dabei wird mit dem Ansatz $E = m*\varepsilon + b$ sogar berücksichtigt, daß der Kraftstoffverbrauch und die Schadstoffemissionen abhängig vom Auslastungsgrad ε sind. m und b sind entsprechende Emissionsfaktoren. Es wird folgende Beziehung angewendet:

$$\text{Emission} = \text{Entfernung} * \text{Gewicht des Transportgutes} / (\text{max. Zuladung} * \varepsilon_{hin}) * [\, m * (\varepsilon_{hin} + \varepsilon_{zurück} - \varepsilon_{zurück}^2) + b * (2 - \varepsilon_{zurück})]$$

Die Berechnung der mit dem Transport verbundenen Stoffströme baut wesentlich auf den gewählten Parametern auf:

Berechnung des Auslastungsgrades (Hinfahrt) als Faktor:
LHIN = IF(>(C01,0),IF(<(C01,100),C01,100),0)/100

Hier wird der in Prozent angegebene Auslastungsgrad in eine Zahl zwischen 0 und 1 umgerechnet (LHIN). Werte über 100 % werden über eine if-Abfrage auf 1 gesetzt, Werte unter 0 % auf 0.

Auswahl des Lkw-Typs:
L01 = IF(=(C03,1),1,0)*C00*1.0E-5*X00/3800/LHIN
L02 = IF(=(C03,2),1,0)*C00*1.0E-5*X00/8600/LHIN
L03 = IF(=(C03,3),1,0)*C00*1.0E-5*X00/14000/LHIN
L04 = IF(=(C03,4),1,0)*C00*1.0E-5*X00/17000/LHIN
L05 = IF(=(C03,5),1,0)*C00*1.0E-5*X00/19000/LHIN
L06 = IF(=(C03,6),1,0)*C00*1.0E-5*X00/25000/LHIN

Von diesen lokalen Variablen L01 bis L06 ist nur diejenige nicht gleich Null, bei der der für C03 gewählte Zahlenwert in der if-Abfrage auftaucht. Damit wird der Lkw-Typ in eine interne Variable umgerechnet, die als Schalter den entsprechenden Emissionsfaktor für den Lkw-Typ anspricht (s. u.). Gleichzeitig fließt in diese Variable die Transportentfernung C00, die Menge des Transportgutes X00, die mittlere Zuladung des jeweiligen Lkw-Typs (3800 bis 25000 kg) und der Auslastungsgrad LHIN ein. Das Resultat ist eine Angabe über den Bedarf an Lkw-Kilometern, um das Transportgut mit der entsprechenden Auslastung und dem gewählten Lkw-Typ die betreffende Entfernung zu transportieren.

Berechnung der zugehörigen NO_x-Emission:
Y03 = (LNOX1*L01+LNOX2*L02+LNOX3*L03+LNOX4*L04+
LNOX5*L05+LNOX6*L06)+ LmKrG*1.27544E-3

In dieser Funktion wird aus auslastungsabhängigen Emissionsfaktoren (LNOX) nur derjenige ausgewählt, der dem gewählten Lkw-Typ entspricht. Alle anderen werden mit Null multipliziert (s. o.). Der Term am Schluß ist der Emissionsfaktor der Kraftstoffbereitstellung multipliziert mit dem berechneten Kraftstoffbedarf des Transportes.

Berechnung der Lkw-Typ-abhängigen Emissionsfaktoren:
LNOX3 = C04*(1.841*L00+8.29*LB)+C05*(1.842*L00+8.29*LB)+
C06*(3.289*L00+14.8*LB)

In der Formel für die Emissionsfaktoren LNOX stecken die linearen Gleichungen in Abhängigkeit von den Auslastungsgraden. Es gilt L00 = ($\varepsilon_{hin} + \varepsilon_{zurück} - \varepsilon_{zurück}^2$) und LB = ($2 - \varepsilon_{zurück}$). Die Zahlenwerte entsprechen den Konstanten m und b aus der o. g. Formel. Die Emissionsfaktoren werden schließlich mit den Anteilen der Straßenkategorien (C04, C05 und C06) gewichtet.

Schon anhand dieses geringen Ausschnittes aus der Lkw-Transporttransition wird deutlich, daß mit Umberto sehr komplexe Zusammenhänge modellierbar sind. Die Parameter dienen dazu, bei einem Prozeß zwischen verschiedenen Varianten der Prozeßführung hin- und herzuschalten und bestimmte Schlüsselgrößen

(z. B. Transportentfernung, Auslastung, Straßenkategorieanteile) leicht veränderbar zu halten.
Gerade der letzte Aspekt hat eine weitere Bedeutung für die Modellierung und Auswertung von Stoffstromnetzen:

- Die Parameter können über den Input Monitor zentral gesteuert werden und auch für mehrere Transitionen in einem Stoffstromnetz gleichzeitig und gekoppelt verändert werden.
- Die Parameter, die in den Transitionen eines Stoffstromnetzes verwendet werden, können im Inventory Inspector ausgewertet werden (siehe Beitrag S. 79).

Fazit

Mit der Einführung der Prozeßbibliothek gewinnt der modulare Aufbau einer Stoffstromanalyse unter Umberto seine volle Wirkung. Sie erleichtert die Modellierung von Prozeßketten, die für den normalen Nutzer zunächst wenig zugängliche Prozesse (Energieerzeugung, Transporte, Herstellung von Rohstoffen etc.) enthalten. Dennoch sollte sich der Nutzer über die erwähnten Grenzen der verallgemeinerten Datensätze bewußt sein.

Viele der in der Prozeßbibliothek abgelegten Prozesse stellen vielseitig verwendbare komplexe Datensätze dar. Sie basieren auf den umfangreichen Möglichkeiten der Prozeßmodellierung im Formeleditor von Umberto. Insbesondere erlaubt diese Art der Prozeßmodellierung die einzelfallspezifische Anpassung von Transportvorgängen und Abfallbeseitigungen in der Ökobilanzierung.

Literatur

ifeu (1994): Ökobilanzen für Verpackungen, Teilbericht: Energie - Transport - Entsorgung. Im Auftrag des Umweltbundesamtes Berlin. Heidelberg

Frischknecht et al. (1994): Ökoinventare für Energiesysteme, Bundesamt für Energiewirtschaft Zürich

Fritsche, U. et al. (1993): Umweltanalysen von Energiesystemen. Gesamt-Emissions-Modell Integrierter Systeme (GEMIS). Version 2.0. Im Auftrag des Hessischen Ministeriums für Energie, Umwelt und Bundesangelegenheiten. Darmstadt/Kassel

Hassel, D. et al. (1995): Abgas-Emissionsfaktoren von Nutzfahrzeugen in der Bundesrep. Deutschland für das Bezugsjahr 1990. Im Auftrag des Umweltbundesamtes Berlin

PWMI - European Centre for Plastics in the Environment (1993): Eco-profiles of the European Plastics Industry. Report 3. Polystyrene. Brüssel

Schmidt, M. et al. (1996): Prozeßmodellierung und Datenstruktur in Stoffstromnetzen. In: Scheer, A.-W. et al. (Hrsg.): Computergestützte Stoffstrommanagement-Systeme. Marburg. S.25-38

Möglichkeiten des Stellenkonzeptes für die flexible Ökobilanzierung

Mario Schmidt, Heidelberg

Stoffstromnetze bestehen aus zwei unterschiedlichen Klassen von Netzknoten. Die *Transitionen* dienen der Beschreibung der Herstellungs- oder Umwandlungsprozesse. Input- und Outputströme verschiedener Materialien stehen dabei in einem funktionalen Zusammenhang zueinander, wodurch der Prozeß definiert wird. So kann z. B. aus einer bestimmten Inputmenge an Schwefel eine berechenbare Menge an Schwefelsäure entstehen. Die Notwendigkeit der Transitionen in einem Stoffstromnetz ist unmittelbar einsichtig aus dem Ansatz des modularen Aufbaus eines Stoffstrommodells aus einzelnen Prozessen.

Ungewohnt sind dagegen die *Stellen*, die in einem Stoffstromnetz als weitere Klasse von Knoten unverzichtbar sind. Am einfachsten zu verstehen sind Stellen in ihrem eigentlichen Sinn: als Lager zur Verwaltung von Stoff- und Energiebeständen. Sie beziehen sich auf einen Betrachtungszeitraum oder eine Bilanzperiode, können Anfangsbestände berücksichtigen und weisen die Bestandsveränderung aus dem Zu- und Abfluß von Materialströmen aus. Im Gegensatz zu Transitionen verändert sich in Stellen die Qualität der Materialien nicht. Fließt z.B. das Material Schwefel in eine Stelle, so muß diese Menge entweder wieder abfließen oder als Schwefel gelagert werden. In einer Stelle kann aber keine Schwefelsäure daraus entstehen.

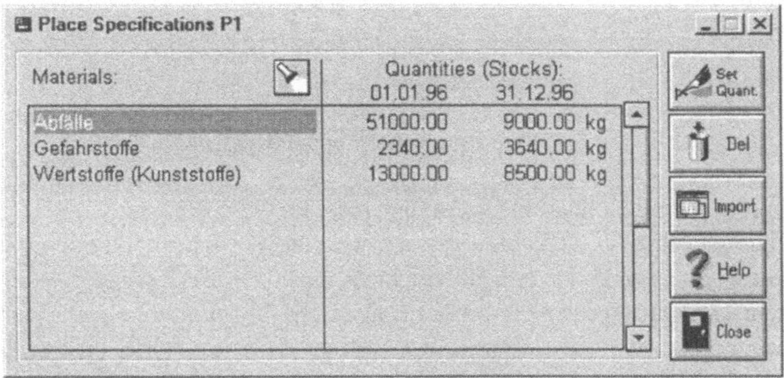

Abb. 1. Spezifikationsfenster einer Stelle (Place) mit Anfangs- und Endbeständen von verschiedenen Materialien

Mario Schmidt, Andreas Häuslein (Hrsg.)
Ökobilanzierung mit Computerunterstützung

Verwendung von Verbindungsstellen

Nicht in allen Stoffstrommodellen müssen allerdings Bestände abgebildet werden. So werden in Produktökobilanzen üblicherweise nur Ströme berechnet. Stellen scheinen hier überflüssig zu sein. Aber im Formalismus der Stoffstromnetze sind Stellen immer erforderlich, auch wenn zwei Prozesse nur miteinander verknüpft werden sollen. In diesem Fall werden sogenannte Verbindungsstellen (Connection Places) eingeführt, die quasi unechte Lager sind: in ihnen können nur Nullbestände auftreten, d. h. alles, was ihnen innerhalb einer Bilanzperiode zufließt, muß in der gleichen Bilanzperiode auch wieder abfließen (siehe Beitrag S. 115).

Diese Verbindungsstellen haben auch einen praktischen Nutzen. Sie können dazu verwendet werden, Stoff- oder Energieströme zu bündeln oder Verzweigungen abzubilden. So wird in Abb. 2 von dem Produktionsprozeß T2 eine bestimmte Menge an elektrischem Strom angefordert. Das betriebseigene Blockheizkraftwerk T1 liefert eine feste Menge an elektrischem Strom. In P1 wird durch Differenzenbildung der – bislang unbekannte – zusätzlich erforderliche Strombedarf aus dem elektrischen Stromnetz berechnet.

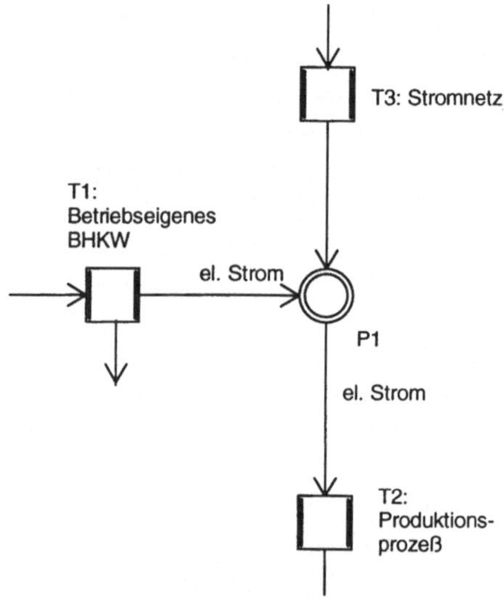

Abb. 2. Beispiel für die Verwendung einer Verbindungsstelle (P1).

Verbindungsstellen können zusammen mit der Möglichkeit, Stellen graphisch zu duplizieren (siehe S. 40), dazu genutzt werden, Stoffstromnetze übersichtlicher zu gestalten. In Abb. 3 ist das Beispielnetz eines Papierlebensweges dargestellt. Bei jedem Herstellungsprozeß werden zahlreiche Vorprodukte und Energien angefordert. Würde man diese Prozesse direkt an diese Transitionen ankoppeln, so entstünde ein extrem unübersichtliches Netz. Stattdessen enden diese Zu- und Abflüsse an Verbindungsstellen.

Duplizierte Stellen koppeln diese, über das Netz verstreuten Zuflüsse an die entsprechenden Vorketten an, die sich allerdings woanders im Stoffstromnetz befinden können (Abb. 4). Immer wenn z. B. Schwefelsäure in einem Prozeß angefordert wird, wird auf die Vorkette aus Abb. 4 zurückgegriffen. Änderungen in den Prozessen der Vorkette können somit schnell und zentral vorgenommen werden.

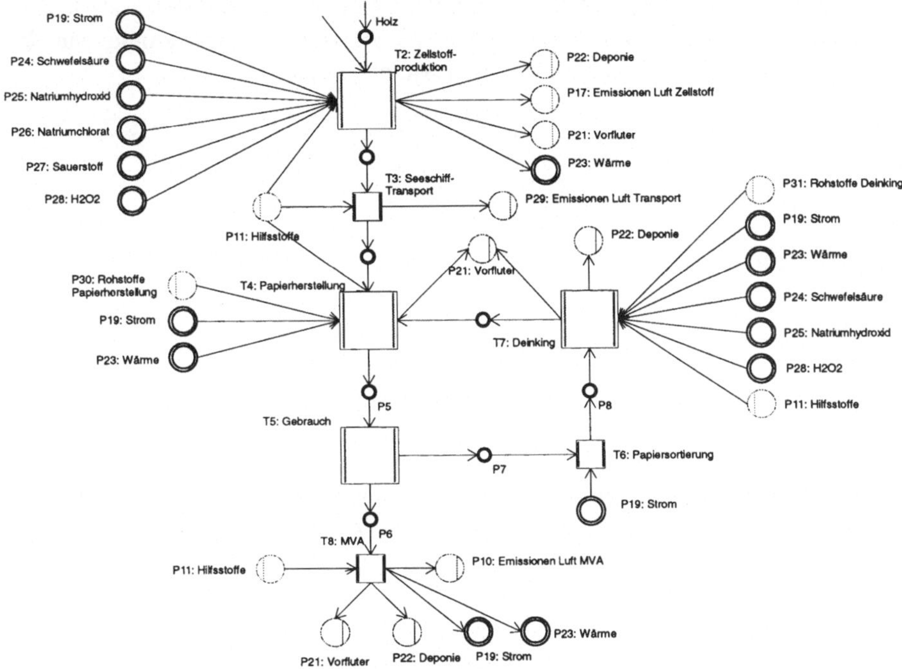

Abb. 3. Beispiel für die Verwendung von Verbindungsstellen zur übersichtlicheren Darstellung komplexer Netze. Die Vorketten zur Bereitstellung von z. B. Schwefelsäure sind über die Verbindungsstellen (z. B. P24) angekoppelt, obwohl sich die Vorketten anderswo im Stoffstromnetz befinden können (siehe Abb. 4).

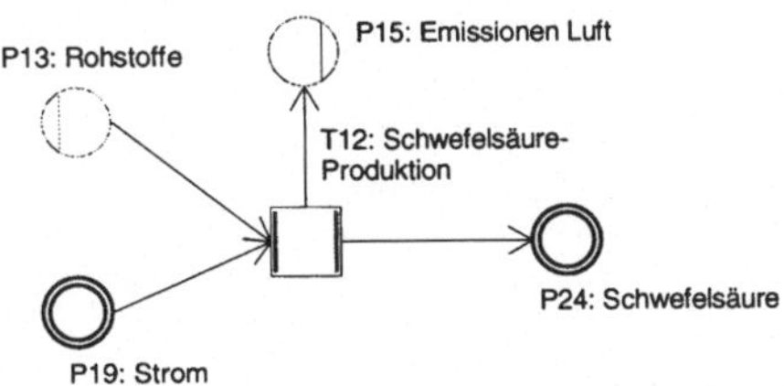

Abb. 4. Die Vorkette zur Bereitstellung von z. B. Schwefelsäure für das Beispiel in Abb. 3 werden separat im Stoffstromnetz dargestellt und sind über die Verbindungsstelle P24 angekoppelt.

Input- und Outputstellen als Bilanzgrenzen

Eine weitere Besonderheit des Stellenkonzeptes sind die Input- und Outputstellen. Sie definieren, wo die Bilanzgrenzen des Stoffstromnetzes sind, also wo Ressourcen und Energien aus der Umwelt entnommen und Produkte, Schadstoffe usw. in die Umwelt entlassen werden. Man kann die Input- und Outputstellen als Konten interpretieren, von denen bzw. auf welche die Stoff- und Energieströme einer Bilanzperiode bzw. einer funktionellen Produkteinheit gebucht werden.

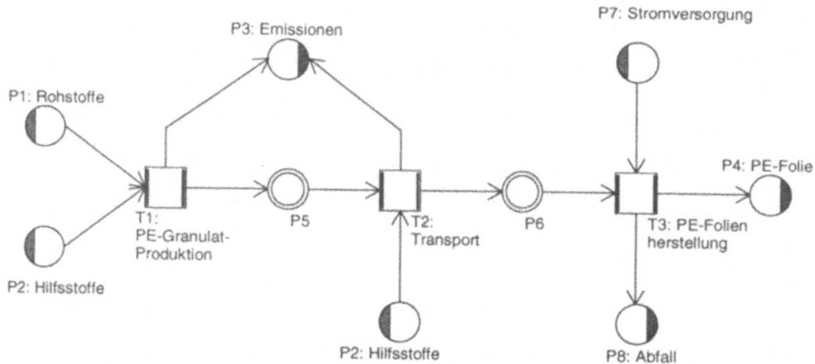

Abb. 5. Einfaches Beispielnetz für die Herstellung von PE-Folie mit P1, P2 und P7 als Inputstellen und P3, P4 und P8 als Outputstellen

Balance Sheet Current

Group: Places Aggregation: Sum

Project: Beispielprojekt Scenario: PE-Folienherstellung Period: 01.01.95 - 31.12.95

Input:

Id	Name	Material	Quantity
P1	Rohstoffe		
		Erdöl	4.352,42 kg
		Wasserstoff	25,52 kg
P2	Hilfsstoffe		
		Diesel	4,27 kg
		Hilfsstoffe	8,03 kg
P7	Stromversorgung		
		Elektrische Energie	1.632.905,26 kJ

Sum (Mass) 4.390,24 kg
Sum (Energy) 1.632.905,26 kJ

Output:

Id	Name	Material	Quantity	Unit
P3	Emissionen			
		Emissionen (Luft)		
		Kohlendioxid, fossil	5,91	t
		Kohlenmonoxid (L)	0,07	kg
		Schwefeldioxid (L)	0,01	kg
		Staub (L)	0,02	kg
		Stickstoffoxide (L)	13,56	kg
		VOC (L)		
		Methan (L)	0,01	kg
		NMVOC (L)	0,03	kg
P4	PE-Folie			
		PE-Folie	20,00	Rolle
P8	Abfall			
		Abfälle	52,63	kg

Sum (Mass) 6.981,23 kg
Sum (Energy) 0,00 kJ

Materials: Mass Energy Both Quantities: Round Units: Basic Display

Scale

Abb. 6. Bilanz zu Abb. 5 nach Stellen ausgewertet

In Abb. 5 ist ein einfaches Stoffstromnetz für die Herstellung von PE-Folie abgebildet. Die funktionelle Einheit sind 20 Rollen PE-Folie. Aus der Inputstelle P1 wird beispielsweise Rohöl für die Herstellung von PE-Granulat abgebucht; das PE-Granulat gelangt dann über die Verbindungsstelle P5 zum Transport, der wie ein Prozeß behandelt wird. Schließlich wird aus dem PE-Granulat unter Einsatz von Energie PE-Folie hergestellt. In Abb. 6 ist die dazugehörige Bilanz abgebildet, in diesem Fall mit einer Auswertung nach den Input- und Outputstellen.

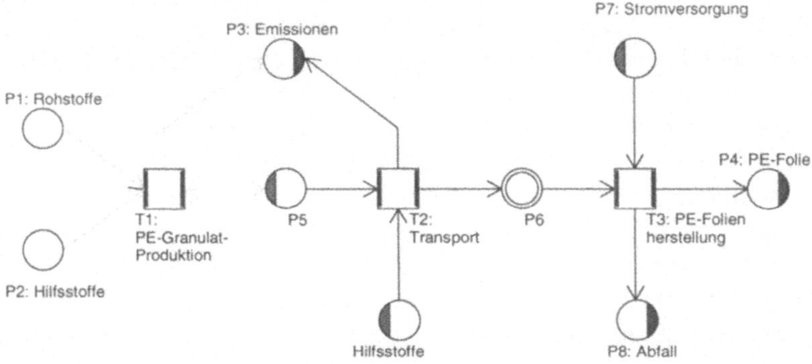

Abb. 7. Verändertes Netz aus Abb. 5 ohne Berücksichtigung der PE-Granulat-Produktion

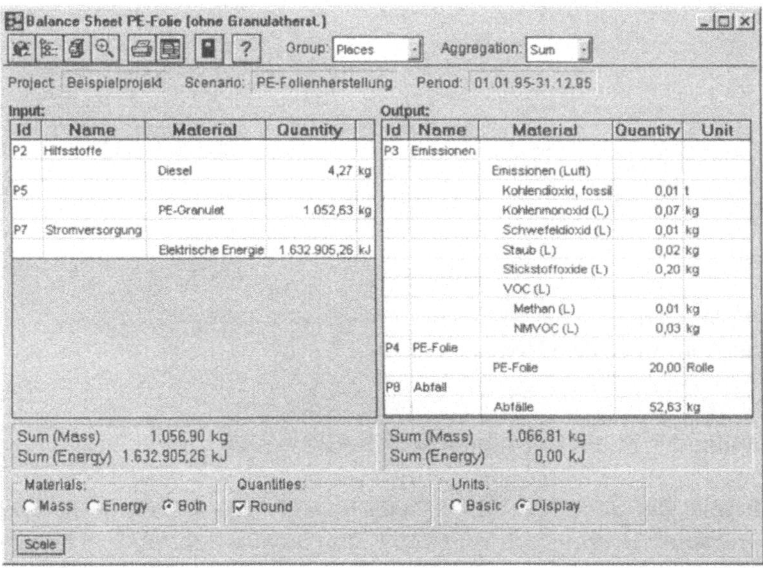

Input:

Id	Name	Material	Quantity	
P2	Hilfsstoffe			
		Diesel	4,27	kg
P5				
		PE-Granulat	1.052,63	kg
P7	Stromversorgung			
		Elektrische Energie	1.632.905,26	kJ

Output:

Id	Name	Material	Quantity	Unit
P3	Emissionen			
		Emissionen (Luft)		
		Kohlendioxid, fossil	0,01	t
		Kohlenmonoxid (L)	0,07	kg
		Schwefeldioxid (L)	0,01	kg
		Staub (L)	0,02	kg
		Stickstoffoxide (L)	0,20	kg
		VOC (L)		
		Methan (L)	0,01	kg
		NMVOC (L)	0,03	kg
P4	PE-Folie			
		PE-Folie	20,00	Rolle
P8	Abfall			
		Abfälle	52,63	kg

Abb. 8. Bilanz zu Abb. 7 nach Stellen ausgewertet

Die Bilanzgrenzen können nun nachträglich durch einfaches Umdefinieren der Stellen verändert werden (Abb. 7). Soll z. B. die PE-Granulat-Produktion aus der Bilanz ausgeschlossen werden, so wird mit Reset die Berechnung des Netzes zurückgesetzt und aus der Verbindungsstelle P5 wird eine Inputstelle gemacht. Die bisherige Inputstelle P1 wird zu einer gewöhnlichen Stelle umdefiniert. Nach erneutem Berechnen wird das Netz nur bis P5 berechnet, da die Inputstelle den Fluß, der von T2 aus berechnet wird, nicht weiterleitet. Der rechte Teil des Netzes bleibt deshalb unberechnet, was an den grauen Pfeilen erkennbar ist. In der Bilanz tauchen die Stoff- und Energieströme der PE-Granulat-Herstellung nicht mehr auf. Stattdessen wird in der Bilanz auf der Inputseite das PE-Granulat als Inputmaterial geführt (siehe Abb. 8).

Mit dem Stellenkonzept lassen sich also die Bilanzgrenzen eines Stoffstromnetzes sehr flexibel setzen oder nachträglich verändern. Dies ist ein großer Vorteil für die Auswertung von komplexen Netzen, bei denen der Einfluß verschiedener Produktionsstränge oder Vorketten untersucht werden soll. Unter Umberto läßt sich dieses Verfahren noch weiter vereinfachen: Mit der Maus und der Shift-Taste wird das gewünschte Teilnetz, das bilanziert werden soll, umrandet (Abb. 9). Mit dem Menüpunkt „Balance for Selected Elements..." wird dann lediglich dieses Teilnetz bilanziert, d. h. jene Ströme, die die gewählte Umrandung überschreiten (siehe auch S. 152).

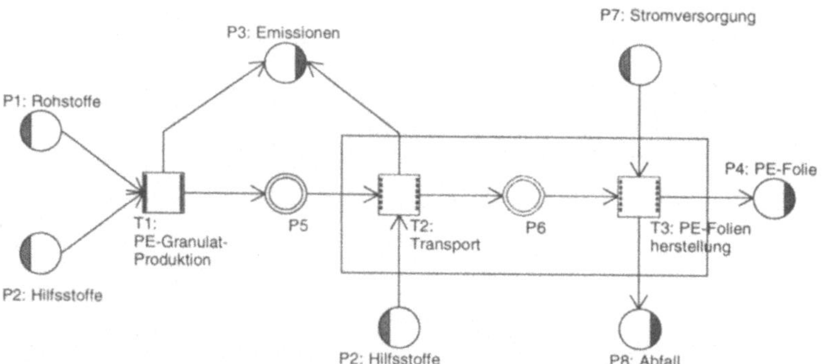

Abb. 9. Auswertung eines Teilnetzes (innerhalb Kasten). Das Ergebnis ist identisch mit Abb. 8 und dem Vorgehen in Abb. 7.

Gliederung der Bilanz mit Input- und Outputstellen

Das Beispiel der Super GmbH verdeutlicht noch eine weitere Möglichkeit des Stellenkonzeptes. Theoretisch könnte ein Stoffstromnetz lediglich eine Input- und eine Outputstelle besitzen, um die Bilanzgrenzen zur Umwelt zu definieren. Die Auswertung wird dann allerdings erschwert, weil z. B. Wertstoffe genauso wie Luftschadstoffe oder Abwasser auf die gleiche Outputstelle gebucht werden.

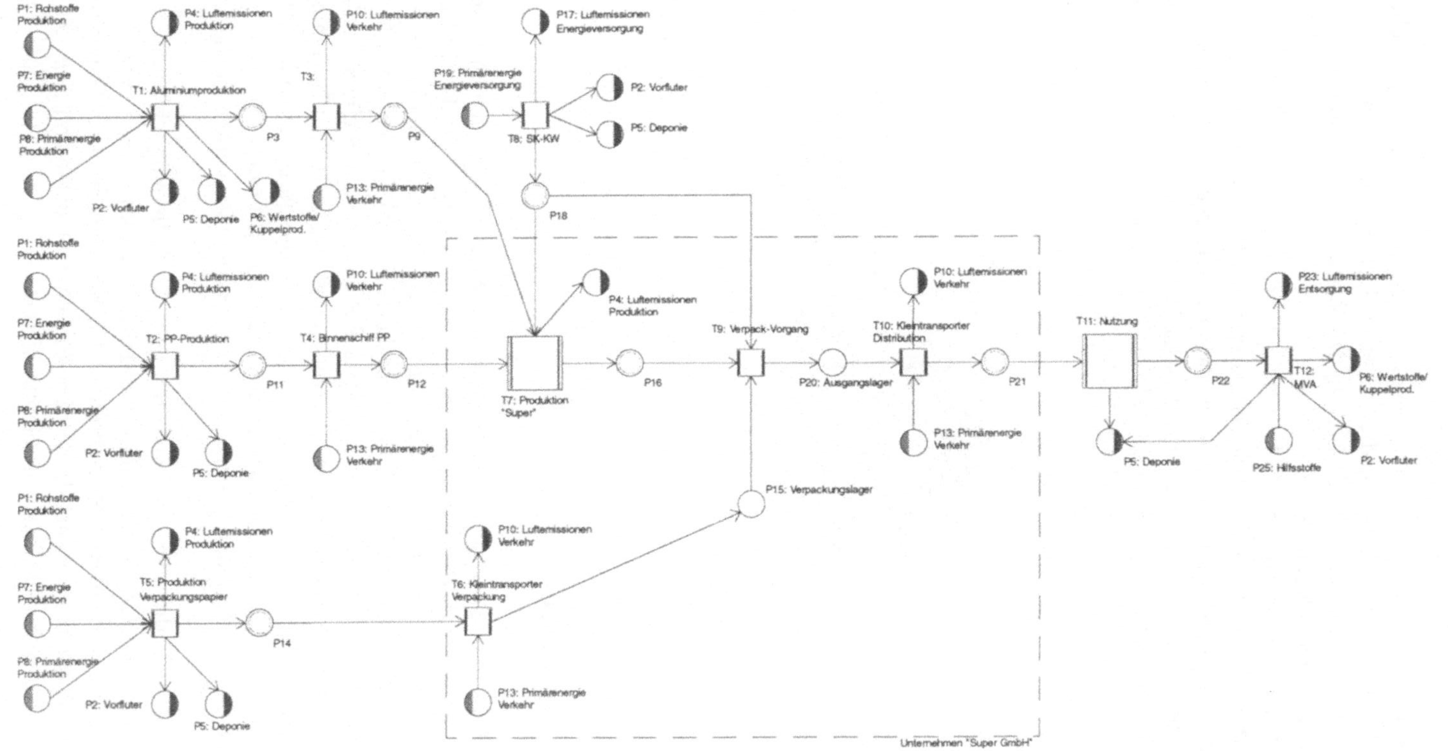

Abb. 10. Beispielnetz für den Lebensweg des Produktes „Super"

Übersichtlicher wird die Bilanz, wenn man die Input- und Outputstellen nach Materialgruppen oder Umweltmedien unterscheidet. So können die Outputstellen z. B. nach den Emissionen in die Luft, in den Vorfluter oder Abfall auf der Deponie unterschieden werden.

In Abb. 10 wurde noch ein Schritt weitergegangen. Hier wurden die Emissionen in die Luft noch weiter nach Emissionen aus Prozessen der Energieversorgung, des Transportes, der Produktion oder der Entsorgung, also quasi nach Lebenswegabschnitten des Produktes unterschieden. Dies kann für die Auswertung komplexer Netze nützlich sein, weil dann die Emissionen nach diesen Lebenswegabschnitten analysiert werden können (siehe Abb. 11).

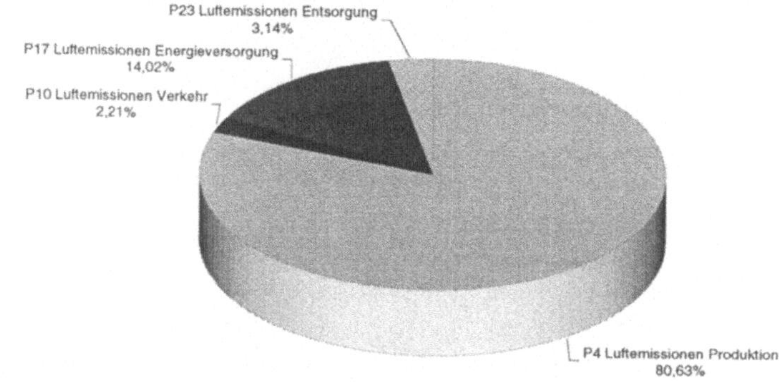

Abb. 11. Auswertung der Kohlendioxidemissionen des Netzes in Abb. 10 nach Stellen

Weitere Möglichkeiten

Es gibt Fälle, in denen es auch wünschenswert wäre, die Berechnungen in einer Transition, also z. B. Produktionsmengen, von dem Lageranfangsbestand an Produkten, Vorprodukten usw. abhängig zu machen. In diesem Fall sind in einer Transition Informationen über den Anfangsbestand einer benachbarten Stelle erforderlich, ohne daß unbedingt der gesamte Bestand von der Stelle abfließt. Dies wird mit der sogenannten *Nebenbedingung* ermöglicht, bei der zu Beginn des Rechenvorgangs im Netz die Bestandsmenge einer Stelle gezielt an eine bestimmte Transitionen *als Information* übergeben werden kann. In der Transition können dann mit dieser Information Berechnungen durchgeführt werden (siehe auch S. 115).

Diese Nebenbedingung eröffnet völlig neue Modelliermöglichkeiten: So können bestimmte Prozesse in Transitionen erst dann aktiviert werden, wenn Bestände bestimmte Schwellenwerte überschreiten. Da mit Stellen auch Umweltmedien (Deponie, Vorfluter...) abgebildet werden können, läßt sich damit z. B. die Überschreitung von Schadstoffbeständen kontrollieren.

Auswertung der Sachbilanz mit dem Umberto Inventory Inspector

Udo Meyer, Heidelberg

Das quantitative Herzstück einer Ökobilanz ist die Sachbilanz, im Englischen als Inventory Analysis bezeichnet. Ihr Ergebnis ist Ausgangspunkt der quantitativen und qualitativen Bewertung. Für den Bereich der Produktökobilanz wird die Sachbilanz in der geplanten ISO-Norm 14040 wie folgt definiert:

> „Phase der Produkt-Ökobilanz, die die Zusammenstellung und Quantifizierung von Inputs und Outputs eines gegebenen Produktsystems im Verlauf seines Lebenswegs umfaßt."

In der Sachbilanz werden alle Daten des Stoff- und Energieeinsatzes bzw. -austrags der Prozesse eines Systems zusammengestellt und ausgewertet. Übertragen auf Umberto bedeutet dies, daß ein Stoffstromnetz in seiner Struktur erstellt wird sowie die Transitionen spezifiziert und die bekannten Bestände und Flüsse manuell oder über eine Schnittstelle eingetragen werden. Nach der Berechnung des Stoffstromnetzes liegt das Sachbilanzergebnis mit den entsprechenden Daten vor.

Werden Ökobilanzen mit Umberto als Stoffstromnetze erstellt, so ist das Sachbilanzergebnis aber nicht einfach nur eine *Bilanz*, also etwa eine Gegenüberstellung von Input- und Outputströmen. Umberto wird schon eher dem englischen Begriff der *Inventory Analysis* gerecht, indem es eine tiefgehende Analyse des Stoffstromsystems zuläßt.

An jedem einzelnen Element des Netzes, sei es eine Transition, eine Stelle oder eine Verbindung, kann der Anwender Informationen über Materialflüsse oder Materialbestände abrufen. Damit wird es möglich, das gesamte System zu durchleuchten, um zu erkennen, wo signifikante Stoffströme entstehen und wie diese sich im System auswirken. Das Schlüsselwort in diesem Zusammenhang ist *Transparenz.* Die Transparenz eines Systems ist nötig, um Ursachenforschung und anschließend Prävention betreiben zu können. Eine einfache Input-Output-Bilanz zeigt nur das hochaggregierte Ergebnis an; bei einer Stoffstromanalyse ist jedoch auch zu sehen, wie ein Ergebnis zustande kommt und wodurch es beeinflußt werden kann.

Für diese Transparenz ist die Bereitstellung aller vorgegebenen und errechneten Daten im Stoffstromnetz erforderlich, so wie das unter Umberto der Fall ist. Je größer das Stoffstromnetz ist, desto komplizierter gestaltet sich jedoch die Analyse dieser Einzeldaten. Sie liegen über das Stoffstromnetz verstreut und nur teilweise

Mario Schmidt, Andreas Häuslein (Hrsg.)
Ökobilanzierung mit Computerunterstützung

aggregiert vor. Daraus ließe sich nur mühsam ein Gesamtbild über das System machen.

Zusätzlich ist es also nötig, eine große Anzahl an Daten zentral nach sinnvollen Kriterien zu strukturien und auszuwerten. Auswahlkriterien könnten z. B. bestimmte Materialien, bestimmte Prozesse oder bestimmte Umweltmedien sein. Um solche Auswertungen zu ermöglichen, wurde ein zusätzliches Tool, der sogenannte *Umberto Inventory Inspektor* geschaffen. Er stellt das zentrale Hilfsmittel dar, mit dem die Ergebnisse der Sachbilanz sowohl tabellarisch als auch graphisch ausgewertet werden können. Über ihn ist der komfortable Export der Ergebnisse in andere Programme oder Anwendungen möglich. Daneben stellt er noch eine Reihe weiterer charakteristischer Informationen über ein Stoffstromnetz zusammen, z. B. alle Parametereinstellungen in den Prozessen und ermöglicht, auch diese Daten extern weiterzuverarbeiten.

Erstellen von Ergebnisdatensätzen

Wenn in Umberto ein Stoffstromnetz berechnet wurde, so kann das Ergebnis zur weiteren Auswertung abgespeichert werden. Dabei kann nicht nur die Bilanz des Gesamtnetzes, sondern es können auch die Bilanzen von Teilnetzen abgespeichert werden. Damit wird es möglich, Veränderungen im Stoffstromnetz oder bestimmte Teilaspekte für die spätere Auswertung, Bewertung und einen Vergleich festzuhalten.

Das Abspeichern erfolgt unter einem Szenario mit „Balance... – Store ... – for Input/Output-Places“ oder „... Store for Selected Elements“. Jede abgespeicherte Bilanz wird vom Anwender mit einem Namen versehen. Zusätzlich bleibt in dem abgespeicherten Datensatz erkennbar, aus welchem Projekt, aus welchem Szenario und von welcher Periode der Datensatz stammt.

In dem Tool „Umberto Inventory Inspector“ können diese Datensätze (Balance Sheets) dann zu den verschiedenen Projekten aufgerufen und ausgewertet werden.

Möglichkeiten der Auswertung

Die Möglichkeiten der Auswertung eines Stoffstromnetzes hängen nicht nur vom Inventory Inspector, sondern auch von der Art, wie ein Netz strukturiert und spezifiziert wurde, ab. Die Auflösung der Ergebnisse kann nicht genauer sein als die der ursprünglich eingegebenen Daten. Werden in einem Stoffstromnetz als Material nur pauschal „Kohlenwasserstoffe“ geführt, so kann man später nicht die Einzelsubstanzen dieser Stoffgruppe auswerten. Dies müßte bereits bei der Definition der Materialhierarchie und bei der Spezifikation der Transitionen berücksichtigt werden. Umgekehrt wird die Auswertung der Ergebnisse sehr vereinfacht, wenn die Strukturen des Netzes und der Materialhierarchie vom Anwender gut durchdacht sind.

Als Beispiel für die folgenden Auswertungen dient das Netz einer fiktiven „Super GmbH“, das bereits auf S. 77 abgebildet ist.

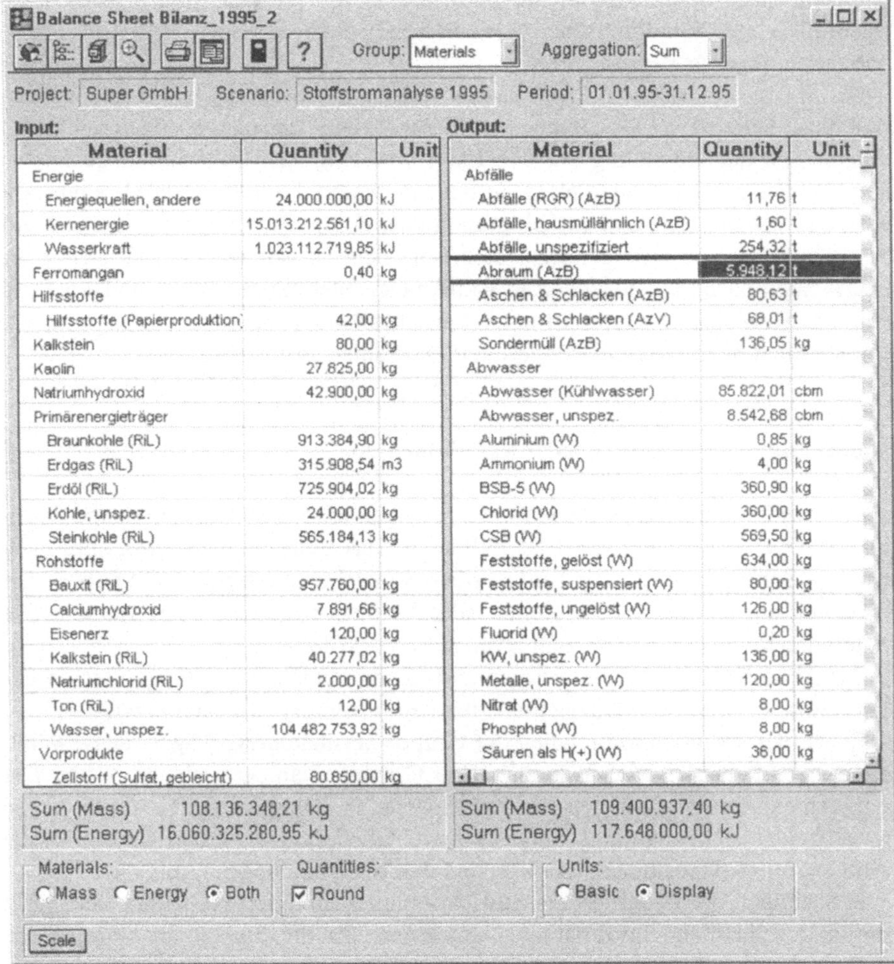
Balance Sheet Bilanz_1995_2

Group: Materials Aggregation: Sum

Project: Super GmbH Scenario: Stoffstromanalyse 1995 Period: 01.01.95-31.12.95

Input:

Material	Quantity	Unit
Energie		
Energiequellen, andere	24.000.000,00	kJ
Kernenergie	15.013.212.561,10	kJ
Wasserkraft	1.023.112.719,85	kJ
Ferromangan	0,40	kg
Hilfsstoffe		
Hilfsstoffe (Papierproduktion)	42,00	kg
Kalkstein	80,00	kg
Kaolin	27.825,00	kg
Natriumhydroxid	42.900,00	kg
Primärenergieträger		
Braunkohle (RiL)	913.384,90	kg
Erdgas (RiL)	315.908,54	m3
Erdöl (RiL)	725.904,02	kg
Kohle, unspez.	24.000,00	kg
Steinkohle (RiL)	565.184,13	kg
Rohstoffe		
Bauxit (RiL)	957.760,00	kg
Calciumhydroxid	7.891,66	kg
Eisenerz	120,00	kg
Kalkstein (RiL)	40.277,02	kg
Natriumchlorid (RiL)	2.000,00	kg
Ton (RiL)	12,00	kg
Wasser, unspez.	104.482.753,92	kg
Vorprodukte		
Zellstoff (Sulfat, gebleicht)	80.850,00	kg

Sum (Mass) 108.136.348,21 kg
Sum (Energy) 16.060.325.280,95 kJ

Output:

Material	Quantity	Unit
Abfälle		
Abfälle (RGR) (AzB)	11,76	t
Abfälle, hausmüllähnlich (AzB)	1,60	t
Abfälle, unspezifiziert	254,32	t
Abraum (AzB)	5.948,12	t
Aschen & Schlacken (AzB)	80,63	t
Aschen & Schlacken (AzV)	68,01	t
Sondermüll (AzB)	136,05	kg
Abwasser		
Abwasser (Kühlwasser)	85.822,01	cbm
Abwasser, unspez.	8.542,68	cbm
Aluminium (W)	0,85	kg
Ammonium (W)	4,00	kg
BSB-5 (W)	360,90	kg
Chlorid (W)	360,00	kg
CSB (W)	569,50	kg
Feststoffe, gelöst (W)	634,00	kg
Feststoffe, suspensiert (W)	80,00	kg
Feststoffe, ungelöst (W)	126,00	kg
Fluorid (W)	0,20	kg
KW, unspez. (W)	136,00	kg
Metalle, unspez. (W)	120,00	kg
Nitrat (W)	8,00	kg
Phosphat (W)	8,00	kg
Säuren als H(+) (W)	36,00	kg

Sum (Mass) 109.400.937,40 kg
Sum (Energy) 117.648.000,00 kJ

Materials: Mass Energy Both

Quantities: Round

Units: Basic Display

Scale

Abb. 1. Input-Output Balance Sheet im Inventory Inspector, geordnet nach der Materialhierarchie. Mit der Maus können einzelne Tabelleneinträge ausgewählt und dann graphisch ausgewertet werden.

Input-Output-Bilanz (Balance Sheet)

Die erste Ansicht eines Sachbilanzergebnisses erfolgt im Input-Output-Balance-Sheet (siehe Abb. 1). Alle Materialien, die im Betrachtungszeitraum aus einer Inputstelle oder in eine Outputstelle fließen, werden nach Materialien sortiert angezeigt. Interne Bestände und Flüsse sind in dieser Ansicht nicht ausgewiesen.
Hat der Anwender in seinem Projekt eine Materialhierarchie eingeführt, so liegt für die Ergebnisse bereits ein erstes Ordnungskriterium vor: Alle Ergebnisse werden nach dieser Materialhierarchie geordnet. Im Beispiel der Abb. 1 werden die Materialien auf der Inputseite beispielsweise nach Energie, Hilfsstoffe, Primärenergieträger usw. gruppiert.

Die Werte des Balance Sheets lassen sich automatisch auf eine Einheit eines Materials skalieren, z. B. könnten sämtliche Mengenangaben der Materialien im unteren Teil der Abbildung auf den Input von 1 kg Zellstoff (Sulfat, gebleicht) umgerechnet werden. Die Einheit, in der ein Material angezeigt wird, kann, abweichend von der Basiseinheit Kilogramm oder Kilojoule, variiert werden, um auf Besonderheiten der vorliegenden Daten Rücksicht zu nehmen. So läßt sich z. B. Erdgas auch nach dem Volumen in Kubikmeter oder entsprechend dem Energiegehalt in Kilojoule anzeigen. In einer Betriebsbilanz kann es sinnvoller sein, ein Produkt nicht in Kilogramm, sondern in Stückzahlen anzugeben.

Gliederung der Ergebnisse nach Netzelementen

Die Ergebnisse im Balance Sheet (Abb. 1) zeigen jeweils die Gesamtmenge an Input und Output der einzelnen Materialien an. Das Balance Sheet kann aber nach weiteren Sortierkriterien aufgebaut werden. So können die Input- und Outputlisten zusätzlich nach Transitionen, Stellen oder Verbindungen gegliedert werden. Die Materialhierarchie wird dann zum zweiten Sortierkriterium.

Zur Abwechslung sind diese Ergebnisse als dreidimensionale Graphiken dargestellt (Abb. 2-4). Sie wurden ebenfalls mit dem Inventory Inspector erzeugt.

Es wurden lediglich Materialien der Gruppe „Primärenergieträger" ausgewählt. Diese vier Materialien stehen in allen drei Graphiken an der gleichen Achse. Die senkrechten Achsen enthalten die Zahlenwerte in Kilogramm. Die dritte Achse unterscheidet sich allerdings durch weitere Gliederungskriterien: durch Stellen (Abb. 2), durch Transitionen (Abb. 3) und durch Verbindungen (Abb. 4).

Je nachdem, wie detailliert ein Stoffstromnetz strukturiert ist, lassen sich damit sehr unterschiedliche Informationen gewinnen. Da die Stellen im betreffenden Stoffstromnetz z. B. nach den Sektoren Produktion, Verkehr, Entsorgung usw. gegliedert sind, läßt sich der Primärenergieverbrauch in Abb. 2 nach diesen Sektoren auswerten. Insbesondere ist dabei ersichtlich, wieviel Erdöl für den Energiebedarf und wieviel für den Rohstoffbedarf der Produktion benötigt wird.

In Abb. 3 ist dagegen der Verbrauch der Einzelprozesse dargestellt. Es ist zu erkennen, daß der größte Teil des Erdölverbrauchs in die PP-Produktion geht.

In Abb. 4 wird der Verbrauch hingegen nach den Verbindungen, die an die Inputstellen anknüpfen, ausgewertet. Im vorliegenden Fall läßt sich damit sagen, welcher Anteil an Rohöl in der PP-Produktion für energetische Zwecke und welcher Anteil als stofflicher Rohstoff für PP dient.

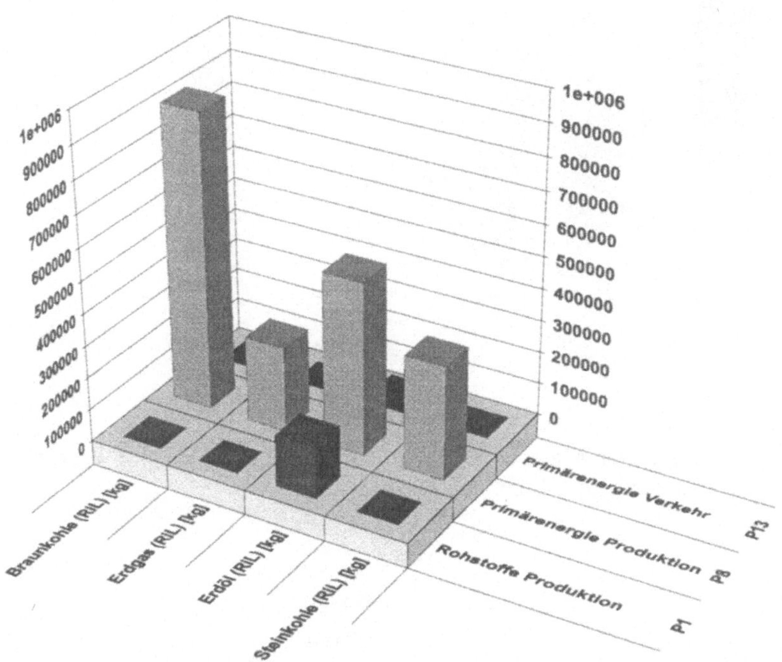

Abb. 2. Auswertung der Materialien der Gruppe Primärenergieträger nach den Inputstellen P1-P3, die in diesem Fall nach den Abschnitten Rohstoffe/ Primärenergie für Produktion und Primärenergie für Verkehr unterschieden sind

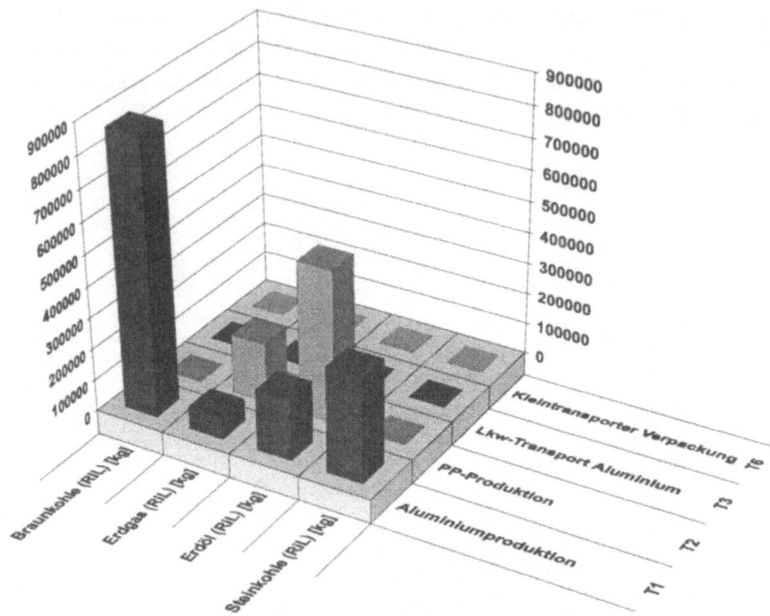

Abb. 3. Auswertung der Materialien nach den Einzelprozessen mit Primärenergieverbrauch, also den Transitionen T1-T4

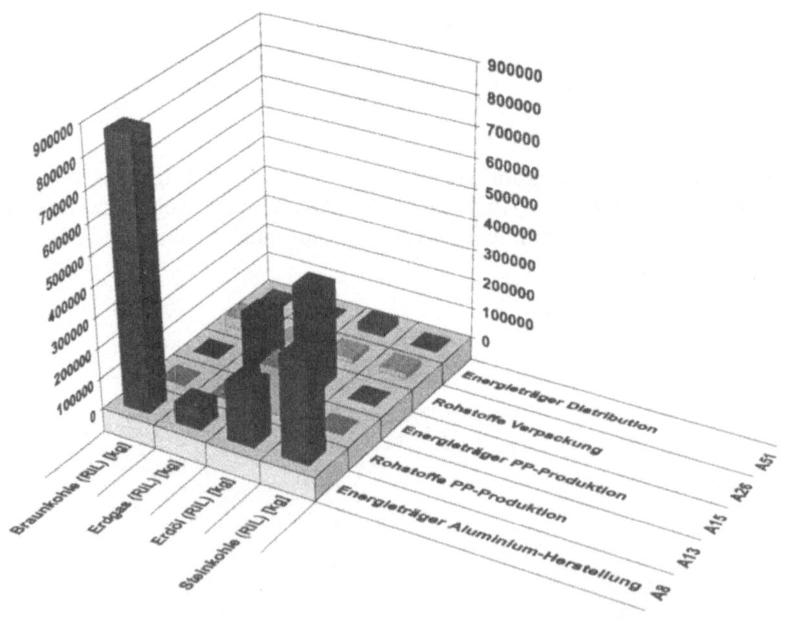

Abb. 4. Auswertung der Materialien des Primärenergieverbrauchs nach den Verbindungen Axx, die an die Inputstellen bzw. an die Bilanzgrenze heranreichen

Weitere Auswertungsmöglichkeiten

Interne Flüsse und Bestände

Bislang wurde nur die Auswertung von Input- oder Outputflüssen diskutiert. Je größer und komplizierter die Szenarien werden, desto wichtiger wird auch die Analyse der Flüsse *innerhalb* des Bilanzraums, also von Flüssen, die nicht die Systemgrenzen als Input oder Output überschreiten und z. B. im Stoffstromnetz gebildet und verarbeitet werden.

Bei Bilanzen, deren Bilanzraum von der Wiege bis zur Bahre reicht, d. h. mit der Extraktion bzw. dem Abbau der Rohstoffe beginnt und bis zur Entsorgung verläuft, wird beispielsweise elektrische Energie innerhalb des Systems erzeugt und im Regelfall auch wieder in Prozessen verarbeitet. Ohne die Darstellung der internen Flüsse könnten keine Aussagen über die Aufteilung des Stromverbrauchs nach Prozessen getroffen bzw. die Ergebnisse nicht auf eine funktionelle Einheit für den Stromverbrauch skaliert werden.

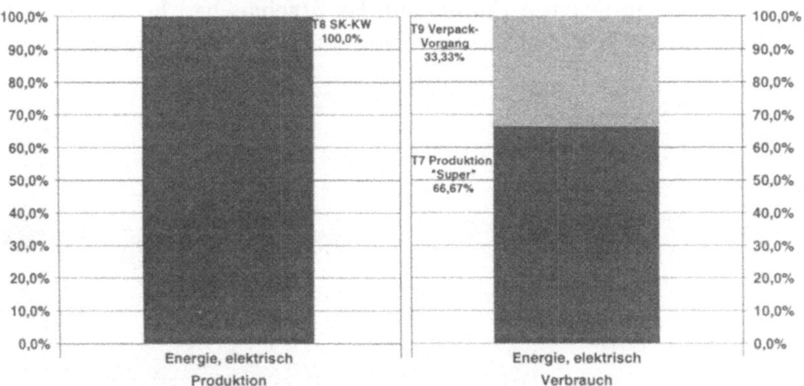

Abb. 5. Darstellung interner Flüssen des Materials „Energie, elektrisch“ (links: Produktion, rechts: Verbrauch)

Da interne Flüsse sowohl Output als auch Input innerhalb eines Szenarios sind (Output aus der Transition in der sie hergestellt werden, Input in die Transition in der sie verarbeitet werden), können sie entsprechend nach Herkunft (Output) und Verwendung (Input) ausgewertet werden.

In Abb. 5 ist als Beispiel die Aufteilung von elektrischer Energie nach Transitionen dargestellt. Die Herstellung erfolgt ausschließlich in einem Steinkohlekraftwerk, während bei der Verwendung die beiden Prozesse „Produktion Super“ und „Verpackvorgang“ beteiligt sind.

Neben den internen Flüssen werden auch interne Bestände bzw. Bestandsveränderungen erfaßt. Dies ist insbesondere für Betriebsbilanzen zur Betrachtung interner Lager relevant. Damit läßt sich übersichtlich die Bildung und Veränderung interner Lager, die in einer reinen Input-Output-Bilanz unberücksichtigt blieben, erfassen.

Überblick über manuelle Einstellungen

Die manuellen Vorgaben eines Szenarios, wie z. B. Parametereinstellungen von Transitionen sowie manuelle Einträge bei den Flüssen und Beständen, können im Inventory Inspector zentral erfaßt erfaßt werden. So lassen sich alle Einstellungen der Parameter, z. B. Transportentfernungen, Prozeßwirkungsgrade, Kraftwerkssplit etc. in den Transitionen des bei der Berechnung zugrunde liegenden Szenarios überblicken. Mit diesen Einstellungen lassen sich damit die verschiedenen Sachbilanzergebnisse charakterisieren und es bleiben die wichtige Informationen, die zu einem Ergebnis geführt haben, erhalten. Bei einer späteren Auswertung kann die Grundlage für Ergebnisse angezeigt und überprüft werden. Dies ist besonders bei größeren Szenarien von Bedeutung, da, wie sich in der Praxis gezeigt hat, aufgrund der Fülle an Parametern der Überblick schnell verloren gehen kann, deren Einstellung jedoch einen Einfluß auf das Ergebnis hat. In Abb. 9 ist eine Bildschirmansicht für die verschiedenen manuellen Einstellungen gegeben.

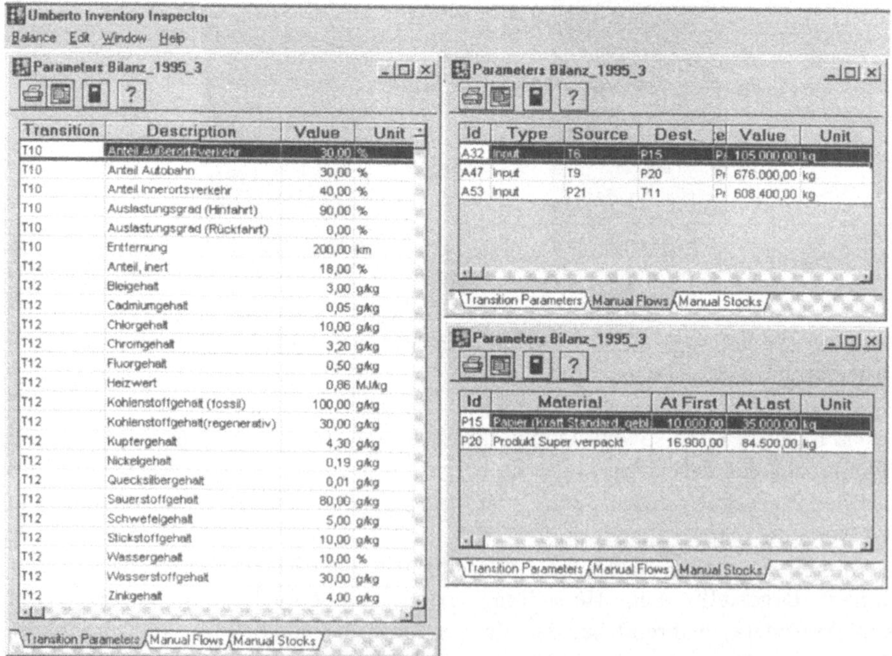

Abb. 6. Bildschirmansicht für manuelle Einstellungen in einem Szenario

Graphische Darstellung und Export

Zur graphischen Darstellung werden eine Reihe gängiger Diagrammtypen angeboten. Neben zwei- und dreidimensionalen Balkendiagrammen (siehe Abb. 2-5) gehören dazu insbesondere auch Tortendiagramme (siehe auch S. 78). Für die verschiedenen Auswertungsarten werden Standardgraphiken vorgeschlagen. Jede Graphik läßt sich jedoch vom Anwender individuell in Typ, Skalierung, Beschriftung, Farbgebung usw. verändern. Die Graphiken lassen sich ausdrucken, abspeichern oder über die Windows-Zwischenablage in andere Programme einbinden.

Natürlich können auch alle tabellarischen Ergebnisse im Inventory Inspector exportiert werden. Sie können als eigene Datei in verschiedenen Tabellen- und Datenbankformaten (u. a. Excel, Lotus, Paradox) abgespeichert werden und lassen sich über die Windows-Zwischenablage direkt in andere Programme importieren und weiterverarbeiten.

Abspeichern als Transition

Aus dem Inventory Inspector können Balance Sheets von Szenarien oder Teilszenarien wieder als Transitionen in Umberto übertragen werden. Dazu wird das Balance Sheet in einem der angebotenen Dateiformate exportiert. Anschließend wird diese Datei in eine Transition unter der Ansicht Input/Output-Relation über den Befehl „Import“ und der Einstellung des richtigen Dateiformates importiert.

Auf diese Art können Ergebnisse in anderen Szenarien eingesetzt werden, ohne die Netzstrukturen neu aufstellen zu müssen. Ein Beispiel wäre in diesem Zusammenhang z. B. die elektrische Energie aus dem deutschen Stromnetz. In einem Szenario wird das Netz zur Beschreibung des deutschen Stromnetzes aus Kraftwerken, Vorketten, Transportprozessen, Stromsplit usw. abgebildet. Nach der Berechnung kann das Balance Sheet aus dem Inventory Inspector als Transition in einem Szenario verwendet werden. Es ließe sich weiterhin als Bibliotheksmodul verwenden. Veränderungen könnten leicht im Ursprungsnetz vorgenommen und die Ergebnisse neu abgespeichert werden. Auf diese Art lassen sich ohne viel Aufwand, über mehrere Perioden hinweg, die Stromnetze von verschiedenen Jahren ermitteln und in Umberto verwenden.

Wirkungsabschätzung und Bewertung

Möglichkeiten der Wirkungsanalyse und Bewertung von Sachbilanzen

Mario Schmidt, Heidelberg

Einleitung

Ein wesentliches Charakteristikum einer Ökobilanz ist, daß sie die Stoffströme und Wirkungen in allen Umweltmedien bilanziert. Dieser medial übergreifende Ansatz ermöglicht, die Verschiebung von Umweltproblemen von einem Medium in ein anderes zu erkennen. Einfaches Beispiel ist die Verringerung der Schwefeldioxidemissionen in Kraftwerken mittels Naßwaschverfahren, bei denen Wasser und Kalkstein oder Branntkalk in großen Mengen eingesetzt werden müssen und wobei als Endprodukt Gips in großen Mengen entsteht. Zum größten Teil kann der Gips in der Gips- und Zementindustrie verwertet werden, teilweise muß dieser aber auch aufgrund seiner schlechten Qualität deponiert werden.

Damit tritt ein entscheidendes Problem der Ökobilanzierung auf: Es müssen Ströme *unterschiedlicher* Stoffe in *unterschiedlichen* Umweltmedien mit *unterschiedlichen* Umweltwirkungen gegeneinander abgewogen, aggregiert oder allgemeiner: bewertet werden. In einer betriebswirtschaftlichen Bilanz steckt dieser Bewertungsprozeß implizit in der einheitlichen Maßeinheit DM oder Dollar. Vor- und Nachteile verschiedener Alternativen können einfach an dieser linearen Skala abgelesen werden, sie äußern sich schlicht in den Kosten. In einer Ökobilanz existiert quasi für jeden Stoff in jedem Umweltmedium eine eigene Maßeinheit (t SO_2, t Pb, m^3 Abwasser, ...). Die Darstellung einer Ökobilanz erfolgt also in einem mehrdimensionalen Raum mit keiner definierten einheitlichen Metrik.

Mit der Bewertung einer Ökobilanz werden diese mehrdimensionalen Ergebnisse auf geringerdimensionale Räume projiziert bis hin zu einer eindimensionalen Skala, z. B. der der Ökopunkte, die einen Vergleich verschiedener Alternativen dann sehr einfach macht. Die eigentlich wichtigen Bewertungsschritte stecken in der Art und Weise der Projektion. Hier gehen einerseits die Erfahrungen aus der ökologischen Wirkungsforschung, z. B. Wirkungsgrenzwerte, Gefahrenpotentiale usw. der Stoffe ein, andererseits die Prioritätensetzung der Gesellschaft in der Umweltpolitik mittels Grenzwerten, Umweltqualititätszielen o. ä.

Mario Schmidt, Andreas Häuslein (Hrsg.)
Ökobilanzierung mit Computerunterstützung

Die Ökobilanz in der Normierungsdiskussion

Wie in kaum einem anderen Bereich der Umweltwissenschaften erfolgte im Bereich der Ökobilanzierung in den vergangenen Jahren ein intensiver Normierungsprozeß auf internationaler Ebene. Dies kann mit der großen wirtschaftlichen Bedeutung dieser Analysemethode für Produkte und für Unternehmen erklärt werden. Der Normierungsprozeß bezieht sich vorrangig auf den Bereich der Produktökobilanz (LCA), hat aber auch Auswirkungen auf die Diskussion über standortabhängige und firmenbezogene Ökobilanzen. Die geplanten Normen geben lediglich Mindeststandards für das Vorgehen und die Auswahl der Methoden vor, schreiben aber nicht im Detail die anzuwendenen Methoden vor, da hier i. allg. keine einheitlich akzeptierten Verfahren vorliegen bzw. viele Fragestellungen sich noch in der Entwicklung befinden.

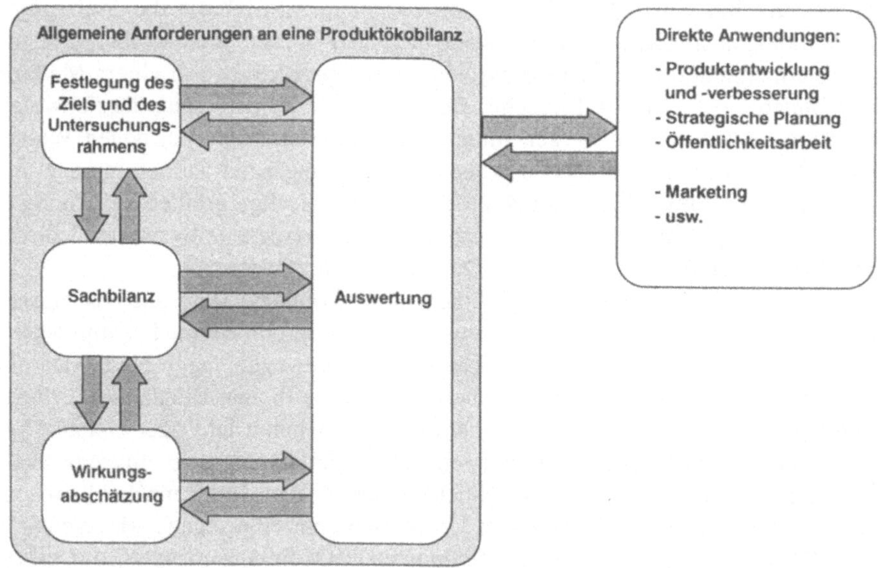

Abb.1. Die Phasen einer Produktökobilanz gemäß der geplanten ISO-14.040-Norm

Nach dem aktuellen Entwurf der ISO-14.040-Norm wird eine Produktökobilanz nach folgenden Bearbeitungsphasen unterschieden (ISO, 1996):

- Festlegung des Ziels und des Untersuchungsrahmens einer Ökobilanz (goal and scope definition)
- Sachbilanz (inventory analysis)
- Wirkungsabschätzung (impact assessment)
- Auswertung der Ergebnisse (interpretation)

Der eigentliche Kern einer Ökobilanz ist die Sachbilanz. In ihr werden Daten gesammelt und schließlich die relevanten Input- und Outputströme für bestimmte Indikatoren eines zu untersuchenden Systems quantifiziert, z. B. der Einsatz an Ressourcen, die Emissionen in Luft, Boden oder Wasser. Eine Sachbilanz quantifiziert in physikalischen Einheiten, also in Kilogramm, Kilojoule, Kubikmeter usw. Obwohl diese Angaben grundsätzlich naturwissenschaftlich nachvollziehbar oder überprüfbar sind, sollte man der Sachbilanz nicht das Attribut „objektiv" zuweisen – etwa im Gegensatz zu dem nachfolgenden Bewertungs- oder Auswertungsschritt, der implizit „subjektiv" sein muß. Denn bereits die Auswahl der Stoffe und Prozesse, die bilanziert werden, stellen subjektive Eingriffe in den Bilanzierungsprozeß dar. So müssen z. B. Bewertungs- und Abschneidekriterien für minder wichtige Stoffe verwendet werden, um den Aufwand einer Ökobilanz zu begrenzen.

Die Wirkungsabschätzung beurteilt die Ergebnisse der Sachbilanz hinsichtlich der daraus resultierenden Wirkung potentieller Umweltbelastungen. Der Entwurf der ISO-14.040-Norm sagt dazu (zit. nach NAGUS, 1996):

„Die Phase der Wirkungsabschätzung kann u. a. folgende Elemente enthalten:
- *Zuordnung von Sachbilanzdaten zu Wirkungskategorien (Klassifizierung);*
- *Modellierung der Sachbilanzdaten innerhalb der Wirkungskategorien (Charakterisierung);*
- *mögliche Zusammenfassung der Ergebnisse in besonderen Fällen und nur, wenn sie aussagekräftig sind (Gewichtung/Abwägung).*

ANMERKUNG: Die vor der Gewichtung/Abwägung vorhandenen Daten sollten verfügbar bleiben."

Es handelt sich hierbei nur um einen Vorschlag in der geplanten ISO-Norm, aber es werden bereits die wesentlichen Arbeitsschritte bei der Wirkungsabschätzung, nämlich „Klassifizierung", „Charakterisierung" und „Gewichtung/Abwägung" genannt.

Ein Beispiel für ein solches Vorgehen wäre die Wirkungsabschätzung vorliegender Ergebnisse aus einer Sachbilanz für die Kohlendioxid- und Methanemissionen. Die Emissionsmengen allein sagen nichts über die damit verbundenen potentiellen Umweltbelastungen aus. Dazu sind Kenntnisse über deren grundsätzliche Wirkungsbereiche und über die Stärke ihrer Wirkungen erforderlich. In einem ersten Schritt würde man die beiden genannten Sachbilanzindikatoren der Wirkungskategorie „Treibhauseffekt" zuordnen. Die Wirkungskategorie „Treibhauseffekt" wird inzwischen international mit der Wirkungsgröße „Global Warming Potential" (GWP) beschrieben, die die Treibhauswirkung aller Gase auf die Wirkung von 1 kg Kohlendioxid bezieht. Dazu liegen GWP-Faktoren für die diversen Gase vor, die von der IPCC empfohlen werden (IPCC, 1995). Für Methan beträgt dieser Wert beispielsweise 24,5 (d. h. ein kg CH_4 hat die gleiche Treibhauswirkung wie 24,5 kg CO_2). Letztendlich werden also die zwei Indikatoren aus der Sachbilanz „CH_4-Emissionen" und „CO_2-Emissionen" zu einer neuen Größe „GWP" zusammengefaßt. Es erfolgt damit eine Reduktion der Komplexität des

Systems. In GWP sind nicht nur die Emissionen der jeweiligen Sachbilanz eingeflossen, sondern auch die derzeitigen Kenntnisse über die potentielle Umweltwirkung der beiden Stoffe.

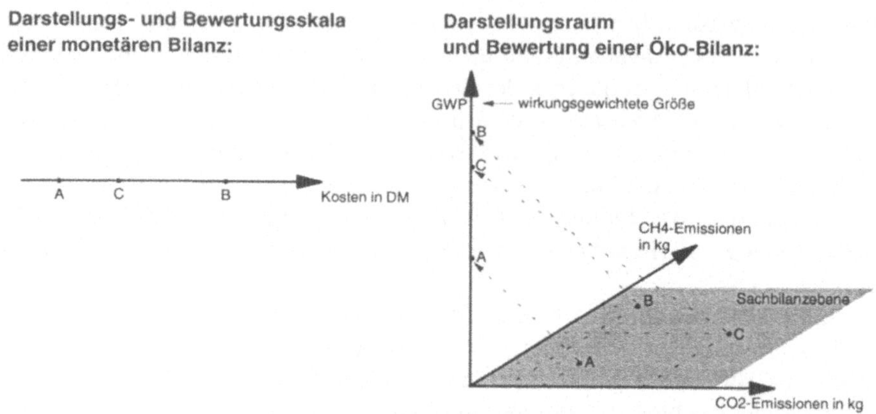

Abb. 2. Schematische Darstellung der wirkungsbezogenen Aggregierung von Sachbilanzdaten am Beispiel des Global Warming Potential (GWP) aus den CO_2- und CH_4-Emissionen

Die Trennung der Wirkungsbilanz von der Sachbilanz ist schon allein deshalb sinnvoll, weil Änderungen im Kenntnisstand über potentielle Umweltwirkungen von Stoffen berücksichtigt werden können. So hat sich beispielsweise der GWP-Faktor für Methan mit dem neuesten IPCC-Bericht von 11 auf 24,5 erhöht. Dies hat Auswirkungen auf die Wirkungsabschätzung, nicht aber auf die Sachbilanz.

Die letzte Phase, die von der geplanten ISO-Norm für eine Produktökobilanz vorgesehen ist, heißt Auswertung, auf englisch: Interpretation. Diese Phase wurde in der Vergangenheit oft als *Be*wertung (auf englisch: valuation) bezeichnet und sollte u. a. die Gewichtung unterschiedlicher Wirkungskategorien zueinander enthalten. Die Definition wird jetzt allgemeiner gehalten. Die Auswertung soll die Ergebnisse der Sachbilanz und der Wirkungsabschätzung entsprechend den festgelegten Zielen und Untersuchungsrahmen der jeweiligen Produktökobilanz vereinen. Die Ergebnisse können dann Grundlage von Schlußfolgerungen und Empfehlungen für Entscheidungsfindungen sein. Dabei sollten – falls vorhanden – auch die Ergebnisse durchgeführter Sensitivitäts- und Unsicherheitsanalysen berücksichtigt werden.

Die Trennung von Wirkungsabschätzung und Interpretation ist in vielen Fällen nicht ganz einfach. Streng genommen, aber in der ISO-Norm nicht ausgeführt, sollten in der Wirkungsabschätzung vorrangig wissenschaftliche Erkenntnisse über die potentiellen Umweltwirkungen der verschiedenen Stoffe einfließen. Die Gewichtung oder Abwägung verschiedener Wirkungskategorien zueinander, z. B. Treibhauseffekt gegenüber Saurem Regen oder Naturraumbeanspruchung, läßt sich mit naturwissenschaftlichen Methoden in den seltensten Fällen vorgeben. Hier fließen starke Werturteile der Gesellschaft ein, welche der Umweltprobleme als die vordringlichsten empfunden werden. Es handelt sich dabei also um eine Bewertung im eigentlichen Sinn, die vor dem Hintergrund der Genese des Schrittes „Interpretation" vielmehr in die letzte Phase einer Ökobilanz gehört. Diese Frage ist jedoch eher von akademischem Interesse, da in der Praxis viele Bewertungsansätze die naturwissenschaftlich geprägte Wirkungsabschätzung und die gesellschaftlich-politisch beeinflußte Bewertung integriert behandeln und man dann von einem gemeinsamen Schritt „Wirkungsabschätzung und Bewertung" sprechen kann.

Beispiele für Wirkungsabschätzungen

Bereits in der Vergangenheit wurden verschiedene Verfahren zur Wirkungsabschätzung und Bewertung von Sachbilanzergebnissen entwickelt und bei Ökobilanzen eingesetzt (Giegrich, 1995). Besonders populär sind jene Verfahren, die verschiedene Systemvarianten der Ökobilanz, z. B. Produktalternativen A, B, C..., auf eine lineare Skala abbilden, etwa mittels Ökopunkten, Umweltbelastungspunkten oder MIPS, dem „Material-Input pro Serviceeinheit" des Wuppertal-Instituts. Solche Konzepte sind sehr einfach umzusetzen, und sie ermöglichen auf ihrer linearen Skala einen fast schon banalen Vergleich verschiedener Systemvarianten. Sie verwischen aber die sehr differenzierten Informationen, die entweder notwendig sind, um diese Aggregate überhaupt zu bilden oder die benötigt werden, um im System gezielt Schwachstellen zu identifizieren und Prozesse umweltseitig zu verbessern. Aus diesem Grund weist die geplante ISO-Norm auch darauf hin, daß selbst im Falle einer solchen Zusammenfassung der Ergebnisse die Zwischenergebnisse verfügbar bleiben sollten (s. o.).

Die Schweizer Methode der Ökopunkte

Am bekanntesten dürfte die Methode aus der Schweiz sein, die ursprünglich zur Bewertung von Sachbilanzen aus dem Bereich der Packstoffe entwickelt wurde (Ahbe et al., 1990). Dabei wird zuerst auf das Modell der „kritischen Belastung" zurückgegriffen. Die Flußgrößen aus der Sachbilanz, z. B. Emissionen, Abfallmengen etc., werden mit einem dazu korrespondierenden kritischen oder maximal zulässigen Fluß verglichen. Dieser kritische Fluß kann bei Schadstoffemissionen aus einem Grenzwert abgeleitet sein, z. B. für Schwefeldioxid, kann aber auch umweltpolitisch wünschenswerte Ziele bei Ressourcenverbrauch, Abfallentstehung, Flächennutzung usw. abbilden. Aus dem Fluß der Sachbilanz und dem kritischen Fluß wird durch Quotientenbildung eine dimensionslose Bewertungszahl gebildet, die mit den Bewertungszahlen anderer Flüsse beliebig aggregiert werden können.

$$\textit{Bewertungszahl} = \frac{\textit{Fluß aus der Sachbilanz}}{\textit{kritischer Fluß}}$$

Ahbe et al. (1990) gehen allerdings noch weiter. Sie definieren eine ökologische Knappheit, unter der das Verhältnis zwischen dem tatsächlichen Ausmaß der von der menschlichen Zivilisation ausgehenden Einwirkung auf die Umwelt und der beschränkten Belastbarkeit der natürlichen Umwelt verstanden wird.

$$\textit{Ökologische Knappheit} = \frac{\textit{gegenwärtiger Fluß}}{\textit{kritischer Fluß}}$$

Der gegenwärtige Fluß muß natürlich auf ein Gebiet, z. B. das Gebiet der Schweiz, bezogen sein. Ebenso können die kritischen Flüsse international unterschiedlich sein, z. B. wenn sie von nationalen Grenzwerten abgeleitet sind. Die Ökopunkte oder *Umweltbelastungspunkte* (UBP) ergeben sich – so der Ansatz – durch Multiplikation der beiden Ansätze:

$$\textit{Ökopunkte} = \frac{\textit{Fluß aus der Sachbilanz}}{\textit{kritischer Fluß}} \bullet \frac{\textit{gegenwärtiger Fluß}}{\textit{kritischer Fluß}}$$

Die konstanten Koeffizienten auf der rechten Seite der Gleichung werden dabei als Ökofaktor für den jeweiligen Indikator bezeichnet. Die Ökofaktoren müssen mit den Ergebnissen aus der Sachbilanz multipliziert und schließlich summiert werden.

$$\textit{Ökofaktor} = \frac{1}{\textit{kritischer Fluß}} \bullet \frac{\textit{gegenwärtiger Fluß}}{\textit{kritischer Fluß}}$$

Mit dieser Methodik werden zwei in der Bewertungsdiskussion wichtige Ansätze zusammengefaßt: die Bewertung anhand der Ist-Belastung in einem Bezugsgebiet sowie die Bewertung anhand von gesellschaftlich oder politisch gewünschten Umweltqualitätszielen. Der Ansatz ermöglicht eine Aggregation über verschiedene Indikatoren und Umweltwirkungskategorien hinweg und liefert mit den Ökopunkten ein eindimensionales Bewertungsschema.

Die Methode des Umweltbundesamtes Berlin

Im Zusammenhang mit einer groß angelegten Sachbilanz über Verpackungssysteme, an der auch das ifeu-Institut beteiligt war, wurde ein Bewertungsverfahren erprobt (UBA, 1995b), das wesentlich differenzierter vorgeht (siehe auch: UBA, 1995a). Dabei werden unterschiedliche Systemvarianten, z. B. Produktalternativen, nicht auf einer einzigen Skala abgebildet, sondern es werden hierzu zehn verschiedene Wirkungskategorien für die Umweltwirkungen gebildet:

1. Verbrauch von Rohstoffen

2. Treibhauseffekt
3. Ozonabbau
4. Beeinträchtigung der Gesundheit des Menschen
5. Direkte Schädigung von Organismen und Ökosystemen
6. Bildung von Photooxidantien
7. Versauerung von Böden und Gewässern
8. Eintrag von Nährstoffen in Böden und Gewässer
9. Flächenverbrauch
10. Lärmbelastung

Der erste Schritt besteht darin, die verschiedenen umweltbeeinflussenden Größen aus der Sachbilanz entsprechend ihren potentiellen Umweltwirkungen diesen Wirkungskategorien zuzuordnen. So tragen z. B. die CO_2- und CH_4-Emissionen zum Punkt Treibhauseffekt bei. Stickoxide (NOx) leisten dagegen einen Beitrag zur Versauerung von Böden und Gewässer *und* zum Eintrag von Nährstoffen in Böden und Gewässer usw.

In einem zweiten Schritt werden innerhalb der einzelnen Wirkungskategorien geeignete Größen festgelegt, die die Wirkungpotentiale quantitativ beschreiben und eine wirkungsbezogene Aggregation der verschiedenen Stoffströme aus der Sachbilanz erlauben. Beim Treibhauseffekt wurde das GWP (Global Warming Potential) – bezogen auf CO_2 – bei der Gefährdung der Ozonschicht das ODP (Ozone Depletion Potential) und bei der Bildung von Photooxidantien (Photosmog) der POCP-Wert (Photochemical Ozone Creation Potential) – bezogen auf Ethylen – gewählt. Im Falle des Rohstoffverbrauchs wurde für fossile Energieträger ein sogenannter Rohöl-Ressourcen-Äquivalenzwert gebildet. Nicht in allen Fällen war die Bildung solcher Aggregationen möglich. Im Bereich der human- und ökotoxischen Wirkung hat man auf eine Aggregation bewußt verzichtet, da hier eine Vielzahl von Einzelwirkungen berücksichtigt werden müßte und die Gewichtung der Einzelwirkungen zueinander in der Fachwelt umstritten ist. Statt dessen sollen bei toxischen Stoffen die Einzelergebnisse der Sachbilanz ausgewiesen werden.

Bei der sogenannten Bilanzbewertung werden schließlich die Ergebnisse innerhalb der einzelnen Wirkungskategorien in zweierlei Hinsicht gewichtet:

- Mit dem spezifischen Beitrag, der als der Anteil des betrachteten Systems (z. B. eines Produktes) an dem gesamten Wirkungspotential für Deutschland in der betreffenden Wirkungskategorie definiert ist. Er wird in einer ordinalen Skala mit fünf Ausprägungen von „sehr großer Beitrag“ bis „geringer Beitrag“ eingestuft, wobei zur Eichung ein Vergleich unter den verschiedenen Wirkungskategorien herangezogen wird.
- Mit der ökologischen Bedeutung der verschiedenen Wirkungskategorien untereinander, ebenfalls mit einer fünfwertigen ordinalen Skala von „geringe Bedeutung“ bis „sehr große Bedeutung“.

Die Bewertung einer Produktökobilanz erfolgt dann für die verschiedenen Wirkungskategorien quasi halbquantitativ und verbalisiert anhand dieser beiden Kriterien.

Darstellung verschiedener Ansätze zur Wirkungsabschätzung und Bewertung per Software

Das Schweizer Ökopunkte-Verfahren ist in Computerprogrammen für Ökobilanzen sehr einfach umsetzbar. Die Ergebnisse aus der Sachbilanz, z. B. Schadstoffemissionen, Ressourcenverbrauch etc., werden mit den jeweils dazugehörigen Ökofaktoren multipliziert und dann aufaddiert. Verschiedene Systemvarianten, z.B. Produktalternativen bei einer vergleichenden Produktökobilanz, haben dann eine verschiedene Anzahl an Ökopunkten. Dies ist bisher das gängigste Verfahren zur Einbeziehung der Wirkungsabschätzung und Bewertung von Sachbilanzergebnissen in Computerprogrammen. Meistens unterscheiden sich verschiedene Methoden zur Wirkungsabschätzung in der softwaregesteuerten Umsetzung lediglich in unterschiedlichen Ökofaktoren oder Koeffizienten, mit denen die Sachbilanzergebnisse aggregiert werden.

Damit lassen sich jedoch komplexere Bewertungsverfahren nicht mehr abbilden. Dazu zählt auch das Verfahren des Umweltbundesamtes Berlin, bei dem u.a. eine Kategorisierung, dann eine Quantifizierung innerhalb verschiedener Wirkungskategorien und schließlich eine Wichtung mittels ordinaler Skalen stattfindet. Es werden verschiedene mathematische Verknüpfungen erforderlich, um ein solches System zur Wirkungsabschätzung und Bewertung in einem Computerprogramm abzubilden. Dazu gehören neben den üblichen arithmetischen Rechenoperationen insbesondere auch logische Ausdrücke (Boolesche Algebra), die Vergleiche sowie die Darstellung der Ergebnisse in ordinalen Skalen, z. B. mit qualitativen Einträgen (Gut, Mittel, Schlecht...), oder verbal-qualitativen Variablen ermöglichen.

Es ist nicht schwierig, ein einmal festgelegtes System zur Wirkungsabschätzung und Bewertung in einem Ökobilanzprogramm fest zu programmieren. Die Offenheit der Fachdiskussion über Methoden der Wirkungsabschätzung und Bewertung legt es allerdings nahe, flexibel zu sein und quasi beliebige Methoden der Wirkungsabschätzung und Bewertung in einem Ökobilanzprogramm implementieren zu können. Die Methoden werden dann in einer Methodendatenbank abgelegt und können auf verschiedene Sachbilanzen gleichermaßen angewendet werden.

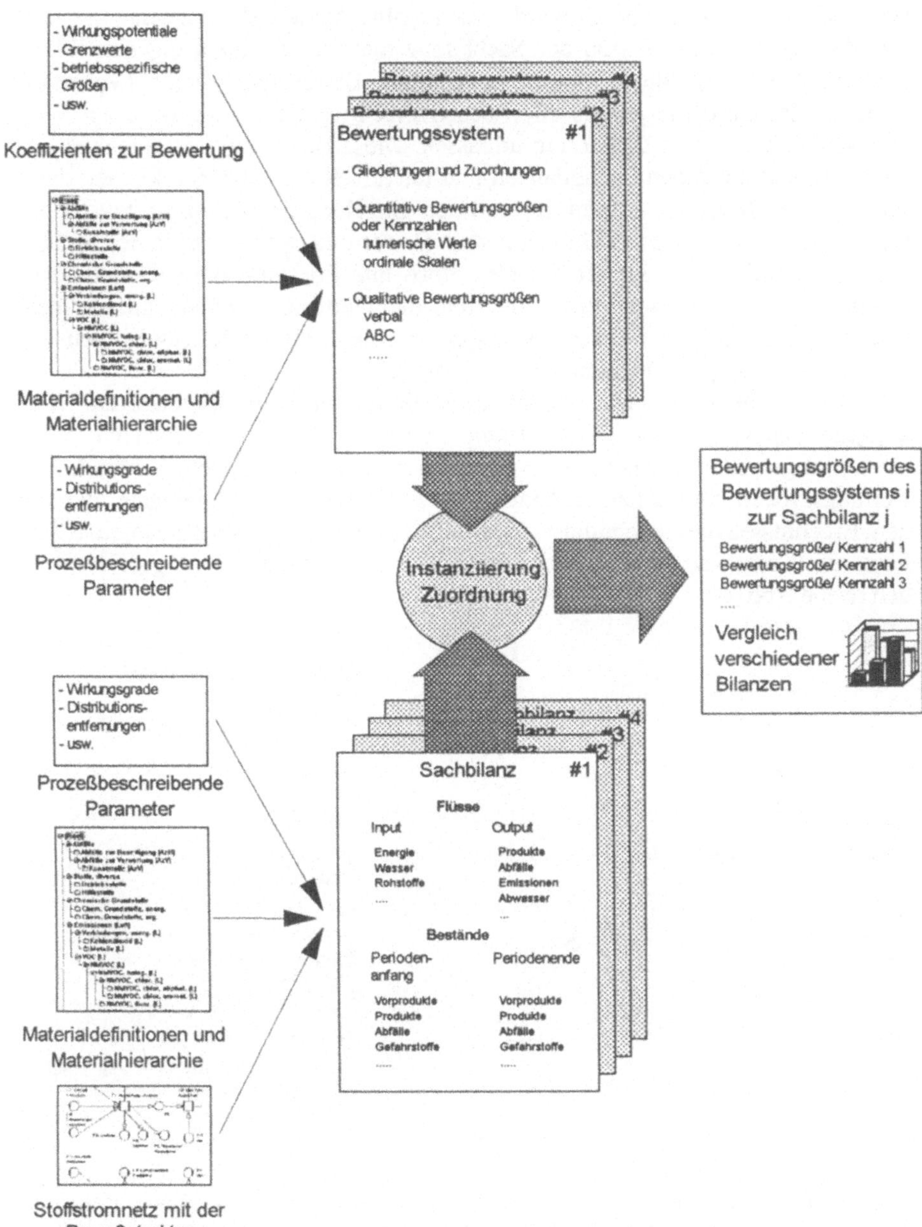

Abb. 3. Fachkonzept zur flexiblen Wirkungsabschätzung und Bewertung unter Umberto 2.0

Dieser Ansatz wurde innerhalb der neuesten Version 2.0 von Umberto realisiert (Schmidt et al., 1996). Es wurde eine flexible Auswertekomponente geschaffen, die bei den Ergebnissen der Sachbilanz ansetzt. In einem eigenen Editor (Valuation System Editor) werden sogenannte Bewertungssysteme (Valuation Systems) definiert, die jeweils alle Rechenvorschriften einer Methode zur Wirkungsabschätzung und Bewertung umfassen. Diese Bewertungssysteme sind unabhängig von einzelnen Sachbilanzen und universell definiert. Sie können dann im Inventory Inspector ausgewählt und den einzelnen Sachbilanzen zugeordnet werden. Korrespondierende Größen in dem Bewertungssystem und in der Sachbilanz, z. B. Indikatoren für die diversen Stoff- und Energieströme, werden dabei instanziiert, d. h. einander zugeordnet und die Werte für die Berechnung übertragen. Damit bietet der Inventory Inspector eine komfortable Möglichkeit zur flexiblen Wirkungsabschätzung und Bewertung.

Das Konzept ist in Abb. 3 schematisch dargestellt. Eine Methode zur Wirkungsabschätzung und Bewertung wird hier vereinfachend ein „Bewertungssystem" (Valuation System) oder Kennzahlensystem genannt. Bewertungsgrößen sind dabei mathematische Funktionen oder Aggregate, die aus den Ergebnissen der Sachbilanz (z. B. Emissionen), aus Koeffizienten (Öko-Faktoren, Grenzwerte usw.) oder aus anderen Bewertungsgrößen gebildet werden (siehe Abb. 4).

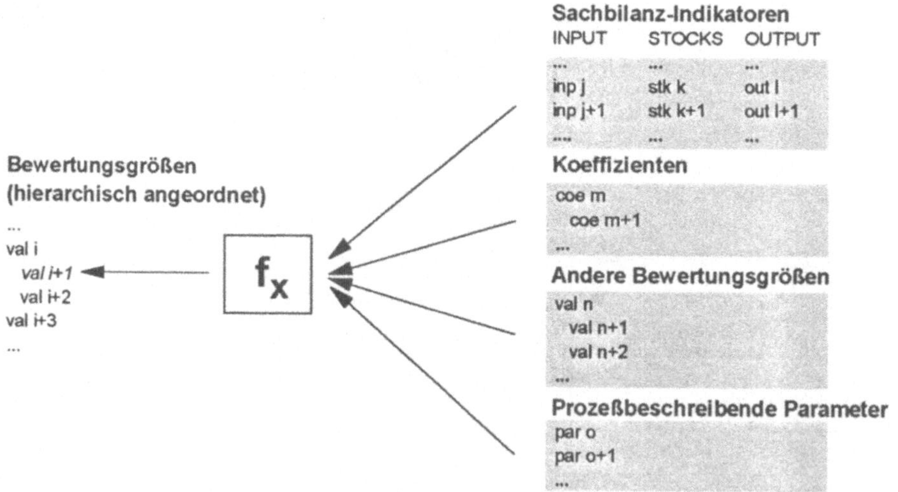

Abb. 4. Eine Bewertungsgröße wird als Funktion aus anderen Bewertungsgrößen, aus Ergebnissen der Sachbilanz (Input, Output, Bestände), aus externen Koeffizienten oder aus prozeßbeschreibenden Parametern des Stoffstromnetzes gebildet. Sie kann entweder eine Zahl oder einen nichtnumerischen Wert enthalten. Als Funktionen stehen neben den üblichen algebraischen und transzendenten Funktionen auch Boolesche Ausdrücke und Vergleiche zur Verfügung.

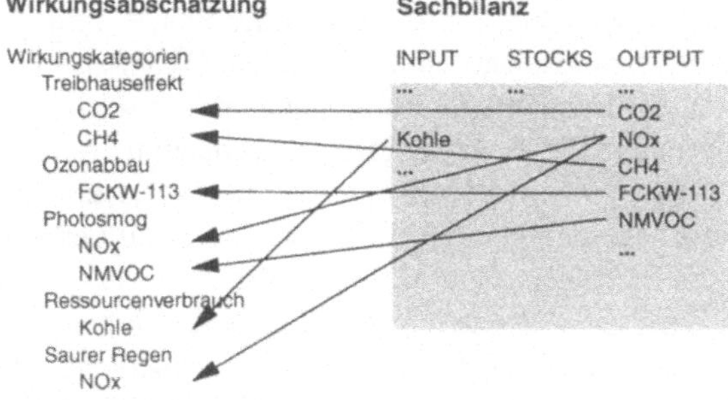

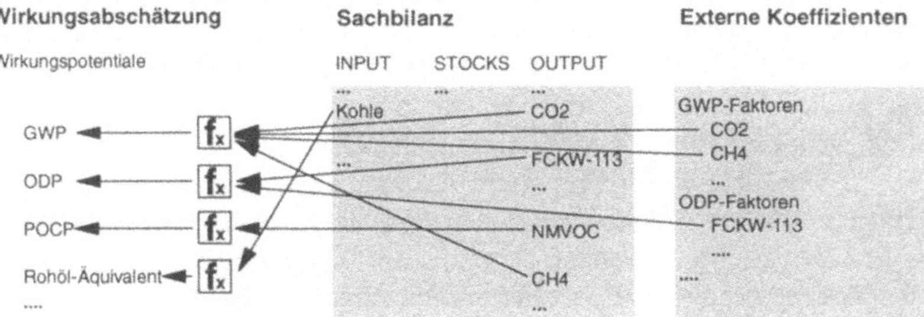

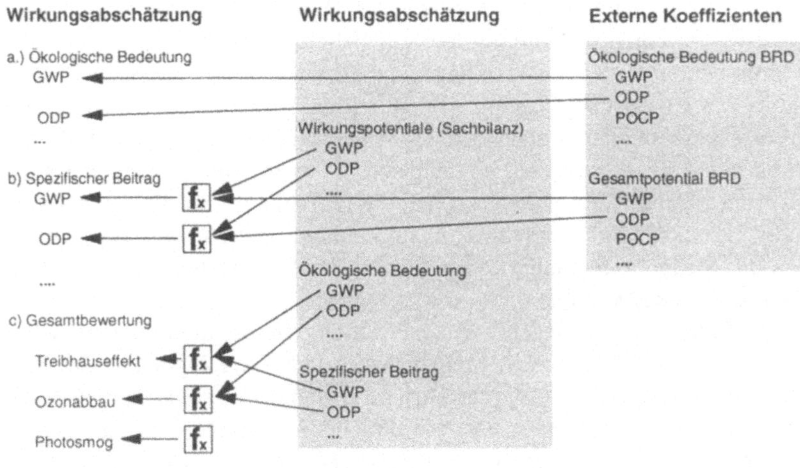

Abb. 5. Beispiel eines komplexeren Bewertungssystems. Zuerst erfolgt eine Zuordnung der Sachbilanz-Indikatoren zu den Wirkungskategorien, wobei die Hierarchie der Wirkungsgrößen ausgenutzt wird; dann werden Wirkungspotentiale und andere Bewertungsgrößen berechnet. Auf die rechts stehenden Größen wird bei der Berechnung jeweils zurückgegriffen.

Bewertungsgrößen können Bewertungen im eigentlichen Sinn, z. B. Ökopunkte, oder Größen der Wirkungsabschätzung, z. B. GWP oder POCP, sein. Sie können auch Kennzahlen sein, z. B. beim Einsatz in betrieblichen Ökobilanzen (s. u.). Bewertungsgrößen können in gliedernden Hierarchien angeordnet werden, so daß damit eine Klassifizierung innerhalb einer Wirkungsabschätzung möglich wird. Schließlich können Bewertungsgrößen sowohl numerische Werte als auch qualitative, nichtnumerische Ausdrücke enthalten. Letztere sind sinnvoll bei ordinalen Skalen und bei verbalisierten Einträgen (Gut, Mittel, Schlecht...).

Innerhalb eines Systems zur Wirkungsabschätzung und Bewertung können die Bewertungsgrößen nun so aufgebaut und definiert sein, daß die verschiedenen Stufen des Bewertungsprozesses durch verschiedene Größen quasi als Zwischenergebnis dargestellt werden (siehe Abb. 5). Da neue Bewertungsgrößen wieder aus anderen Bewertungsgrößen generiert werden können, kann allein durch die Gliederung ein System unterschiedlicher Bewertungs- oder Aggregationsstufen bis hin zu vollaggregierten Ökopunkten aufgebaut werden.

In Abb. 5 wurde einerseits die Wirkung nach verschiedenen Wirkungskategorien gegliedert und nicht weiter aggregiert. Andererseits wurde als weiteres Gliederungskriterium für die Bewertungsgrößen das Vorgehen in der Wirkungsabschätzung und Bewertung verwendet. Damit ist der Bewertungsschritt in der Ökobilanz selbst anhand der Ergebnisse transparent nachvollziehbar.

Ein praktisches Problem besteht darin, daß zur Beschreibung eines Bewertungssystems auf konkrete Indikatoren aus der Sachbilanz zurückgegriffen werden muß, z. B. auf Namensbezeichnungen für Methan, Schwefeldioxid, Braunkohle, Dioxin, Hausmüll usw. Da ein Bewertungssystem auf beliebige Sachbilanzen anwendbar sein soll, muß bei der konkreten Wirkungsabschätzung und Bewertung einer Sachbilanz j mit dem Bewertungssystem i schließlich eine Zuordnung und Instanziierung der korresponierenden Größen erfolgen. Unter Umberto funktioniert diese Instanziierung bei Namensgleichheit automatisch, kann aber auch manuell nachgearbeitet werden. Dabei kann manuell sogar die individuelle Struktur eines Stoffstromnetzes berücksichtigt werden, d. h. es können Bewertungen vom Ort des Auftretens der Ströme (an Kanten) oder der Bestände (in Stellen) im Stoffstromnetz abhängig gemacht werden.

Bei der Definition des Bewertungssystems achtet das Programm darauf, wo ein Indikator aus der Sachbilanz, z. B. Methan, auftritt: auf der Inputseite der Sachbilanz, auf der Outputseite, als interner Fluß im System oder sogar in den Beständen. Damit wird es möglich, ganz unterschiedliche Wirkungen ein und desselben Materials abzubilden. Methan auf der Inputseite könnte z. B. einen Beitrag zum Ressourcenverbrauch liefern, auf der Outputseite dagegen zum Treibhauseffekt. Tritt es in Lagern oder Beständen innerhalb des Systems auf, ist es möglicherweise ein Hinweis auf ein Gefahrenpotential.

Die Bewertungssysteme greifen auf einen Satz von Koeffizienten zu, in dem beispielsweise Öko-Faktoren, GWP-Faktoren oder Grenzwerte abgelegt sind. Diese Werte können geändert werden, etwa wenn neue wissenschaftliche Erkenntnisse aus der Wirkungsforschung vorliegen.

Schließlich können Ergebnisse verschiedener Bilanzen, z. B. verschiedener Produktalternativen oder unterschiedlicher Geschäftsjahre, numerisch und graphisch miteinander verglichen werden.

Anwendung für betriebliche Ökobilanzen

Da Umberto gleichermaßen für die Erstellung von Produktökobilanzen und von standortbezogenen betrieblichen Ökobilanzen geeignet ist, muß das Bewertungssystem auch Bewertungsanforderungen bei der betrieblichen Ökobilanz abdecken. Hier werden oft Kennzahlen im eigentlichen Sinn gebildet, z. B. Energieverbrauch pro Umsatz, pro Beschäftigte etc., um zeitliche oder branchenbezogene Vergleiche zu ermöglichen. Mit dem allgemeinen Ansatz zur Definition von Bewertungssystemen ist dies kein Problem. Es kann dazu ein spezielles, betriebsbezogenes Kennzahlensystem festgelegt werden, bei dem die Höhe des Umsatzes, die Anzahl der Beschäftigten usw. einfließen und die gleichzeitig mit der Instanziierung anhand der jeweiligen Sachbilanz übernommen werden.

Besonders wichtig ist hierbei, daß die Definition der Kennzahlen keineswegs nur auf Input- und Outputströme aus der Sachbilanz zurückgreifen muß. Das Programm ist genauso in der Lage, Bestände im System zu bewerten, was z. B. für die Bewertung des Gefahrstoffpotentials wichtig ist. Außerdem kann das Programm auf prozeßbeschreibende Parameter der Sachbilanz, z. B. auf Wirkungsgrade einzelner Prozesse zurückgreifen.

Da die Bewertungssysteme auch ordinale Skalen mit verbalen Ausdrücken abbilden können, sind damit Bewertungen bis hin zur sogenannten ABC-Methode möglich, bei der umweltrelevante Größen nach Zielerfüllung abgestuft (hohe, mittlere, geringe Umweltrelevanz oder Zielerfüllung usw.) dargestellt werden können. Damit ist es u. a. möglich, große Listen an potentiellen Gefahrstoffen, die in einem Unternehmen verwendet werden, zu klassifizieren.

Zusammenfassung und Ausblick

Der gewählte Ansatz bietet auf der Ebene der Wirkungsabschätzung und Bewertung eine vergleichbar große Flexibilität wie die Verwendung der Petri-Netze auf der Sachbilanzebene, bei der nahezu beliebig komplexe Stoffstromsysteme abgebildet werden können. Es können sehr unterschiedliche Bewertungsmethoden modelliert werden, und sie können in einer Methodendatenbank verwaltet werden. Konkret ist geplant, Umberto in Zukunft mit einem Satz an Standardmethoden zur Wirkungsabschätzung und Bewertung auszuliefern. Neu entwickelte Methoden, die in der Fachwelt akzeptiert werden, sollen kontinuierlich in die Methodendatenbank implementiert werden.

Der Ansatz hat damit einen großen Nutzen für Umweltwissenschaftler und Consultants, die nicht nur auf eine einzige Bewertungsmethode festgelegt sein wollen, sondern Anschluß an die aktuelle Entwicklung in der Methodendiskussion halten und möglicherweise sogar eigene Bewertungssysteme entwickeln und einsetzen wollen.

Für Unternehmen, die mit diesem Ansatz Ökobilanzen für eigene Produkte oder für Firmenstandorte herstellen, können die verschiedenen Bewertungsmethoden dazu dienen, die Stabilität der Aussagen oder Ergebnisse einer Ökobilanz zu testen: Wie sähe etwa das Ergebnis aus, wenn ein anderes Bewertungssystem zugrunde gelegt würde? Damit könnte auch für Unternehmen mehr Entscheidungssicherheit in einer Fachdiskussion hergestellt werden, in der ein einheitliches umfassendes Bewertungsverfahren leider noch nicht in Sicht ist.

Literatur

Ahbe, S., Braunschweig, A., Müller-Wenk, R. (1990): Methodik für Oekobilanzen auf der Basis ökologischer Optimierung. Herausgegeben vom Bundesamt für Umwelt, Wald und Landwirtschaft Bern. Schriftenreihe Umwelt Nr. 133

Giegrich, J. (1995): Die Bilanzbewertung in produktbezogenen Ökobilanzen. In: Schmidt, M. und Schorb, A. (Hrsg.), S. 256 ff.

International Organization for Standardization (1996): Environmental Management – Life Cycle Assessment - Principles and Framework. Draft International Standard ISO 14040. Version vom 11.4.96

Intergovernmental Panel on Climate Change (1995): Climate Change 1994. Radiative Forcing of Climate Change and An Evaluation of the IPCC IS92 Emission Scenarios. Cambridge

NAGUS (1996): Umweltmanagement – Produkt-Ökobilanzen – Prinzipien und allgemeine Anforderungen. Deutsche Übersetzung. NAGUS-AA 3 Nr. 28-96

Schmidt, M., Seidel, J. und Freese, H. (1996): Wirkungsabschätzung und Bewertung von Ergebnissen aus der Ökobilanzierung. Vortrag im Rahmen des 2. Bremer KI-Pfingstworkshops „Intelligente Methoden zur Verarbeitung von Umweltinformationen", Mai 1996

Schmidt, M. und Schorb, A. (1995): Stoffstromanalysen in Ökobilanzen und Öko-Audits. Springer-Verlag Heidelberg/Berlin

Umweltbundesamt (1995a): Methodik der produktbezogenen Ökobilanzen. Wirkungsbilanz und Bewertung. UBA-Texte 23/95. Berlin

Umweltbundesamt (1995b): Ökobilanz für Getränkeverpackungen. UBA-Texte 52/95. Berlin

Flexible Kennzahlensysteme mit dem „Valuation System Editor“

Peter Müller-Beilschmidt, Hamburg

Das Programmsystem Umberto verfügt ab der Version 2.0 über eine neue Programmkomponente: den „Valuation System Editor“. Diese dient der Erzeugung von Kennzahlensystemen und erweitert Umberto damit um die Möglichkeit, vielfältige Auswertungen der Daten der Sachbilanz durchzuführen. Bei der softwaretechnischen Implementation der Bilanzierungsstufe „Wirkungsanalyse und Bewertung“ in Umberto wurde bewußt versucht, der lebhaften Fachdiskussion zu diesem Thema und den in weiten Bereichen noch in Konsolidierung befindlichen Normierungsbestrebungen (ISO, 1995 / NAGUS, 1996) Rechnung zu tragen. Der Anwender sollte durch die Nutzung des Programms nicht auf bestimmte Bewertungsmethoden festgelegt werden, sondern durch die offene und flexible Gestaltung der neuen Programmkomponente die Auswertung der Bilanzdaten nach seinen individuellen Vorstellungen und Anforderungen durchführen können.

Kennzahlensysteme in Umberto

Für die Umsetzung der Wirkungsanalyse und Bewertung in Umberto wurde das Konzept der *Kennzahlensysteme* eingeführt. Kennzahlen sind *Bewertungsgrößen* (charakteristische Größen), die auf die Daten einer Sachbilanz angewendet, eine Auswertung nach einem festgelegten Schema bilden[1].

Kennzahlen können auf Materialien, Koeffizienten und auf Parameter aus den Stoffstromnetzen bezogen sein. Sie werden durch mathematische Ausdrücke (Konstanten, Operatoren und Funktionen) miteinander verknüpft. Auch logische Verknüpfungen (Boolesche Ausdrücke) sind zugelassen.

Mehrere Kennzahlen bilden ein Kennzahlensystem. Die Kennzahlen können unabhängig nebeneinandergestellt werden und erlauben damit mehrdimensionale Aussagen, beispielsweise über getrennt zu untersuchende Wirkungskategorien. Kennzahlen können aber auch mit definierten Gewichtungen über mehrere Ebenen

[1] vgl. vorangegangenen Beitrag in diesem Buch.

Mario Schmidt, Andreas Häuslein (Hrsg.)
Ökobilanzierung mit Computerunterstützung

hinweg aggregiert und sogar bis zu einer eindimensionalen Bewertung im Sinne eines einzelnen Wertes (z. B. Ökopunkt) verdichtet werden.

Eindimensionale Kenngrößen, die eine unmittelbare Aussage über bestimmte charakteristische Werte des untersuchten Systems darstellen, können insbesondere im Rahmen der betrieblichen Ökobilanzierung von Bedeutung sein (Schmidt et al., 1996). So lassen sich z. B. der Wasserverbrauch am Standort pro Beschäftigten oder die Abfallmenge bezogen auf eine Einheit des produzierten Guts als Kennzahlen abbilden. Damit kann die ökologische *performance* eines Unternehmens unter Berücksichtigung betrieblicher Rahmenbedingungen mit einigen wenigen Indikatoren abgeschätzt und im Vergleich zu branchenüblichen Werten beurteilt bzw. in ihrer Entwicklung abgeschätzt werden.

Neben den quantitativen Kennzahlensystemen, soll es außerdem möglich sein, qualitative Aussagen aus den Werten der Sachbilanz abzuleiten. Zu diesem Zweck ermöglicht Umberto die Definition von qualitativen Kenngrößen durch die Bildung von Kategorien, denen die Werte der Bilanz zugeordnet werden. So kann z. B. überprüft werden, ob ein Emissionsgrenzwert innerhalb des Untersuchungszeitraums überschritten wurde. Ein weiteres Beispiel für ein qualitatives Kennzahlensystem ist die in deutschen Unternehmen verbreitete ABC-Methode für umweltrelevante Stoffe (Stahlmann, 1993).

Zum Aufbau von Kennzahlensystemen steht im Programmsystem Umberto die neue Komponente Umberto „Valuation System Editor", zur Verfügung. Damit lassen sich auf komfortable Weise alle o. g. Typen von Kennzahlensystemen aufbauen. Die dafür benötigten Elemente können vom Benutzer neu angelegt oder aus vorhandenen Bilanzen bzw. Kennzahlensystemen übernommen werden. Durch die Einordnung in ein bestimmtes Listenfeld wird festgelegt, in welcher der Tabellen einer Bilanz das Element ausgewertet werden soll. Für jede Kennzahl muß eine mathematische Definition angegeben werden, in der die automatisch erzeugten Bezeichner der Elemente durch Operatoren und Funktionen verknüpft werden.

Die Anwendung der mit dem „Valuation System Editor" erzeugten Kennzahlensystemen auf die Daten der Sachbilanz erfolgt unabhängig von deren Erstellung im Umberto „Inventory Inspector"[2]. Dafür wird zunächst ein ausgewähltes Kennzahlensystem mit einer Bilanz in Bezug gesetzt und eine Zuordnung der Elemente zu den Materialien der Bilanz hergestellt. Dies kann, wenn die Schreibweisen identisch sind, automatisch geschehen oder durch eine vom Benutzer durchgeführte manuelle Zuordnung. Im Anschluß daran kann die Berechnung erfolgen. Das Berechnungsergebnis wird in einer tabellarischen Zusammenstellung angezeigt und kann in Form eines Balkendiagramms aufbereitet werden.

Diese programmtechnische Trennung in Aufbau und Anwendung von Kennzahlensystemen gewährleistet die inhaltliche Trennung der Stufe der Sachbilanz und der darauf aufbauenden Wirkungsanalyse und Bewertung. Dies fördert die Nachvollziehbarkeit und Transparenz des Auswertungsschrittes und ermöglicht die Untersuchung der Bilanzdaten mit unterschiedlichen Bewertungsmodellen. Die

---

[2] vgl. Beitrag auf S. 79 in diesem Buch.

bisweilen inhaltlich nicht ganz triviale Erstellung komplexer Auswertungssysteme kann damit ggf. an hierfür entsprechend qualifizierte Experten ausgelagert werden. Die Anwendung der extern erstellten Kennzahlensystemen kann komfortabel vom Umberto-Benutzer selbst bewerkstelligt werden.

Eine besondere Bedeutung kommt der Dokumentation der Kennzahlensysteme zu. Umberto unterstützt die begleitende Dokumentation durch Textfelder zu jedem Element und durch die Generierung von Druckreports.

Aufbau von Kennzahlensystemen

Die Vorgehensweise zum Aufbau eines Kennzahlensystems im Umberto „Valuation System Editor“ gliedert sich in zwei Schritte:

- Auswahl und Bereitstellung der für ein Kennzahlensystem verwendeten Elemente
- Verknüpfung der Elemente mittels mathematischer Funktionen und logischer Operatoren

In einem Bildschirmfenster (Abb. 1) können die Elemente, die für den Aufbau des Kennzahlensystems zur Verfügung stehen sollen, festgelegt und bearbeitet werden, nämlich die Kennzahlen selbst, die Materialien, die Koeffizienten und die Parameter der Transitionen. Die Elemente können neu angelegt werden oder mittels einer Importfunktion aus bereits existierenden Kennzahlensystemen bzw. Bilanzen übernommen werden. Für die Verwaltung der hierarchisch strukturierbaren Elementlisten stellt der Umberto *Valuation System Editor* zahlreiche komfortable Bedienungsfunktionen zur Verfügung. Alle Elemente sollten vom Bearbeiter ausführlich dokumentiert werden, um bei der Anwendung des Kennzahlensystems die manuelle Zuordnung von Materialien der Bilanz zu erleichtern.

Eine Sonderrolle unter den Elementen kommt den *Kategorien* zu. Sie dienen dazu, den Kennzahlen qualitative Ausdrücke in Abhängigkeit von den quantitativen Werten in einer Bilanz zuzuweisen. Der Kennzahl wird in diesem Fall der Name der Kategorie als verbaler Ausdruck zugeordnet. Damit lassen sich beispielsweise Aussagen wie „Grenzwert überschritten“ treffen oder eine Einstufung der Menge eines bestimmten Materials im Sinne einer ABC-Analyse vornehmen.

In einem zweiten Schritt beim Aufbau des Kennzahlensystems werden aus dem Fundus an zur Verfügung stehenden Elementen diejenigen ausgewählt, die tatsächlich in dem bearbeiteten Kennzahlensystem verwendet werden (Abb. 2). Die Auswahl kann mittels *Drag & Drop* oder durch Eintippen der Anfangsbuchstaben der Elemente erfolgen. Gleichzeitig wird auch bestimmt, in welcher Tabelle der Bilanz ein Material bei der Anwendung ausgewertet werden soll. Neben den beiden Haupttabellen „Input“ und „Output“ der Bilanz stehen hierfür die zwei Tabellen der internen Bestandsveränderungen (Zufluß und Abfluß) sowie die Tabelle der Materialbestände im Stoffstromnetz zur Verfügung. Auswertungen einer Bilanz bleiben dadurch nicht auf die Flüsse an den Grenzen des untersuchten Bilanzraums beschränkt, sondern es können auch relevante Materialflüsse innerhalb eines untersuchten Systems oder der Bestand einzelner Materialien ausgewertet werden. Damit wird beispielsweise die Analyse von Gefahrenpotentialen möglich (Schmidt et al., 1996).

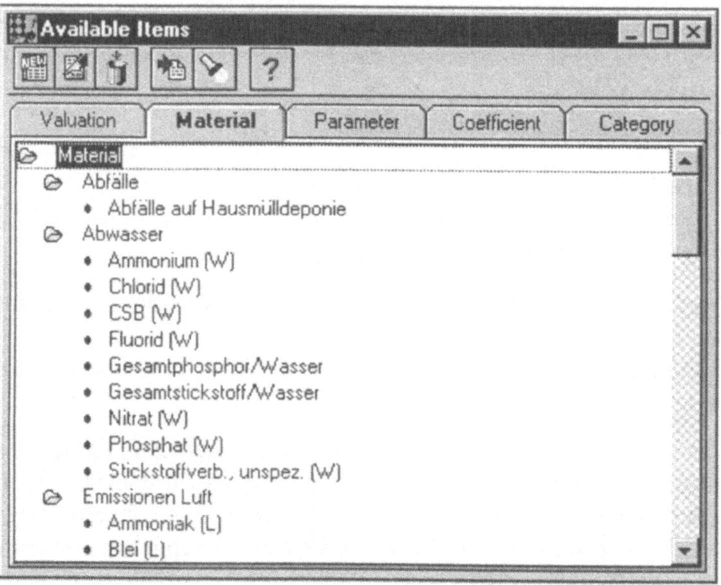

Abb. 1. Bereitstellung der Elemente für das Kennzahlensystem

Der konstituierende Schritt beim Aufbau eines Kennzahlensystems ist die Formulierung der mathematischen Verknüpfungen durch die Definition der Kennzahlen im Fenster „Equations“. Die Elemente werden dabei über eindeutige Variablenbezeichner referenziert, die das System bereits bei der Auswahl erzeugt hat. Für jede der im Kennzahlensystem verwendeten Kennzahlen wird automatisch ein Gleichungsrumpf erzeugt, der vom Benutzer ergänzt werden muß. Die Formeln können direkt eingetippt oder ebenfalls mit einer *Drag & Drop*-Funktion aus einer Liste mit zulässigen Funktionsausdrücken kopiert werden.

In die Kennzahlendefinitionen können auch Kennzahlen selbst einbezogen werden, solange keine transitiv-zyklische Abhängigkeit entsteht. Damit ist es möglich, eine Aggregation über mehrere Stufen durchzuführen. Auch lokale Variablen dürfen verwendet werden. Die Reihenfolge der Kennzahlendefinitionen spielt dabei keine Rolle, da – ähnlich wie bei der Auswertung der benutzerdefinierten Transitionsspezifikationen – das Gleichungssystem solange iterativ durchlaufen wird, bis keine weiteren Gleichungen mehr zu lösen sind.

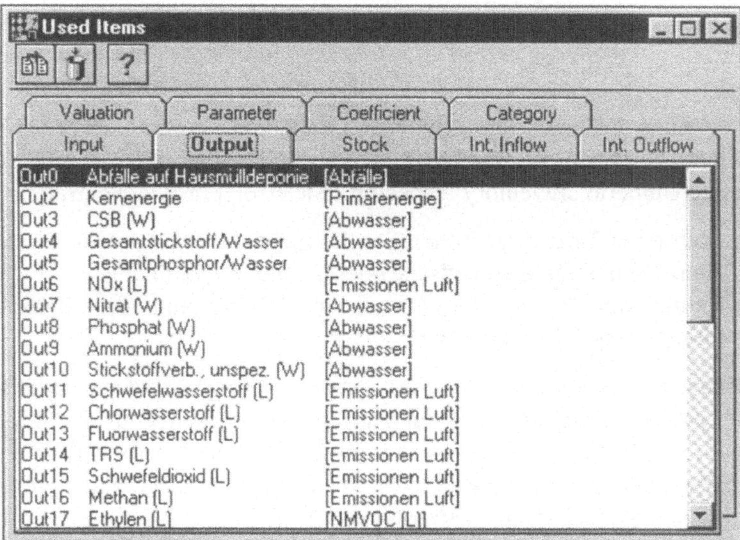

Abb. 2. Verwaltung der Listen mit den zur Verfügung stehenden Elementen. Jedes Element erhält automatisch einen eindeutigen Bezeichner zugewiesen, über den es in den Kennzahlendefinitionen angesprochen werden kann.

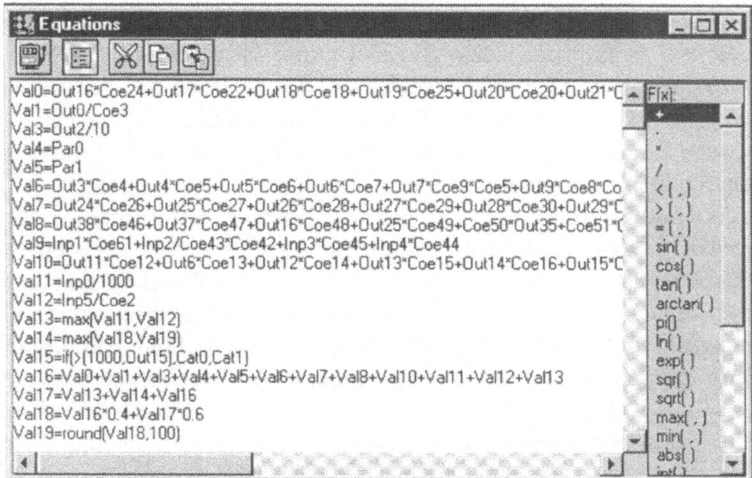

Abb. 3. Definition von Kennzahlen im Fenster „Equations". Am rechten Fensterrand steht eine Liste der zulässigen Ausdrücke zur Verfügung.

Kennzahlensysteme werden immer zusammen mit ihren generischen Informationen (Autor, Erstellungsdatum und -zeit, Beschreibung und ggf. Paßwortschutz) abgespeichert. Eine Exportfunktion gestattet es, die mit dem Umberto „Valuation System Editor" erstellten Kennzahlensysteme anderen Benutzern des Programms zur Verfügung zu stellen.

Anwendung von Kennzahlensystemen auf eine Sachbilanz

Die Anwendung der mit dem Umberto „Valuation System Editor" erzeugten Kennzahlensysteme auf die Ergebnisse der Sachbilanz geschieht in der Ausgabekomponente Umberto „Inventory Inspector“. Sie erfolgt in zwei Schritten:

- Herstellen eines Bezugs zwischen den Elementen des Kennzahlensystem und den Bilanzdaten durch automatische oder manuelle Zuordnung
- Berechnung des Kennzahlensystems und Darstellung der Berechnungsergebnisse in einem Report oder als Diagramm

Der Benutzer wählt zunächst aus der Liste der verfügbaren Kennzahlensysteme eines aus, das er auf die aktuelle Bilanz anwenden möchte. Da die Kennzahlensysteme nicht in allen Fällen mit direktem Bezug auf eine konkrete Bilanz erzeugt wurden, ist es nötig, die Zuordnung der Materialien der Sachbilanz zu den Elementen des Kennzahlensystems herzustellen.

Diese Zuordnung kann automatisch erfolgen, wenn die Schreibweise der Elemente des Kennzahlensystems und der Materialien der Bilanz identisch ist und sich die Materialien mit ihren Mengen in den entsprechenden Tabellen des „Balance Sheet“ befinden[3]. Da dies in der Regel nur dann möglich sein wird, wenn das Kennzahlensystem bereits im Hinblick auf die konkret auszuwertende Bilanz erzeugt wurde, existiert zusätzlich die Möglichkeit, eine manuelle Zuordnung durchzuführen. In nachstehendem Beispiel (Abb. 4) wurde dem im Feld „Item“ angezeigten Element „Chlorwasserstoff (L)“ das Material mit der Bezeichnung „Chlorwasserstoff“ auf der Output-Seite der Bilanz manuell zugeordnet, da eine automatische Zuordnung aufgrund der Abweichung in der Schreibweise nicht erfolgreich durchgeführt werden konnte.

Elemente des Kennzahlensystems, die mit keinem Wert der Bilanz in Bezug gesetzt werden, können auf Wunsch mit einem Standardwert belegt werden. Nicht alle Materialien einer Sachbilanz werden jedoch in der Praxis in die Auswertung mit einbezogen. Das kann im Sinne einer Komplexitätsreduktion durch eine Beschränkung auf relevante Materialien sinnvoll und beabsichtigt sein. Ergänzt wird der Schritt der Zuordnung um die Möglichkeit, die voreingestellten Werte der Koeffizienten zu variieren. Die Koeffizienten sind damit Stellgrößen, die eine individuelle Veränderung des Kennzahlensystems und seine Anpassung an den speziellen Anwendungskontext ermöglichen. Beispielsweise können mittels Koeffizienten die Gewichtungsfaktoren angepaßt werden.

Im Anschluß an die Herstellung des Bezugs zwischen dem Kennzahlensystem und einer Bilanz und ggf. einer Änderung der Koeffizientenwerte erfolgt im Umberto „Inventory Inspector“ die Berechnung der Kennzahlen für die zugeordneten

[3] Ebenso muß die Schreibweise eines im Kennzahlensystem definierten Parameters mit der eines Transitionsparameters aus dem für die Berechnung der Bilanz zugrunde gelegten Stoffstromnetzes übereinstimmen, damit eine automatische Zuordnung erfolgt.

Elemente. Das Ergebnis wird in einer Tabelle angezeigt und kann auf Wunsch ausgedruckt werden. Eine graphische Darstellung der Berechnungsergebnisse für eine einzelne oder vergleichend für mehrere Bilanzen in einem Balkendiagramm ist ebenfalls möglich.

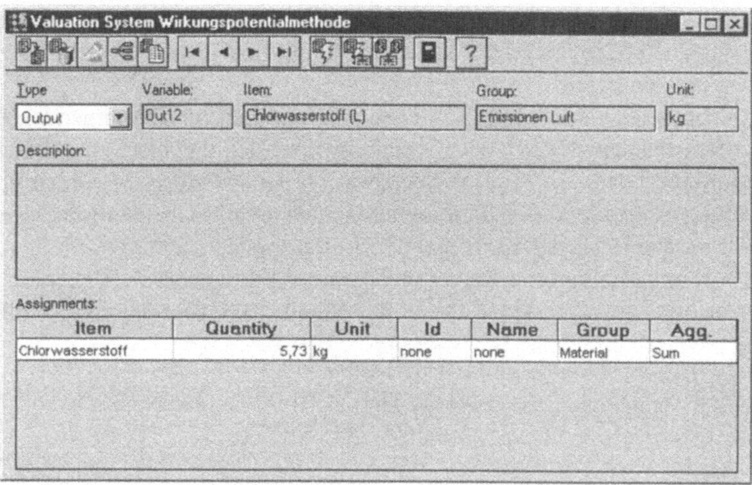

Abb. 4. Die Herstellung des Bezugs zwischen einem Kennzahlensystem und einer Sachbilanz erfolgt durch die sog. Zuordnung *(„Assignment“)*.

In jeder Version von Umberto sind bereits allgemein anerkannte Wirkungsanalyse- und Bewertungsmethoden als vorgefertigte Kennzahlensysteme enthalten. Es handelt sich aktuell um die Schweizer Ökopunktmethode (Ahbe et. al., 1990) und um die Produktbewertungsmethode des Umweltbundesamtes (UBA, 1995). Weitere Bewertungsmethoden werden voraussichtlich in Update-Versionen durch das ifeu-Institut für Energie und Umweltforschung in Heidelberg verfügbar gemacht. Weitere, nach individuellen Kundenwünschen gestaltete Kennzahlensysteme können von Drittanbietern bezogen werden. Parallel zu den Prozeßdefinitionen in der Bibliothek der Transitionsmodule kann der Umberto-Benutzer sich somit einen Bestand an unterschiedlichen Auswertungsmethoden aufbauen, die er zur Auswertung der Sachbilanzdaten heranziehen möchte.

Fazit

Mit der Programmkomponente Umberto „Valuation System Editor“ steht dem Benutzer ein Instrument zur Verfügung, das ihm ermöglicht, flexibel und nach eigenen Vorstellungen Kennzahlensysteme aufzubauen. Diese Tätigkeit, erfordert ein gewisses Maß an Fachkenntnis, wird jedoch durch die konsistente Programmgestaltung und zahlreiche komfortable Bedienungsfunktionen (von denen in diesem Beitrag nur einige erwähnt wurden) durch das Programm soweit unterstützt, daß der Bilanzierer sein Hauptaugenmerk auf die inhaltlichen Belange richten kann.

Die Anwendung der Kennzahlensysteme in einem separaten Arbeitsschritt vollzieht sich im Umberto „Inventory Inspector". Durch das offene Konzept ist der Umberto-Benutzer nicht an die in der Grundversion von Umberto mitgelieferten Bewertungsmethoden gebunden, sondern kann auch eigene Kennzahlensysteme aufbauen und einsetzen.

Das Programmsystem bleibt damit auch in den neu hinzukommenden Komponenten dem Prinzip der offenen Gestaltung und der universellen Einsetzbarkeit (für produktbezogene und betriebsbezogene Ökobilanzierung, wie auch für Materialflußanalysen) treu. In der Hauptkomponente sind diese beiden Prinzipien durch die methodische Basis des Konzepts der Stoffstromnetze (Möller, 1995) realisiert, in der Wirkungsanalyse und Bewertungskomponente Umberto „Valuation System Editor" erfolgt ihre Umsetzung durch das flexible Konzept der Kennzahlensysteme.

Literatur

Ahbe, S. et al. (1990): Methodik für Ökobilanzen auf der Basis ökologischer Optimierung. Schriftenreihe Umwelt Nr. 133 des Bundesamtes für Umwelt, Wald und Landschaft (BUWAL), Bern

Böning, J. (1994): Methoden betrieblicher Ökobilanzierung, Marburg

Giegrich, J. (1995): Die Bilanzbewertung in produktbezogenen Ökobilanzen. In: Schmidt, M. und Schorb, A. (Hrsg.), S. 256 ff.

International Standardization Organization (1996): Environmental Management – Life Cycle Assessment – Principles and Framework. Draft International Standard ISO 14040. Version vom 11.04.1996

Möller, A. (1995): Stoffstromnetze. Konzeption eines rechnergestützten ökologischen Rechnungswesens. Diplomarbeit. Fachbereich Informatik. Universität Hamburg

NAGUS (1996): Umweltmanagement – Produkt-Ökobilanzen – Prinzipien und allgemeine Anforderungen. NAGUS-AA 3 Nr. 28-96

Schmidt, M. et al. (1996): Wirkungsabschätzung und Bewertung von Ergebnissen aus der Ökobilanzierung. Vortrag im Rahmen des 2. Bremer Pfingstworkshop „Intelligente Methoden zur Verarbeitung von Umweltinformationen"

Schmidt, M. und Schorb, A. (1995): Stoffstromanalysen in Ökobilanzen und Öko-Audits. Berlin Heidelberg

SETAC (1993): Guidelines for Life-Cycle Assessment: A „Code of Practice". Brussels

Stahlmann, V. (1993): Die Methode der ABC-/XYZ-Bewertung. In: Beck, M. (Hrsg.): Ökobilanzierung im betrieblichen Management. Vogel-Verlag. Würzburg, S. 131-141

Umweltbundesamt (1995): Methodik der produktbezogenen Ökobilanzen. Wirkungsbilanz und Bewertung. UBA-Texte 23/95. Berlin

Umberto für Fortgeschrittene

Berechnungsverfahren unter Umberto

Andreas Möller, Hamburg

Wenn man die Literatur zum Thema Ökobilanzierung durchmustert, wird man feststellen, daß sich vorgeschlagene Berechnungsverfahren für Ökobilanzsoftware im wesentlichen auf das Life Cycle Assessment[1] beziehen. Bei der Betriebsbilanzierung fehlt die Berechnung nahezu vollständig. Der Computereinsatz beschränkt sich auf eine systematische Datenerfassung und die komfortable Auswertung. Aus diesem Grund kann die Beschreibung der Berechnungen hier nur bei den Verfahren zum Life Cycle Assessment ansetzen.

In der Perspektive des Life Cycle Assessment verbinden sich mit dem Einsatz von Ökobilanzierungssoftware bestimmte Vorstellungen:

- Erst wird das Stoff- und Energieflußsystem *vollständig spezifiziert.* Mit dem Begriff Spezifikation ist gemeint, die Strukturen und Daten eines in Frage stehenden Stoff- und Energieflußsystems zu erheben und in ein Computermodell zu übertragen.
- Dann werden die *Berechnungen* durchgeführt. Mit Hilfe eines Berechnungsalgorithmus` soll es gelingen, aus den Informationen der Spezifikationsphase die gewünschten Erkenntnisse abzuleiten.
- Anschließend können die Ergebnisse *ausgewertet* werden.

Dieser idealtypisch sequentielle Ablauf ist in aller Regel mit einer *Methode* der Ergebnisberechnung eng verzahnt, mit einem Regelsystem also, nach dem das Stoff- und Energieflußsystem spezifiziert werden muß und nach dem die Berechnungen durchgeführt werden. Aufgrund der sequentiellen Abfolge kann die Methode so gewählt werden, daß die vollständige Spezifikation des Stoff- und Energieflußsystems vorausgesetzt wird.

Das macht es beispielsweise möglich, das System mit linearen Gleichungen zu beschreiben (vgl. Frischknecht und Kolm, 1995, S. 84ff.). Die Berechnung besteht dann im wesentlichen darin, ein lineares Gleichungssystem aus den Spezifikationen zu generieren und es dann zu lösen.

Etwas allgemeiner wird man das Grundprinzip der Berechnung wie folgt formulieren können: *Stelle alle Informationen des Modells zusammen, prüfe diese*

[1] Ich verwende den Begriff Life Cycle Assessment statt Produktökobilanzierung, um die vernetzte Struktur der dahinterstehenden Modelle zu betonen. Die Berechnungen beschränken sich auf den Schritt Life Cycle Inventory (vgl. SETAC 1993).

Mario Schmidt, Andreas Häuslein (Hrsg.)
Ökobilanzierung mit Computerunterstützung

dabei auf Vollständigkeit, wende darauf die Berechnungsmethodik (Algorithmus) an und stelle schließlich die Berechnungsergebnisse als Modellergebnisse zur Verfügung. Wenn die Berechnung nicht gelingt, wenn also das Stoff- und Energieflußsystem nicht vollständig oder nicht konsistent modelliert ist, kann dies nur als Randproblem gedeutet werden: Man muß die Spezifikationen nachbessern und es erneut versuchen.

Auch in Umberto wird das dreischrittige Vorgehen unterstützt: Man spezifiziert sein Netz, löst den Berechnungsvorgang aus und ruft bei Erfolg den Inventory Inspector, die Auswertekomponente von Umberto, auf (vgl. Häuslein und Hedemann, 1995, S. 66). In Einführungsbeispielen und bei Vorführungen haben dann auch die Schilderungen der drei Schritte etwa gleiches Gewicht.

Dies täuscht darüber hinweg, daß die praktische Arbeit der Ökobilanzierung ganz anders abläuft. Der eindeutige Schwerpunkt liegt beim ersten Schritt, die Spezifikation des zu untersuchenden Stoff- und Energieflußsystems in einem Modell. Langwieriges Recherchieren von Daten, kleine Ergänzungen und Modifikationen im Netz: Das ist der gewöhnliche Verlauf der Modellierung. Der zeitliche Aufwand für die beiden nachfolgenden Schritte ist im Gesamtmaßstab mikroskopisch.

Bei einer solchen zeitlichen Gewichtung wird die strikte Trennung von Spezifikation und Berechnung fragwürdig. Das Problem ist, über einen längeren Zeitraum und gegebenenfalls mit mehreren Personen ein komplexes Modell aufzubauen, das sich anschließend bei den Berechnungen als konsistent und vollständig erweisen soll.

Hilfreich wäre eine engere Verzahnung von Spezifikation und Berechnung. Die Berechnung wird als unvollständig akzeptiert und bezieht sich auf das gerade Modellierte. Eine Berechnung in diesem Sinne dient nicht nur der Auswertung sondern auch und vor allem der Überprüfung.

Dies verlangt aber eine Abkehr von der Vorstellung, das Stoff- und Energieflußsystem müsse vollständig im Modell spezifiziert sein, damit Berechnungen durchgeführt werden können. Das Grundprinzip der Berechnung muß neu formuliert werden: *Stelle alle verfügbaren Informationen des Modells zusammen, werte diese aus, leite daraus neue ab und prüfe alles auf Konsistenz.* Die Forderung der vollständigen Spezifikation taucht hier nicht mehr auf. Allerdings kann nicht länger erwartet werden, daß bei jedem Berechnungsvorgang sämtliche Modellergebnisse vollständig bestimmt werden können. Berechnung und Vollständigkeitsprüfung sind voneinander getrennt.

Im Modellbildungsprozeß[2] sind dadurch die Schritte Spezifikation und Berechnung zyklisch miteinander verkoppelt, und der Berechnungsschritt kann jederzeit zur Prüfung der Spezifikationen herangezogen werden. Vollständigkeit ist lediglich eine notwendige Bedingung für den erfolgreichen Abschluß des Modellbildungsprozesses. Es reicht, bei Beginn der Auswertungen auf die gegebenenfalls nicht abgeschlossene Modellbildung hinzuweisen.

---

[2] Zu den Begriffen Modell, Modellbildung und Modellbildungsprozeß siehe Page, 1991, S.1-24

Wenn dieser Beitrag, nach einer um ein Grundverständnis bemühten Einleitung, zu der Hauptfrage kommt, wie in Umberto Stoffstromnetze[3] berechnet werden, dann ist das Grundprinzip schon gesagt: Es werden alle verfügbaren Informationen zusammengestellt, ausgewertet und daraus neue abgeleitet. Die nachfolgenden Ausführungen drehen sich um die Frage, wie sich das in Umberto konkretisiert.

Die Basisdaten der Berechnung

Die Berechnungen beruhen auf dem Gedanken eines Stoffstromnetzes, das an verschiedenen Stellen Informationen enthält, aus denen sich, so die Hoffnung, weitere Informationen ableiten lassen.

Viele Berechnungsmethoden zum Life Cycle Assessment gehen allein von Stoff- und Energie*fluß*daten[4] sowie von linearen Modulspezifikationen aus. Hier ist von vornherein klar, welche Informationsarten Basis der Berechnungen sind. Dagegen verfügen die Stoffstromnetze über weitere Möglichkeiten, im Verbund von Stellen, Verbindungen und Transitionen Informationen darzustellen und als Grundlage der Berechnungen zu nutzen.

Dies soll nicht heißen, daß nicht auch bei den Stoffstromnetzen Flußdaten und Modul-/Transitionsspezifikationen eine wesentliche Rolle spielen. Im Gegenteil: Die Stoff- und Energieflußdaten sind der Anknüpfungspunkt für die Berechnungen der spezifizierten Transitionen. Die Berechnung spezifizierter Transitionen kann nämlich dann versucht werden, wenn bestimmte Stoff- und Energieströme im unmittelbaren Umfeld bekannt sind.

Ähnlich dem Berechnungsprinzip im großen kann hier das Berechnungsprinzip für einzelne Transitionen formuliert werden: *Stelle alle mit der Transition verknüpften Flußdaten zusammen, gleiche die Daten mit der Spezifikation ab, wende die Funktionen der Spezifikation auf die vorhandenen Daten an und prüfe das Ergebnis auf Konsistenz und Vollständigkeit. Speichere bei Erfolg die neu errechneten Flußdaten ab.* Die Art von Informationen, die spezifizierte Transitionen beinhalten, die formale Beschreibung des Zusammenhangs aller Input- und Outputströme der Transitionen, erlaubt es demnach, aus wenigen Stoff- und Energiestromdaten eine Vielzahl weiterer zu errechnen.

Die Ausgangsinformationen, der Transitionsberechnungsprozeß selbst und die neu errechneten Daten betreffen freilich nur das unmittelbare Umfeld der Transition, also die Stoff- und Energieströme an den mit der Transition verknüpften Verbindungen, so daß von einem *Lokalitätsprinzip* gesprochen werden kann.

---

[3] Siehe auch die Beschreibung der Stoffstromnetze in Möller (1994), S. 223-230; Möller und Rolf (1995), S. 33-58

[4] Stoff*strom* und Stoff*fluß* werden im folgenden – wie überhaupt im ganzen Buch – synonym verwendet.

Mit dem Lokalitätsprinzip verbindet sich folglich, daß der Berechnungsprozeß eines Stoffstromnetzes im wesentlichen in eine Folge[5] der oben skizzierten Transitionsberechnungen zerfällt, ganz im Gegensatz zu den Ansätzen, die mit linearen Gleichungssystemen arbeiten. Bei ihnen gehen die einzelnen Prozesse in Form von Koeffizienten in eine *globale* mathematische Beschreibung ein, in ein lineares Gleichungssystem, das dann als Ganzes zu lösen ist.

Der besondere Vorteil des Lokalitätsprinzips besteht darin, daß sich die Spezifikationen lediglich nach dem oben angeführten Berechnungsprinzip für Transitionen zu richten haben. Weitere Einschränkungen, etwa abgeleitet aus einem globalen Berechnungsprinzip wie bei den linearen Gleichungssystemen, ergeben sich nicht. Damit ist es möglich, recht leistungsfähige Submodelle, und um nichts anderes handelt es sich bei Transitionsspezifikationen, zuzulassen. Möglich werden beispielsweise nichtlineare Funktionen. Denkbar ist auch, ein lineares Gleichungssystem zur Spezifikation einer Transition heranzuziehen. Dann ließe sich das Verfahren des Life Cycle Assessment mit zugehöriger Berechnungsmethodik als Submodell in den Netzen verwenden. Es ist nur eine Frage der Realisierung.

Das Lokalitätsprinzip hat leider auch eine zunächst weniger erfreuliche Konsequenz, und die hängt mit der Netzstruktur zusammen. Die errechneten Daten sind ausschließlich Flußdaten an Verbindungen, die unmittelbar an die Transition anschließen. Die zwischen den Prozessen bestehenden Stellen erweisen sich als auf diese Weise nicht überwindbare Hindernisse.

Das ist konzeptionell auch richtig so. Die Transitionsspezifikation dient der Beschreibung einer Stoff- und Energietransformation. Über die im Umfeld befindlichen Stellen sollten und dürfen keine Annahmen getroffen werden.

Unangenehmerweise führt das vorläufig zu dem Ergebnis, für jeden Prozeß verschiedene, manuelle Flußdaten im Umfeld eintragen zu müssen, eine etwas schwerfällige und nicht eben komfortable Art der Modellierung.

Nun sind aber Flußdaten und Transitionsspezifikationen nicht die einzigen denkbaren Informationsarten eines Netzes. Informationen zu den Stellen und den Beständen an den Stellen sind in die Betrachtung hier noch nicht einbezogen, und eine Information besteht darin, daß zwischen manchen Prozessen gar keine relevanten Bestandsveränderungen vorkommen. Dort, wo diese Besonderheit vorliegt, wird man zu einer bestimmten Art von Stellen greifen wollen, zu den in Umberto sogenannten Verbindungsstellen. Für diese Verbindungsstellen[6] wird die Konstanz des Bestandes zu einem Prinzip erhoben: *Verbindungsstellen sind Stellen, an denen es zu keinen relevanten Bestandsveränderungen kommt. Wenn Veränderungen aufgrund von Transitionsberechnungen dennoch auftreten, müssen diese wieder ausgeglichen werden.*

Demzufolge müssen Algorithmen dafür sorgen, den Ausgleich an den Verbindungsstellen herzustellen. Wenn beispielsweise der berechnete Zufluß so groß ist,

---

[5] Der Begriff Folge ist hier nicht ganz richtig, denn die Folge ergibt sich nur aufgrund des Bauprinzips heutiger Computer. Das Lokalitätsprinzip erlaubt nämlich relativ einfach die Parallelverarbeitung. Das ist ein Erbe aus der Netztheorie.

[6] In Umberto „Connection Places“ genannt.

daß es ohne Ausgleich zu einer Bestandserhöhung kommen würde, muß es einen entsprechenden und damit berechenbaren Abfluß gegeben haben. Umgekehrt kann aus einem Abfluß auf einen entsprechenden Zufluß geschlossen werden. Das Prinzip ist unabhängig von der Stoff- und Energieflußrichtung.

Die Vermutung ist, und zahlreiche mit Umberto durchgeführte Stoffstromanalysen bestätigen es, daß die Voraussetzung für Verbindungsstellen, die Konstanz des Bestandes, vielfach angenommen werden kann, die Besonderheit also eher der Normalfall ist. Die Verbindungsstellen übernehmen die Rolle des verknüpfenden Elements zwischen den lokal begrenzten und wirkenden Transitionsberechnungen. Sie erweisen sich damit auch als das Scharnier zwischen dem lokal gültigen Berechnungsprinzip für Transitionen und dem global gültigen Berechnungsprinzip für Stoffstromnetze, wonach aus verfügbaren Informationen, seien sie nun von vornherein gegeben oder neu errechnet, weitere abgeleitet werden sollen.

Bei den Verbindungsstellen wird also nicht auf die Idee des Bestandes abgehoben. Die Verbindungsstelle dient lediglich als Verteilungsknoten zwischen den Prozessen.

Nichtsdestoweniger werden in Umberto auch die Bestandsinformationen als gleichwertig betrachtet und ausgewertet. Das beginnt bereits damit, daß sich die aktuelle, durchzurechnende Betrachtungsperiode in eine Sequenz von Perioden einordnet und daß der Endbestand der vorhergehenden Periode als Anfangsbestand der aktuellen ins Netz eingetragen wird.

Das hat zur Folge, daß neben den manuell eingetragenen Anfangsbeständen auch die aus der Vorperiode übertragenen Endbestände (gleich Anfangsbestände der neuen Periode) bei der Untersuchung von Nebenbedingungen aufgegriffen werden können.

Der hier angesprochene Begriff Nebenbedingung stammt aus der Netztheorie. In den sogenannten Stellen-Transitions-Netzen werden Zustände mit Nebenbedingungen modelliert, die vor und nach dem Schalten einer Transition gelten müssen. Das Schalten wird damit an einen bestimmten Kontext geknüpft, der vom Schaltereignis an sich unberührt bleibt.

Auch in den Stoffstromnetzen können solche Beziehungen von Prozessen und Rahmenbedingungen interessant sein. Hier läßt sich der Begriff der Nebenbedingung mit der Vorstellung verbinden, daß die Stoff- und Energietransformationen an einer Transition von gewissen Beständen abhängig sind. Diese etwas verklausulierte Beschreibung knüpft an den ganz üblichen und damit fast schon wieder unscheinbaren Umstand an, daß man für die Produktion eine Maschine braucht, für den Klärprozeß eine Kläranlage, für die Atomstromproduktion ein Kernkraftwerk und so weiter.

Man wird dann nicht auf die Nebenbedingung verzichten wollen, wenn Bestand und Prozeß in einem relevanten Wechselverhältnis stehen, etwa bei der Leistungsfähigkeit eines Ökosystems, das durch menschliche Aktivität geschädigt wird, oder bei Recyclingloops, die sich über Bestand und Verfügbarkeit von Sekundärrohstoffen einschwingen müssen.

Die Beispiele deuten es schon an, trotzdem sei abschließend noch angemerkt, daß die Nebenbedingungen eine wichtige Klasse von Modellen ermöglichen, nämlich Modelle, bei denen Beziehungen zwischen Prozessen und Beständen abgebildet werden können.

Zwar dient dieser Abschnitt der Darstellung der in den Berechnungsvorgang einfließenden Informationen, ganz frei von zugehörigen Algorithmen kann er jedoch nicht sein, denn daß Daten und zugehörige Algorithmen eine gedankliche Einheit bilden, ist spätestens seit dem Aufkommen der Objektorientierung selbstverständlich. Der Berechnungsablauf im Überblick wird damit noch nicht veranschaulicht. Im folgenden Abschnitt soll dies anhand von Flußdiagrammen nachgeholt werden.

Der Berechnungsalgorithmus

Mit dem Begriff Algorithmus[7] ist hier ein formalisiertes Verfahren gemeint, das sich dazu eignet, gewünschte Resultate zu errechnen. Es wurde bereits dargelegt, daß man ganz unterschiedliche Vorstellungen über das gewünschte Resultat entwickeln kann. Bei den Stoffstromnetzen besteht es darin, alle Informationen aus den gegebenen abzuleiten, die überhaupt folgerbar sind.

Das Flußdiagramm der folgenden Abbildung trägt diesem Streben Rechnung. Nachdem nämlich in den Vorprüfungen Informationen zu den Beständen aufbereitet werden, beginnt eine Berechnungsschleife, die erst dann verlassen wird, wenn keine weiteren Informationen mehr abgeleitet werden können. Abschließend werden dann nur noch die Endbestände an den Stellen errechnet.

Die Berechnungsschleife selbst ist charakterisiert durch das Wechselspiel von Transitionsberechnung und Bestandsausgleich an den Verbindungsstellen. Das erfolgreiche Durchrechnen von Transitionsspezifikationen wird zum Anlaß genommen, an den umliegenden Stellen die Bestandsveränderung zu prüfen.

Im Flußdiagramm sind verschiedene Schritte des Berechnungsprozesses als Rechtecke mit je zwei senkrechten Strichen dargestellt. Diese Rechtecke werden Unterprogramme genannt. Unverkennbar deuten die Titel der Unterprogramme den Bezug zu den oben angeführten Informationsarten an. Der folgende Teil der Abhandlung ist der Frage gewidmet, wie die verschiedenen Informationsarten genau zur Ableitung weiterer genutzt werden.

---

7 Der Begriff Algorithmus wird in Mathematik und Informatik exakt definiert. Dabei wird nicht verlangt, daß er zu gewünschten Resultaten führt. Es wird noch nicht einmal erwartet, daß er immer terminiert, d. h. abbricht.

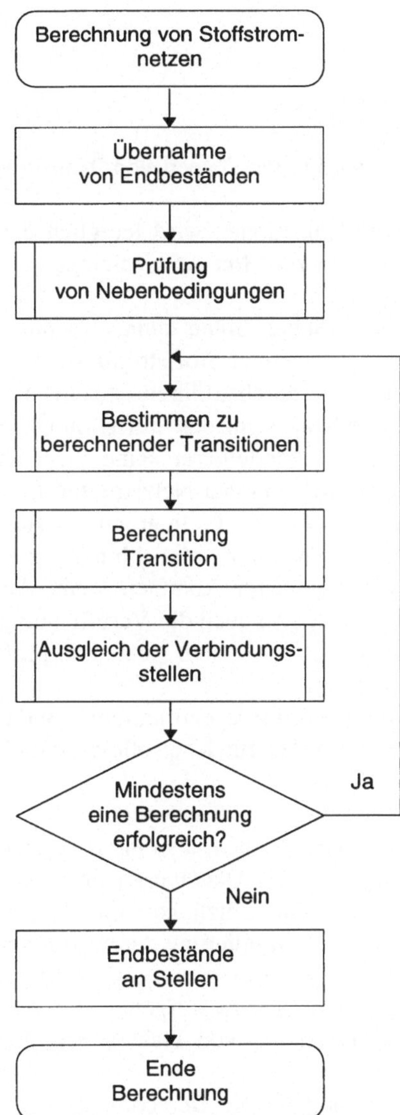

Abb. 1. Flußdiagramm zum Berechnungsalgorithmus für Stoffstromnetze

Die Berechnung von Transitionen

Umberto unterstützt gegenwärtig zwei Typen von Transitionen: spezifizierte und unspezifizierte.

Bei den unspezifizierten Transitionen wird lediglich der massenmäßige Ausgleich von Input und Output geprüft. Bei Abweichungen wird eine entsprechende Warnung protokolliert.

Von Berechnung im eigentlichen Sinne kann also nur bei den spezifizierten Transitionen die Rede sein: Es werden Stoffströme berechnet. Gleichwohl ist es nicht die Berechnung allein, die durchzuführen ist; mit mindestens dem gleichen Aufwand muß dabei auch die Konsistenz des Stoffstromnetzes geprüft werden.

Der Prozeß, demzufolge der Modellierer seine Sicht der Realität nachahmt, führt in Stoffstromnetzen nämlich zu einer Netzstruktur, die mit verstreuten Daten ganz unterschiedlicher Art versehen ist. Es liegt auf der Hand, daß es, wenn diese verstreuten Daten durch den Berechnungsalgorithmus vervollständigt werden, zu Widersprüchen und Unvereinbarkeiten kommen kann. Aus dem Berechnungsprinzip für Stoffstromnetze leitet sich auch die Verpflichtung für den Berechnungsalgorithmus ab, stets die Konsistenz in den Netzen zu prüfen und bei Verstößen auf diesen Umstand hinzuweisen.

Beim Durchrechnen von Transitionsspezifikationen sind es die neu errechneten Stoff- und Energieströme, die Anlaß zur Kontrolle geben, ob sie mit vorhandenen in Konflikt stehen.

Insofern ist es nur folgerichtig, Inkonsistenzen in Stoffstromnetzen nicht als Randproblem der Modellierung zu sehen, als ein zu vermeidendes Übel, sondern viel eher als einen Ausgangspunkt für Datenverfeinerungen. Redundanzen und Inkonsistenzen sind in diesem Sinn nützliche Anknüpfungspunkte, um in den Stoffstromnetzen selbst eine Datenvalidierung durchzuführen.

Alles in allem sind Konsistenzprüfung und eigentliche Berechnung der Stoff- und Energieströme gleichgewichtige Teilaufgaben des Algorithmus, zwar nicht nur ausschließlich bei der Berechnung von Transitionen, dort aber in erheblichem Umfang.

Zurück zum Berechnungsablauf: Die Berechnung einer Transition kann, wie oben schon gesagt, versucht werden, wenn im unmittelbaren Umfeld Stoff- und Energiestromdaten bekannt sind. Diese Daten werden zusammengestellt.

Unverzichtbar ist dabei die Umrechnung der Daten auf eine spezifische Betrachtungsperiode, wenngleich dieser Sachverhalt eine weitere Dimension der Komplexität einführt. Der Grund für diesen Umstand: Nichtlineare Spezifikationen in Transitionen müssen auf eine bestimmte Periodenlänge bezogen sein. Es wäre beispielsweise nicht hinnehmbar, würden zwei Ökobilanzen für die Perioden d1 und d2 in der Summe von einer abweichen, die sich auf eine Periode d1+d2 bezieht. Genau dies kann aber passieren, wenn in Transitionen nichtlineare Funktionen von Flüssen, z. B. ein Quadrat, auftreten. So gilt z. B. $\text{Fluß1}^2 + \text{Fluß2}^2 \neq$

(Fluß1+Fluß2)^2, falls Fluß1 und Fluß2 von Null verschieden sind. Aus diesem Grund werden nichtlineare Transitionssepzifikationen stets auf die einheitliche Periodenlänge eines Normjahres mit 365 Tagen bezogen. Weicht eine Berechnungsperiode hiervon ab, so erfolgt eine Umskalierung der Daten.

Bei Nichtbeachtung dieser Skalierung treten mitunter kuriose Ergebnisse auf. Weist man etwa der Variablen eines Stoffstroms eine Konstante zu (Y00 = C00) und belegt die Konstante mit der Anzahl der Tage des Schaltjahres 1996, dann wird für eine Periode 1.1.96 - 31.12.96 ein Stofffluß Y00 = C00*366/365 = 366*366/365 = 367.0027... errechnet: ein verwirrendes Ergebnis, wenn man sich nicht sofort den Skalierungseffekt in Erinnerung ruft. In Umberto kann diese unerwünschte Skalierung mit der Funktion GWFY umgangen werden, die den Kehrwert des Skalierungsfaktors „365/Anzahl der Tage der Periode“ enthält: Y00 = C00*GWFY = 366.

Im Anschluß an das Laden und Umskalieren der Stoff- und Energiestromdaten werden die Spezifikationsdaten eingelesen, also die Input- und Outputspezifikationen – das sind die Materiallisten und Bezüge zu den Stellen –, die Parameter und die Funktionen.

Die Input- und Outputspezifikationen müssen sich mit den anfänglich geladenen vorhandenen Stoff- und Energieströmen im Umfeld decken. Es liegt dann eine Inkonsistenz vor, wenn Stoff- und Energieströme im Umfeld auftreten, die nicht in den Input- bzw. Outputspezifikationen aufgeführt sind. In dem Fall ist es sinnlos, die Berechnung fortzusetzen, sie wird nach Aufnahme einer Warnung ins Berechnungsprotokoll endgültig abgebrochen. Tritt keine Inkonsistenz auf, werden die bekannten Daten den entsprechenden Variablen aus der Spezifikation zugewiesen.

Dann kann der Berechnungsprozeß mit der Auswertung der Funktionen fortgesetzt werden. Dabei werden nur die Funktionen betrachtet, deren Ergebnis nicht schon bekannt ist. Wenn dann auch noch alle Variablen, die im Funktionsterm vorkommen, bereits bestimmt sind, kann die Funktion ausgewertet werden. Das Resultat wird der Ergebnisvariablen zugewiesen.

Dieses Verfahren hat zur Folge, daß Variablen, die einmal bestimmt sind, nicht wieder durch Zuweisung überschrieben werden können. Man spricht in diesem Zusammenhang vom *Single-Assignment-Prinzip*. Single Assignment[8] ist eine Grundidee der sogenannten Datenflußsprachen (vgl. Horowitz 1983, S. 373ff.). Die Datenflußsprachen betrachten ein Programm als einen Pool von Funktionen, aus dem dann Resultate abgeleitet werden sollen. Ähnlich kann man sich das auch beim Berechnen von Transitionen vorstellen.

Die Transition kann als vollständig berechnet angesehen werden, wenn allen Variablen der Input- und Outputspezifikationen ein Wert zugewiesen wurde, egal

[8] Single Assignment erlaubt den Gebrauch von Parallelrechnen, die nebenläufig auf dem Funktionspool arbeiten und parallel unterschiedliche Funktionen auswerten. Es ist mathematisch bewiesen, daß diese zu den gleichen Resultaten kommen wie ein einzelner Rechner, der die Funktionen sequentiell abarbeitet. Vgl. Jessen und Valk (1987), S. 242ff.

ob durch einen vorher bekannten Stoffstrom oder als Ergebnis einer Funktionsauswertung. Wenn dies nicht der Fall ist, heißt das, daß die Transition gegenwärtig nicht vollständig durchgerechnet werden kann. Es bedeutet aber keinesfalls, daß die vollständige Berechenbarkeit nicht zu einem späteren Zeitpunkt eintreten kann. Der Berechnungsvorgang wird an dieser Stelle vorläufig abgebrochen, so daß später, wenn weitere Daten vorliegen, ein erneuter Versuch gestartet werden kann.

Mit dem Ausrechnen und der Vollständigkeitsprüfung ist es jedoch noch nicht getan. Selbst jetzt, obschon vollständig berechnet, können noch Inkonsistenzen vorhanden sein. Es stellt sich die Frage, welche Werte für die Ausgangsdaten errechnet würden. Wenn beispielsweise die Stoffströme für die Variablen X00, X01 und Y00 vorab bekannt sind und der Zusammenhang zwischen diesen in Form der Funktion Y00 = X00 + X01 hergestellt ist, wird man einen Konflikt immer dann erwarten, wenn Y00 ≠ X00 + X01 ist. Dies fällt ohne Konsistenzcheck jedoch nicht auf, weil die Funktion gar nicht angewendet werden muß.

Tab. 2. Transitionsspezifikation zum obigen Beispiel

Inputspezifikationen			**Outputspezifikationen**		
X00	P1	Material_1	Y00	P3	Material_3
X01	P2	Material_2			
Funktionen					
Y00 = X00+X01					

Führt die zweite Konsistenzprüfung zu einem negativen Ergebnis, wird die Berechnung der Transition mit einem Vermerk im Protokoll endgültig abgebrochen. Ansonsten können die neu errechneten Stoff- und Energieströme entsprechend den Input- bzw. Outputspezifikationen und skaliert auf die ursprüngliche Periodenlänge in das Stoffstromnetz eingetragen werden. Die Berechnung einer Transition ist damit positiv abgeschlossen.

Die Prüfung der Verbindungsstellen

Im Zuge der Transitionsberechnung ergeben sich immer wieder neu errechnete Stoff- und Energieströme, welche die weiter oben beschriebenen Verbindungsstellen aus dem Gleichgewicht bringen. Dies ruft den Algorithmus auf den Plan, der gemäß dem Prinzip der Verbindungsstellen die Möglichkeiten zum Ausgleich prüft und gegebenenfalls den Ausgleich auch herbeiführt.

Das Problem besteht für den Algorithmus darin, genau die Verbindung festzulegen, bei welcher der Stoffstrom einzutragen ist, der zum Ausgleich des Bestandes führt. Verschiedene Aspekte, die im einzelnen noch zu beschreiben sind, müssen bei der Bestimmung beachtet werden, um zu einem erwartungskonformen Ergebnis zu kommen.

Folgende Regel liegt zugrunde: Ist eine Stelle mit n relevanten Verbindungen verknüpft und sind bei (n-1)-Verbindungen Stoffströme des betroffenen Materials eingetragen, kommt für den Ausgleich lediglich die verbleibende Verbindung in Betracht (siehe Abb. 2).

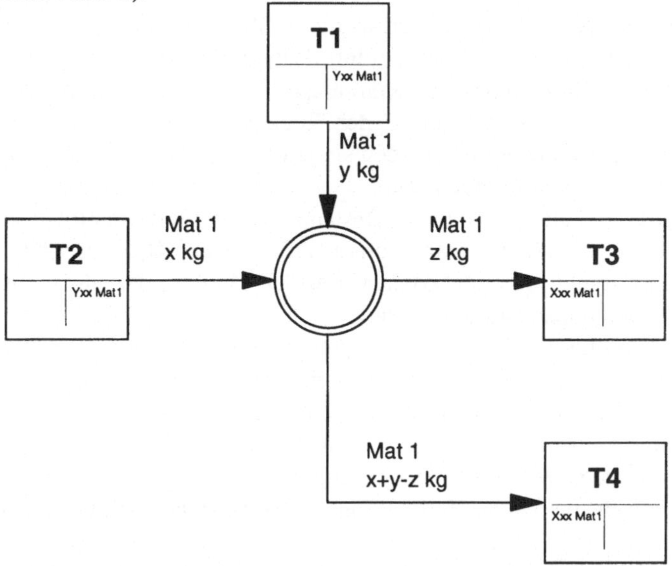

Abb. 2. Ausgleich der Verbindungsstellen: Zu bestimmen ist der Abfluß nach T4. Dieser berechnet sich als Differenz der Zuflüsse und Abflüsse, also (x+y)-(z).

Die verbleibende Verbindung ist dahingehend zu prüfen, ob ein Stoffstrom an ihr überhaupt zum Ausgleich führen kann. Falls ja, kann ein entsprechender Stoffstrom für das betroffene Material dort eingetragen werden.

Bei der Bestimmung der n relevanten Verbindungen ist zwar von allen Verbindungen auszugehen, die mit der Stelle verknüpft sind, dennoch muß die Zahl noch korrigiert werden: Es ist unsinnig und führt nur zu Inkonsistenzen, wenn auch angrenzende Transitionen einbezogen werden, die spezifiziert sind, bei denen allerdings das betroffene Material nicht in den Input- bzw. Outputspezifikationen aufgeführt ist. Von der Anzahl aller Verbindungen ist somit die Anzahl angrenzender, spezifizierter Transitionen abzuziehen, bei denen das betroffene Material nicht in den Input- bzw. Outputspezifikationen auftritt. Unspezifizierte Transitionen sind von dieser Regelung nicht betroffen.

Diese Aspekte spiegeln die praktischen Anforderungen an einen Knotenpunkt wider, an dem die verschiedenen Stoffe und Energien ihren Weg zu den Prozessen suchen, unter Beachtung von Transitionsspezifikationen und natürlich unabhängig von der realen Flußrichtung.

Auf die damit möglich werdende Modellierung von Recyclingschleifen und anderer Materialrekursionen geht ein anderer Beitrag in diesem Buch ein (siehe S. 131).

Die Berücksichtigung der Nebenbedingungen

Das Konzept der Nebenbedingungen wurde im Zusammenhang mit einer ganz bestimmten Klasse von Modellen eingeführt: Zur Produktion benötigt man eine Maschine, für den Klärprozeß eine Kläranlage, für die Atomstromproduktion ein Kernkraftwerk. Zwar wird man in der Realität immer derartige Beziehungen nachweisen können, modelliert werden sie jedoch nur dann, wenn sie in bezug auf die Erkenntnisziele von Relevanz sind.

Sollte dies der Fall sein, müssen Bestand- und Flußinformationen miteinander verknüpft werden, müssen Transitionsspezifikationen Kenntnis über bestimmte Bestände im Umfeld erlangen können, um den Umfang der Stoff- und Energietransformationen danach auszurichten.

Es stellt sich nun die Frage, wie in Umberto das Verfahren, Nebenbedingungen zu modellieren und in die Berechnungen einfließen zu lassen, realisiert ist. Blickt man dazu auf das Flußdiagramm zum Berechnungsalgorithmus (Abb. 1), fällt auf, daß die Prüfung der Nebenbedingungen im Vorfeld der Berechnungsschleife stattfindet. Sie ist dem Wechselspiel der Berechnungen von Transitionen und dem Ausgleich von Beständen an Verbindungsstellen vorgelagert. Sie wird nur ein Mal durchlaufen.

Der Grund ist darin zu sehen, daß unter genau festgelegten Bedingungen, ausgehend vom Anfangsbestand des betroffenen Materials an der Stelle, ein ebenso großer Stoffstrom an einer bestimmten Verbindung eingetragen wird.

Diese Bedingungen sind für ein Material genau dann erfüllt, wenn erstens das Material an der Stelle mit einem positiven Anfangsbestand verfügbar ist, wenn zweitens die Stelle mit einer Transition verbunden ist – und zwar in Hin- und Rückrichtung – und wenn diese Transition dergestalt spezifiziert ist, daß Stelle und Material sowohl bei den Input- als auch bei den Outputspezifikationen aufgeführt sind (vgl. Abb. 3).

Zu beachten ist, daß sich die Erfüllung der Bedingungen allein aus der Netzstruktur und den Spezifikationen ergibt; es ist nicht ein spezieller Stellentyp zu deklarieren. Alle Stellen werden auf das Vorhandensein von Bedingungen untersucht, Input- und Outputstellen ausgenommen.

Es wird ein Stoffstrom, der gleich groß ist wie der Anfangsbestand der Stelle, an jener Verbindung eingetragen, die von der Stelle zur entsprechend spezifizierten Transition führt. Damit kann über den Umweg des Stoffstroms die Transition sozusagen über den Anfangsbestand in der Stelle in Kenntnis gesetzt werden.

Die Prüfung von Nebenbedingungen sowie das Erzeugen von Stoffströmen aus den Anfangsbeständen begreifen sich demnach als nur ein Teil, Bestandsinformationen in die Berechnung von Transitionen einfließen zu lassen. Den anderen Teil übernimmt die Transitionsspezifikation durch entsprechende Gestaltung der Input- bzw. Outputspezifikationen und der Funktionen selbst. Eine solche Spezifikation hat typischerweise den in Tab. 3 gezeigten Aufbau.

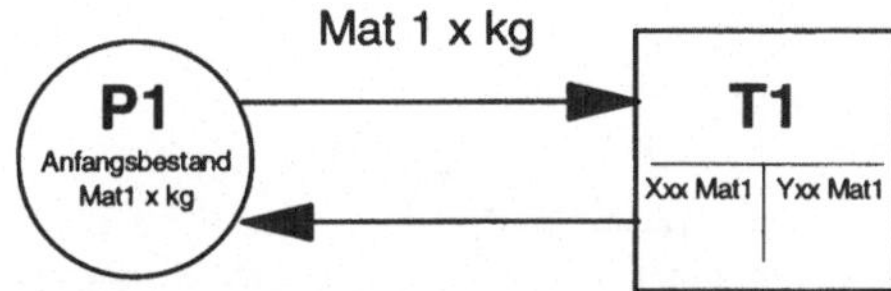

Abb. 3. Prüfung von Nebenbedingungen: Zu bestimmen ist der Abfluß von P1 nach T1. Dieser berechnet sich aus dem Anfangsbestand von P1, also x.

Tab. 3. Berücksichtigung von Nebenbedingungen in Transitionsspezifikation: Material_1 an der Stelle P1

Inputspezifikationen			**Outputspezifikationen**		
X00	P1	Material_1	Y00	P1	Material_1
X01	P2	Material_2	Y01	P4	Material_4
X02	P3	Material_3	Y02	P5	Material_5
Funktionen					
Y00 = X00					
X01 = 0.1*X00					
X02 = 0.5*X01					
Y01 = 0.7*(X01+X02)					
Y02 = 0.3*(X01+X02)					

Der Umfang der Transformation der Materialien 2 und 3 in 4 und 5 wurde abhängig gemacht vom Bestand des Materials 1 an der Stelle P1, denn das Material 1 taucht sowohl bei den Input- als auch bei den Outputspezifikationen der Transition auf: (X00, P1, Material_1) und (Y00, P1, Material_1).

Die ursprüngliche Idee, daß die Nebenbedingung bei der Stoff- und Energietransformation zwar Berücksichtigung findet, selbst jedoch keine Veränderung erfährt, drückt sich in der Funktion Y00 = X00 aus: das Material 1 fließt, bildlich gesprochen, in vollem Umfang auf die Stelle P1 zurück.

Zwingend vorgeschrieben ist dies in Umberto jedoch nicht. Die Idee der Nebenbedingung erfährt dadurch zwar eine bemerkenswerte Umdeutung, dennoch läßt sich gerade damit der dynamische Aspekt von Recycling und anderen Stoffrekursionen explizit berücksichtigen.

Zum Abschluß hierzu noch ein Beispiel: Die Verwendung von Sekundärrohstoffen aus dem Recycling gestaltet sich oft komplexer als dies durch einfache Schleifen in Graphiken angedeutet wird. Meist sind die Materialeigenschaften nicht hundertprozentig vergleichbar mit denen natürlicher Ressourcen. Sekundärrohstoffe gehen deshalb anders in den Produktionsprozeß ein als natürliche Ressourcen. Sie sind auch nur bis zu einer Maximalgrenze einsetzbar. Umgekehrt muß der Bedarf, der durch Sekundärrohstoffe nicht gedeckt werden kann, aus anderen Quellen beschafft werden. Dies alles läßt sich recht komfortabel mit Hilfe von Nebenbedingungen und geeigneten Spezifikationen modellieren.

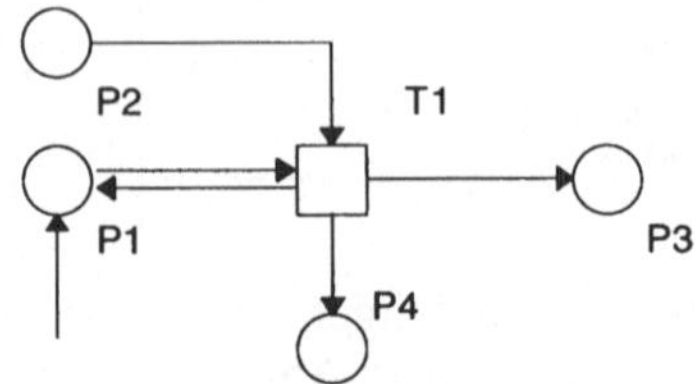

Abb. 4. Netzstruktur zur Verwendung von Nebenbedingungen beim Einsatz von Sekundärrohstoffen

Die erste Zeile der Funktionen in Tab. 4 Y00 = 0 zeigt bereits die Umdeutung des Nebenbedingungsprinzips. Die Spezifikation (Y00, P1, SekRohstoff) ist nur deshalb aufgeführt, um den Prüfungsbedingungen zu genügen.

Mit der zweiten Zeile wird der überschüssige Sekundärrohstoff bestimmt, der weggeführt wird (P3). Dabei wird davon ausgegangen, daß das Produkt maximal einen Sekundärrohstoffanteil MPSR = 30% haben kann.

Der in der Produktion eingesetzte Sekundärrohstoff berechnet sich also nach SR = X00 - Y01. Wenn dann auch noch der gesamte Rohstoffbedarf bekannt ist, kann in Abhängigkeit davon der Bedarf an zusätzlichen natürlichen Rohstoffen als Funktion des Sekundärrohstoffeinsatzes SR und der Produktionsmenge Y02 bestimmt werden. Alle weiteren Resourcen und auch das Abfallvolumen wird man von den Parametern SR und X01 abhängig machen, um die nicht ganz identischen Materialeigenschaften einfließen zu lassen. In der letzten Zeile wird das für einen Hilfsstoff angedeutet.

Tab. 4. Die Verwendung von Nebenbedingungen bei der Verwendung von Sekundärrohstoffen in der Produktion

Inputspezifikationen			**Outputspezifikationen**		
X00	P1	SekRohstoff	Y00	P1	SekRohstoff
X01	P2	NatRohstoff	Y01	P3	SekRohstoff
X02	P2	Hilfsstoff	Y02	P4	Produkt
Parameter					
MPSR = 30%					
Funktionen					
Y00 = 0					
Y01 = MAX(0,X00-(MPSR/100)*Y02)					
SR = X00-Y01					
RB = ...					
X01 = ... SR ... Y02 ...					
X02 = ... SR ... X01 ...					

Wenn je nach Umständen auch noch andere Lösungen denkbar wären, so deutet dieses Beispiel doch an, wie mächtig Nebenbedingungen und Transitionsspezifikationen zusammen sein können. Ganz nebenbei ist hier eine weitere interessante Variante der Modellierung von Recyclingschleifen beschrieben worden (vgl. Schmidt, 1995, S. 97ff.).

Schlußbemerkungen

Nachdem nun die Berechnungen von Umberto erläutert wurden, muß die Frage aufgeworfen werden, ob der Preis des Berechnungs- und Lokalitätsprinzips, die sequentielle Abarbeitung und damit der Verzicht auf bestimmte Arten von Rückkopplungen (vgl. Schmidt, 1995, S. 97ff.), gerechtfertigt ist.

Einschränkend muß allerdings hinzugefügt werden, daß diese Frage nur im Kontext der Produktbilanzierung gestellt werden kann, denn bei der Betriebsbilanzierung ist der Verzicht auf die Abbildung von Beständen in Stoffstromanalysen nicht hinnehmbar. Jeder andere Ansatz zur Betriebsbilanzierung teilt mit den Stoffstromnetzen diese wesentliche Bestimmung, der die Modellierung betrieblicher Geschehnisse auf stofflicher und energetischer Ebene unterliegt.

Konzentriert man sich also auf die Produktbilanzierung, dann bestehen bei der Verwendung der Stoffstromnetze auf den ersten Blick gewisse Einschränkungen bei der Modellierung von besonders komplexen Recyclingschleifen. Diese Einschränkung löst sich jedoch zum Vorteil einer realitätsnäheren Modellierung auf (vgl. Schmidt, 1995).

Allerdings dürfen einige Möglichkeiten der Stoffstromnetze nur mit ausgesprochener Sorgfalt verwendet werden. Dies betrifft hauptsächlich die Bestände und deren Veränderung sowie die nichtlinearen Funktionen in den Transitionsspezifikationen. Zwar kann es Sinn machen, Bestandsinformationen in Netzen der Produktbilanzierung heranzuziehen, allerdings nur zu Kontroll- und Validierungszwecken. Das vollständige Netz, das zur Auswertung herangezogen wird, muß frei von internen Bestandsveränderungen sein. In Folge dieser Einschränkung sind Bestandsinformationen nicht mehr nutzbar.

Nichtlineare Funktionen können nur dann eingesetzt werden, wenn der Stoff- und Energiedurchsatz an den betroffenen Prozessen in der Periode auch der Realität entspricht, wenn etwa eine Maschine tatsächlich in der Periode die Resourcenverbräuche, Abfall- und Produktmengen erzeugt, die im Netz ausgewiesen sind. Es darf also nicht so sein, daß sich der Durchsatz nur nach dem Bedarf im Produktnetz orientiert, wie dies üblicherweise beim Einbeziehen von Vorketten der Fall ist[9].

Aber Stoffstromnetze bieten auch für die Produktbilanzierung Vorteile. Ansätze, die auf lineare Gleichungssysteme aufbauen, können nicht die Flexibilität bieten, die im Berechnungsprinzip für Stoffstromnetze zum Ausdruck kommt. Wenn

---

[9] Damit ist angedeutet, daß dieser Umstand auch für das Einbeziehen von Vor- und Nachketten bei der Betriebsbilanzierung gilt.

man sich vergegenwärtigt, daß die Softwareunterstützung, soll denn irgendwann von einem Umweltinformationssystem gesprochen werden, den gesamten Modellbildungsprozeß begleiten muß und nicht nur den eigentlichen Berechnungsvorgang, erweist sich die Einschränkung der Flexibilität als einschneidend.

Es ließen sich noch weitere Gründe anführen, insbesondere die, daß infolge aktueller und zukünftiger Organisationsstrukturen in der Wirtschaft, folgende Stichworte wie *Strategische Netzwerke* und *Wertschöpfungsketten* (vgl. Rolf, 1994, S. 23, Rolf, 1995, S. 6ff.), Betriebsbilanzierung[10] und Produktbilanzierung immer weiter zusammenrücken und daß in diesem Umfeld reine Verfahren zum Life Cycle Assessment nicht mehr greifen.

Literatur

Frischknecht, R. und Kolm, P. (1995): Modellansatz und Algorithmus zur Berechnung von Ökobilanzen im Rahmen der Datenbank ECOINVENT. In: Schmidt, M. und Schorb, A. (Hrsg.), S.79-95

Häuslein, A. und Hedemann, J. (1995): Die Bilanzierungssoftware Umberto und mögliche Einsatzgebiete. In: Schmidt, M. und Schorb, A. (Hrsg.), S. 59-78

Hilty, L.M. et al. (1994): Informatik für den Umweltschutz. Anwendungen für Unternehmen und Ausbildung. Band 2. Marburg

Horowitz, E. (1983): Fundamentals of Programming Languages. Berlin/Heidelberg

Jessen, E. und Valk, R. (1987): Rechensysteme. Grundlagen der Modellbildung. Berlin/Heidelberg

Möller, A. (1994): Stoffstromnetze. In. Hilty et al. (Hrsg.), S. 223-230

Möller, A. (1995): Stoffstromnetze. Konzeption eines rechnergestützten ökologischen Rechnungswesens. Diplomarbeit. Fachbereich Informatik, Hamburg

Möller, A. und Rolf, A. (1995): Methodische Ansätze zur Erstellung von Stoffstromanalysen unter besonderer Berücksichtigung von Petri-Netzen. In: Schmidt, M. und Schorb, A. (Hrsg.), S. 33-58

Page. B. (1991): Diskrete Simulation. Eine Einführung mit Modula-2. Berlin/Heidelberg

Rolf, A. (ed.) (1994): Stoffstrommanagement und Informatik. Bericht des Fachbereichs Informatik FBI-HH-B-171/94. Hamburg

Rolf, A. (1995): Prima Klima für die „Informationsgesellschaft. Mitteilung des Fachbereichs Informatik FBI-HH-M-248/95. Hamburg

Schmidt, M. (1995): Die Modellierung von Stoffrekursionen in Ökobilanzen. In: Schmidt, M. und Schorb, A. (Hrsg.), S. 92-117

Schmidt, M., Schorb, A. (Hrsg.) (1995): Stoffstromanalysen in Ökobilanzen und Öko-Audits. Berlin/Heidelberg

SETAC (ed.) (1993): Guidlines for Life-Cycle Assessment: A „Code of Practice“. Brussels

[10] Man müßte bei der Stoffstromanalyse von Wertschöpfungsketten eher von ökologischer Wertschöpfungsbilanz sprechen.

Recyclingströme in Stoffstromnetzen

Mario Schmidt, Heidelberg

Die Modellierung von Stoffrekursionen, wie sie bei hochgradig vernetzten Produktions- oder Wirtschaftssystemen und insbesondere in der Abfall- und Kreislaufwirtschaft auftreten, ist eine besondere Herausforderung an Ökobilanzprogramme. Es gibt verschiedene Möglichkeiten, dieses Problem im Rahmen von Produktökobilanzen zu lösen (Schmidt, 1995). Auch mit dem Ansatz der Stoffstromnetze ist eine Beschreibung von Stoffrekursionen möglich. Der Vorteil dieses Ansatzes ist seine Vielseitigkeit und die mögliche intuitive Herangehensweise an Problemstellungen.

Diese Möglichkeiten werden an einem einfachen Beispiel unter Umberto vorgestellt. Als Grundlage wird eine einfache Produktionskette von der Rohstofförderung über die Produktherstellung bis zur Produktnutzung betrachtet (Abb. 1). Als Ressourcen werden Erze eingesetzt. Aus ihnen entsteht der Rohstoff, der zu dem Produkt verarbeitet wird. Der Bedarf an Energie und anderen Hilfs- und Betriebsstoffen wird der Einfachheit halber vernachlässigt. Bei beiden Prozessen entstehen Abfälle. Im Falle der Rohstofförderung entstehen aus 1 kg Erz 0,3 kg Rohstoff und 0,7 kg Abfall. Bei der Produktherstellung fallen pro Tonne Rohstoff 0,05 kg Abfall und 0,95 kg Produkte an. Nach der Nutzung wird das Produkt vollständig zu Abfall.

Definiert man als Bezugsgröße oder funktionelle Einheit eine Produktmenge (z. B. am Inputpfeil zu T3) von 10 kg, dann folgt daraus ein Einsatz an Erzen von 35,09 kg und ein Abfallaufkommen von ebenfalls 35,09 kg. Dies läßt sich auch mit dem Taschenrechner leicht nachrechnen.

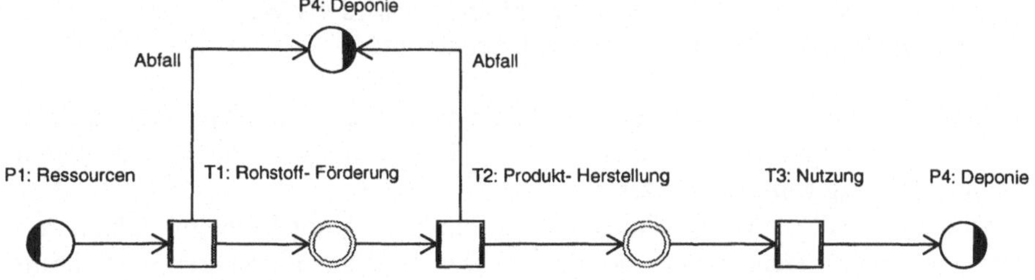

Abb. 1. Einfaches Beispiel eines Produktlebensweges mit drei Prozessen

Mario Schmidt, Andreas Häuslein (Hrsg.)
Ökobilanzierung mit Computerunterstützung

Die Transitionen zur Beschreibung der Prozesse fallen dabei denkbar einfach aus. So enthält beispielsweise die Transition T2 lediglich die Verhältniszahlen der Input- und Outputströme zueinander:

Input		**Output**	
Rohstoff	1.00	Produkt	0.95
		Abfall	0.05

Das Beispiel wird nun modifiziert: Nach der Nutzung soll eine Wertstofferfassung erfolgen. Die einfachste Möglichkeit der Modellierung besteht in einem festen Verhältnis von Wertstoff zu Abfall auf der Outputseite der Nutzungstransition T3 (Abb. 2). So könnten z. B. aus 1 kg genutztem Produkt 0,3 kg Wertstoff und 0,7 kg Abfall entstehen. Die Transition T3 ist am besten mit linearen Verhältniszahlen zu beschreiben. Um das Beispiel etwas komplexer zu gestalten, wird bei der Aufbereitung der Wertstoffe in T4 angenommen, daß 10 % des Wertstoffes zu Abfall und nur 90 % zu Sekundärrohstoff werden. Dieser Sekundärrohstoff wird dann bei der Produktherstellung wieder eingesetzt und ersetzt den eigentlichen Rohstoff.

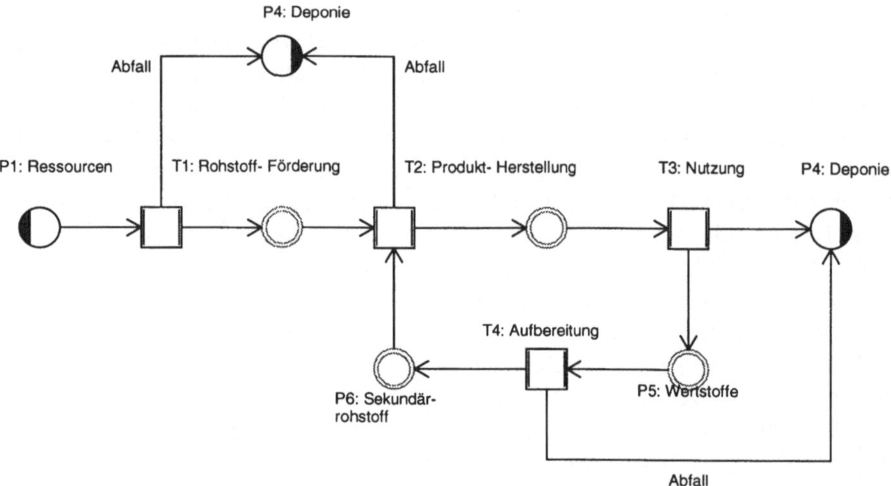

Abb. 2. Ein fester Anteil des genutzten Produktes wird als Wertstoff bzw. Sekundärrohstoff dem Produktionsprozeß wieder zugeführt.

Bereits dieses Beispiel ist mit einem Taschenrechner nicht mehr leicht nachzurechnen. Als Ergebnis erhält man 26,09 kg Erzeinsatz bzw. die gleiche Abfallmenge für 10 kg genutzte Produkte.

In diesem Fall wurde die Transition T2, die bislang mit Verhältniszahlen definiert war, auf einfache Weise modifziert. Dazu wird unter Umberto das Transitionsspezifikationsfenster für benutzerdefinierte Funktionen geöffnet. Es erscheint der vom Programm erzeugte Formelsatz zur Beschreibung des linearen Verhältnisses aus dem Beispiel von Abb. 1.

Unveränderte Transition T2	**Modifizierte Transition T2**
X00 = L01*1.00	X00 = L01*1.00-X01
L01 = X00/1.00	L01 = X00/1.00
Y00 = L01*0.95	Y00 = L01*0.95
L01 = Y00/0.95	L01 = Y00/0.95
Y01 = L01*0.05	Y01 = L01*0.05
L01 = Y01/0.05	L01 = Y01/0.05

X00 bedeutet dabei die eingesetzte Menge an Rohstoff, Y00 die Produktmenge und Y01 die Abfallmenge. Die Größen L00, L01 etc. sind lokale Hilfsgrößen. Das Programm Umberto berechnet eine Größe links des Gleichheitszeichens dann, wenn alle Größen in der Formel rechts des Gleichheitszeichens bekannt sind. Gegebenenfalls wird dieser Formelsatz mehrmals durchlaufen und die noch nicht berechneten Größen (und nur diese) noch einmal auf mögliche Berechnung überprüft (siehe Beitrag S. 115).

In der modifizierten Transition T2 zu Abb. 2 wird mit X01 nun der Sekundärrohstoff eingeführt. Der Bedarf an Rohstoff X00 wird einfach um die bereitgestellte Menge an Sekundärrohstoff verringert. Die Transition T2 ist also berechenbar, wenn die Menge an Sekundärrohstoff sowie die Menge an eingesetztem Rohstoff *oder* an hergestelltem Produkt bekannt sind.

Für diesen Eingriff muß man bereits mit den Formelsätzen in Transitionen umgehen können. Allerdings gibt es eine einfachere Möglichkeit: Der Sekundärrohstoff fließt nicht direkt in T2 zurück, sondern wird bereits an der Stelle P2 mit dem Rohstoff zusammengeführt.

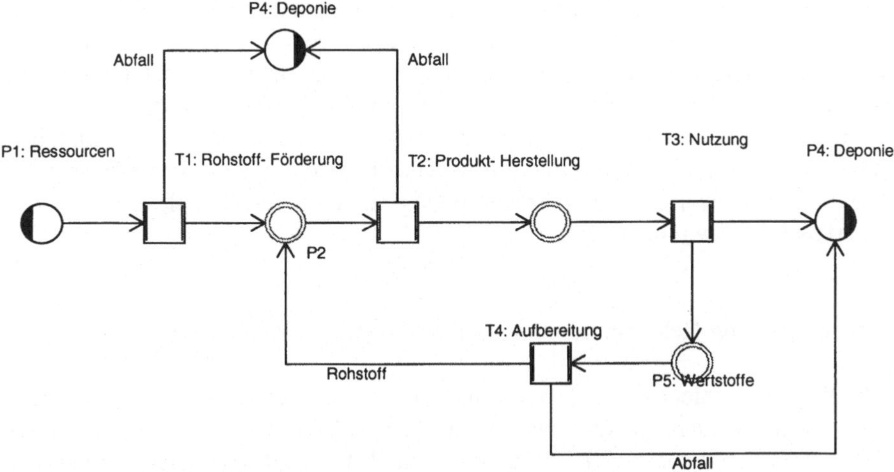

Abb. 3. Einfachere Darstellung der Recyclingschleife aus Abb. 2 durch Nutzung des Stellenkonzeptes

Sinnvollerweise läßt man dann aus der Aufbereitung T4 nicht das Material „Sekundärrohstoff" entstehen, sondern das Material „Rohstoff", das dann in P2 direkt und ohne weiteren Zwischenschritt mit dem Rohstoffbedarf verrechnet werden kann. Dabei wird ausgenutzt, daß eine Connectionstelle mit mehreren Zu- und Abflüssen des gleichen Materials den unbekannten Fluß durch Differenzenbildung oder Addition aus den anderen bekannten Flüssen ermittelt. Das errechnete Ergebnis ist natürlich das gleiche wie in dem Netz aus Abb. 2.

Skalierung der Ergebnisse auf eine funktionelle Einheit

Alle Netze müssen mit einem manuell eingetragenen Materialfluß berechnet werden. In dem Beispiel in Abb. 1 kann dazu an *irgendeinem* Verbindungspfeil ein entsprechender Materialfluß eingetragen werden. Da alle Prozesse linear aufgebaut sind, kann das Netz dann vollständig berechnet werden. In Abb. 1 könnte also auch ein Wert für den Erzverbrauch angegeben werden. Tragen wir in den Pfeil zwischen P1 und T1 den Wert 20 kg ein, so wird das Netz ebenfalls berechnet. Bei der Nutzung entsteht dann eine Produktmenge von 5,7 kg.

Die ursprünglich gewünschte Produktmenge von 10 kg kann daraus durch einfache Division und Umskalierung berechnet werden: 10 kg/5,7 kg = 1,7544 und 20 kg * 1,7544 = 35,09 kg Erz. Das Programm Umberto bietet diese Möglichkeit automatisch an. Dazu muß für das Material „Produkt“ lediglich die „funktionelle Einheit“ 10 kg eingegeben werden. Dies erfolgt im Fenster zur Einheitenverwaltung für das Material „Produkt“. Bei Functional Unit wird die Angabe „x*0.1“ eingegeben. Sie bedeutet, daß die Basiseinheit (kg), in der das System rechnet, ein Zehntel der funktionalen Einheit (10 kg) ist. In einer Input-Output-Bilanz wird dann einfach das Material, auf dessen funktionelle Einheit alle Angaben skaliert werden sollen, ausgewählt und der Button „Scale“ gedrückt. In unserem Fall tritt das Produkt gar nicht als Output auf. Der Inventory Inspector unter Umberto® bietet zu diesem Zweck auch die Möglichkeit, interne Flüsse im Netz anzuzeigen.

Diese vorgestellte Umskalierung erleichtert die Auswertung von komplexen Netzen sehr. Egal von wo aus und mit welchen manuell eingetragenen Flüssen das Netz berechnet wurde, immer ist der Bezug auf eine funktionelle Einheit eines Materials im System möglich.

Berechnung von Rekursionen bei lokal fehlenden Informationen

Allerdings kann nicht jedes Netz von überall aus mit manuell eingetragenen Flüssen gestartet werden. So kann beispielsweise das Netz in Abb. 3 mit der Angabe der Verbrauchsmenge an Erz zwischen P1 und T1 nicht berechnet werden. Das System kennt an P2 nicht das Verzweigungsverhältnis von Neurohstoff zu rezykliertem Rohstoff und bricht an dieser Stelle seine Berechnungen ab. Diese Information steht dem System erst in der Transition T3 zur Verfügung. Startet man das System jedoch mit einem manuellen Eintrag „flußabwärts“ von P2, so ist das System vollständig berechenbar. Trotzdem kann man die Ergebnisse auf die gewünschte Verbrauchsmenge an Erz beziehen, nämlich mit der eben vorgestellten Skalierungsmöglichkeit.

In den Recyclingbeispielen aus Abb. 2 und 3 ist die Quote der Wertstofferfassung nach der Produktnutzung für den Materialrückfluß entscheidend. Natürlich geht das auch umgekehrt: So könnte in der Abfallwirtschaft der Materialrückfluß nicht von der Erfassungsquote, also von dem Angebot an Wertstoffen, sondern von der Nachfrage nach Sekundärrohstoffen bei den Herstellungsprozessen abhängen.

Ein solches Beispiel ist in Abb. 4 dargestellt. Zur Rohstofförderung wird eine bestimmte Menge des Produktes, das erst „flußabwärts" erzeugt wird, benötigt. Pro Kilogramm verarbeitetes Erz sind 0,1 kg Produkt erforderlich. Hier tritt wieder die Besonderheit bei der Berechnung solcher Netze auf: Will man die Netzberechnung mit einer manuell eingetragenen Produktmenge zwischen P3 und T3 starten, z. B. für die Produktmenge von 10 kg, so fehlen dem System an P3 Angaben über den Produktrückfluß und die Berechnung wird unterbrochen.

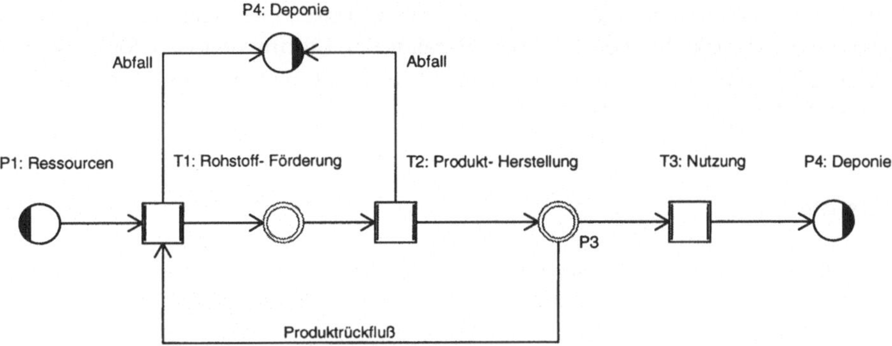

Abb. 4. Anderes Beispiel des Materialrückflusses, bei dem der Bedarf „flußaufwärts", nämlich bei T1, definiert wird

Dieses Problem ist leicht zu lösen. Statt der Produktmenge zwischen P3 und T3 wird „flußaufwärts" von P3 an beliebiger Stelle ein Fluß manuell eingetragen, z. B. der Produktrückfluß zwischen P3 und T1 mit 5 kg. Aus dem Produktrückfluß und dem festen Verhältnis in T1 kann die Rohstoffmenge und die Produktmenge für T2 berechnet werden. Damit ist auch die Stelle P3 berechenbar und „überwindbar". Das Ergebnis für die Produktmenge beträgt 9,25 kg; die eingesetzte Erzmenge beträgt 50 kg.

Das Ergebnis kann durch Umskalierung wieder auf die funktionelle Einheit von 10 kg für das Produkt bezogen werden. Daraus folgen 54,05 kg als Erzbedarf.

Schlußbetrachtung

Mit diesem Instrumentarium lassen sich verhältnismäßig komplexe Netze mit Stoffrekursionen oder Recyclingschleifen bequem aufbauen und berechnen. Im wesentlichen müssen Kenntnisse über die lokalen Prozesse und die Verknüpfung der Prozesse untereinander vorliegen. Das Netz kann schrittweise erstellt und kontinuierlich erweitert werden, so wie das in diesem Beispiel erfolgte. Damit lassen sich auch komplexe Systeme hervorragend analysieren und verstehen.

Lediglich die Frage, von wo aus ein Netz mit Stoffrekursionen berechenbar ist, also wo der Startwert eines manuellen Flusses einzutragen ist, muß mit Sorgfalt geklärt werden. Das Programm unterstützt hier den Modellierer durch Hinweise auf fehlende Informationen zur weiteren Berechnung des Netzes.

Sind die Rekursionen in einem Netz für eine in sich geschlossene Berechnung zu stark verschachtelt, so bietet sich die Möglichkeit an, auf eine Lösung zu iterieren. Die Stoffströme werden dann zeitabhängig über die Berechnungsperioden betrachtet, wobei das Stellenkonzept mit der Möglichkeit der Bestandsbildung genutzt wird (siehe auch in Schmidt 1995). Damit lassen sich dann auch besonders schwierige Fragestellungen aus dem Bereich der Stoffrekursionen lösen, wobei durch die Zeitabhängigkeit der Berechnung neue und realitätsnahe Möglichkeiten der Modellierung eröffnet werden.

Literatur

Schmidt, M. (1995): Die Modellierung von Stoffrekursionen in Ökobilanzen. In: Schmidt, M. und Schorb, A. (Hrsg.): Stoffstromanalysen. Berlin/Heidelberg. S. 97 ff.

Datenimport und zentrale Eingangsdatenverwaltung mit dem Input Monitor

Andreas Möller, Hamburg

Wenn auch an anderer Stelle in diesem Buch in Frage gestellt wurde, ob die Stoffstromanalyse als streng sequentielle Abfolge der Phasen Modellspezifikation, Berechnung und Auswertung durchführbar sei (siehe S. 115), so lassen sich dennoch drei verschiedene Tätigkeitsfelder des Ökobilanzierens abgrenzen: die der Datenbeschaffung und -aufbereitung, die der Netzmodellierung und -berechnung und schließlich die der Auswertung.

Die beiden letzt genannten Felder wurden in diesem Buch und auch in anderen Publikationen ausführlich behandelt. Dem Feld *Datenbeschaffung und -aufbereitung* ist dagegen wenig Aufmerksamkeit gewidmet worden, obwohl dort die meiste Arbeit anfällt. Zunächst sollen zwei wesentliche Aufgabenbereiche des Feldes im Anriß beschrieben werden, bei denen eine Computerunterstützung hilfreich und wünschenswert ist.

Dateneingabe mit graphischen Netzdarstellungen

Umberto ist eine Software, die auf einer relationalen Datenbank basiert. Dies zeigt sich an bestimmten vorhandenen oder fehlenden Funktionen. Im Gegensatz zu manchen anderen Windows-Programmen gibt es beispielsweise keine Dateien, die zu öffnen, zu sichern und zu schließen sind. Manipulationen an den Daten werden unmittelbar in der Datenbank gespeichert.

Die Repräsentation der Daten in den Tabellen der Datenbank bleibt dem Benutzer jedoch weitgehend verborgen; Dreh- und Angelpunkt der Benutzungsoberfläche ist der Netzeditor. Über die graphische Darstellung der Modellobjekte auf einer Zeichenfläche wird auf die Daten zugegriffen. Man selektiert ein Netzelement und sichtet durch das Öffnen eines Spezifikationsfensters die mit dem Netzelement verknüpften Daten. Bei den Verbindungen sind das Stoff- und Energieflüsse, bei den Stellen Anfangs- und Endbestände, bei den Transitionen die Transitionsspezifikationen.

Im Falle der Modellierung vernetzter Strukturen ist diese Lösung einer Darstellung in Tabellenform deutlich überlegen, sie macht größere Modelle überhaupt erst handhabbar. Alles in allem ist die graphische Benutzungsoberfläche in Form

Mario Schmidt, Andreas Häuslein (Hrsg.)
Ökobilanzierung mit Computerunterstützung

des Netzeditors eine unabdingbare Voraussetzung für die Modellierung von Stoffstromnetzen mit einem Computerprogramm.

Einen Nachteil hat dies allerdings. Auf alle Daten kann nur über den Netzeditor zugegriffen werden, was dann zum Geduldsspiel wird, wenn viele Daten an verschiedenen Stellen geändert werden müssen. Daß dadurch die Arbeit der Netzmodellierung ein wenig umständlich ist, könnte man ja noch verkraften. Unangenehmer ist die Fehlerträchtigkeit des Verfahrens, wenn an vielen Stellen bestimmte Daten modifiziert werden sollen, wenn etwa bei allen Transporttransitionen in gleicher Weise der Lkw-Typ umgesetzt werden soll.

In solchen Fällen empfiehlt es sich, auf die Tabellenform zurückzugreifen: In der Tabelle sind alle relevanten Stellgrößen bzw. Eingangsdaten eines Netzes zusammengefaßt, so daß sie schnell und vollständig geändert werden können.

Der Dateninput von Stoffstromnetzen

Einige Beiträge am Anfang dieses Buches beschreiben, welche Daten man benötigt, um Stoffstromnetze modellieren, berechnen und auswerten zu können: Stoff- und Energieflüsse sowie deren Bestände, mithin allein Daten auf Stoff- und Energieflußebene.

Betriebliche Daten liegen jedoch nur selten in den Einheiten Kilogramm (kg) oder Kilojoule (kJ) vor. Zwar ist es in Programmen wie Umberto möglich, sogenannte Data Entry Units zu definieren, mit denen man Daten für Materialien in anderen Einheiten eingeben kann. Voll befriedigen kann diese Lösung aber noch nicht, weil die Eingaben immer manuell in einem Eingabedialog vorgenommen werden müssen und weil nur direkte Abbildungen zwischen Daten in der Eingabeeinheit und der Basiseinheit kg oder kJ definiert werden können.

Ersteres führt zu der Idee, auf externe Datenquellen, seien es beispielsweise Datenbanken, zugreifen zu wollen, um die Daten in den Netzen zu verwenden. Daß allerdings eine Übernahme von externen Daten in die Netze eins zu eins gelingt, kann man aus guten Gründen bezweifeln, und diese Gründe hängen damit zusammen, daß die Stoffstromnetze allein Daten auf der Stoff- und Energieflußebene verwenden und berechnen.

Externe Daten wird man eher als Indiz für verschiedene Stoff- und Energiegrößen sehen, wobei die direkte Umsetzung mittels Data Entry Units nicht immer hinreicht, so daß außerhalb der eigentlichen Netzmodellierung ein Umsetzungsverfahren zwischen den externen Daten und den Modelldaten der Netze zu spezifizieren ist.

Zusammenfassung der Anforderungen an eine Eingangsdatenverwaltung

Die Einführung einer den Netzmodellen vorgelagerten Verwaltungsinstanz für den Dateninput von Stoffstromnetzen hat somit zwei Ursachen:

1. die Verwaltung wesentlicher Stellgrößen im Netz an zentraler Stelle sowie
2. den Import externer Daten und Umsetzung in Stoff- und Energiegrößen.

Im folgenden soll der Umgang mit dieser zentralen Verwaltungsinstanz, in Umberto *Input Monitor* genannt, erst anhand des Konzepts und anschließend anhand von Beispielen beschrieben werden, die sich an den Anforderungen orientieren.

Das Konzept des Input Monitors

Der Input Monitor ist ein Fenster, das nach dem Selektieren eines Ökobilanzierungsprojektes geöffnet wird. Er ist projektbezogen und kann sich auf alle Szenarien und Perioden des Projektes beziehen.

Schon dies macht deutlich, daß mit dem Input Monitor nicht nur eine zusätzliche Sicht auf ohnehin vorhandene Daten gewährt wird. Der Input Monitor ist vielmehr aufgrund der Datenbeschaffungs- und Datenaufbereitungsaufgaben der reinen Netzmodellierung mit ihren Stoff- und Energiegrößen vorgeschaltet. Dies zeigt sich anhand verschiedener, weiterer Merkmale:

Das Datenmodell des Input Monitors ist weitgehend von den restlichen Teilen des Umberto-Systems entkoppelt.

Die Input Monitor-Daten sind mit den Stoff- und Energieflüssen, den Beständen und den Transitionsspezifikationen der Netze über *Referenzlisten* verknüpft. Eine Stellgröße des Monitors ist also über Referenzen einem oder mehreren Stoffströmen, -beständen oder Transitionsspezifikationen zugeordnet. Bei den Strömen und Beständen ist es in der Regel eine Referenz, bei den Transitionsparametern sind es meist mehrere, um mit einer Stellgröße etliche Parameter umzusetzen.

Eine Stellgröße ist mit einem Namen und einem Wert versehen. Dieser Wert ist es, der über die Referenzen in die Netze eingetragen wird. Eine Stellgröße wird *Koeffizient* (Coefficient) genannt. Es können mehrere Koeffizienten, also Stellgrößen, vorhanden sein. Eine Liste von Koeffizienten wird als *Inputvektor* bezeichnet.

Deren Benennung wiederum ist erforderlich, da im Input Monitor mehrere Inputvektoren angelegt und verwaltet werden können. Belegt man außerdem die Koeffizienten mehrerer Vektoren mit unterschiedlichen Werten, lassen sich die Netze in Varianten durch Austausch des Vektors mit unterschiedlichem Dateninput durchrechnen.

Um die Werte der Koeffizienten über die Referenzlisten in die Netze einzutragen, muß der gewünschte Inputvektor explizit *gesetzt* werden. Das Setzen eines Inputvektors ist ein Berechnungsvorgang, bei dem auch der Datenimport und die Datenaufbereitung vorgenommen werden.

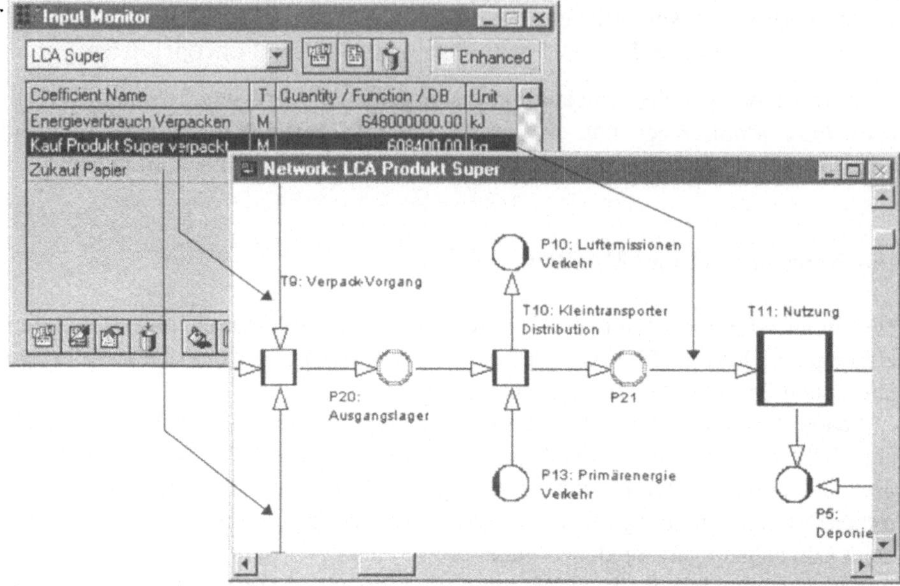

Abb. 1. Verwaltung der über die Netze eines Projekts verstreuten manuellen Einträge an einer zentralen Stelle

Die Werte der Stellgrößen werden nämlich nicht nur manuell, gegebenenfalls unter Ausnutzung der Data Entry Units, eingegeben. Daneben ist es möglich, Variablen, Funktionen und Datenbankabfragen (SQL Statements) zu spezifizieren, aus denen beim Setzen des Inputvektors die Werte für die Stellgrößen bestimmt werden.

Koeffizienten müssen nicht unbedingt über Referenzlisten mit Netzelementen verknüpft werden. Es ist auch möglich, sie einer Variablen zuzuweisen. Diese Variable kann dann in Funktionen verwendet werden, die den Wert anderer Koeffizienten spezifizieren.

Damit ist es auch denkbar, das Ergebnis einer Datenbankabfrage (SQL Select Statement) einer Variablen zuzuweisen, so daß dieses Abfrageergebnis in einer Funktion den Erfordernissen des auf Stoff- und Energieflüsse abstellenden Stoffstromnetzes angepaßt werden kann.

Mit diesem Ansatz lassen sich also aus einer Menge von Stellschrauben verschiedene Stoff- und Energiegrößen spezifizieren, die gegebenenfalls auf komplexe Weise voneinander abhängen.

Im Konzept deutet sich schon an, auf welche Art und Weise die Anforderungen der Datenbeschaffung und -aufbereitung in Umberto umgesetzt sind. Die folgenden Beispiele werden zeigen, wie die Arbeit mit dem Input Monitor praktisch vonstatten geht.

Die Verwaltung von Strömen und Beständen

Die einfachste Anwendung des Input Monitors besteht darin, einen wichtigen Stoffstrom oder einen wichtigen Anfangsbestand an zentraler Stelle zu verwalten. Dazu wird für das betroffene Projekt ein Inputvektor angelegt, ein Koeffizient mit einem beschreibenden Namen erzeugt und die Referenz zum interessierenden Netzelement hergestellt (vgl. Abb. 1).

Man kann aber auch umgekehrt vorgehen: Zunächst wird das Spezifikationsfenster für den interessierenden Stoffstrom oder Bestand geöffnet, um von dort aus den Inputvektor um einen entsprechenden Koeffizienten zu ergänzen. Man selektiert dazu den Dialog *Specify Input Vector* im Fenstermenü.

Nachdem nun Koeffizient und Referenz angelegt sind, kann der Wert des Koeffizienten im Input-Monitor-Fenster verändert werden und durch Setzen des Inputvektors ins Netz eingetragen werden. Zu beachten ist allerdings noch, daß vor der erneuten Auswertung das Netz wiederum berechnet werden muß.

Die Verwaltung von Transitionsparametern

Von größerem praktischen Nutzen ist das Anlegen von Koeffizienten für Transitionsparameter, die über die Netze eines Projekts verstreut sind und einheitlich änderbar sein sollten. Auch hier wird zunächst mit dem Dialog *New Coefficient* ein Koeffizient erzeugt und mit einem Namen versehen. Die Referenzliste enthält nun jedoch nicht mehr nur einen Eintrag; es können mehrere sein. Um bei größeren Netzen das Zusammenstellen der Referenzen zu erleichtern, können die in Frage kommenden Parameter in einem Suchdialog nach verschiedenen Kriterien zusammengestellt werden.

Wie beim ersten Beispiel kann der Wert des Koeffizienten geändert werden. Im Gegensatz dazu wird allerdings nun beim Setzen des Inputvektors der Wert des Koeffizienten an mehreren Stellen des Netzes eingetragen (vgl. Abb. 2).

Variablen und Funktionen

Nachdem nun an zwei Beispielen skizziert wurde, wie Stellgrößen des Input-Monitors in Stoffstromnetze eingetragen werden, sollen die folgenden Beispiele zeigen, wie sich die Werte der Stellgrößen bestimmen.

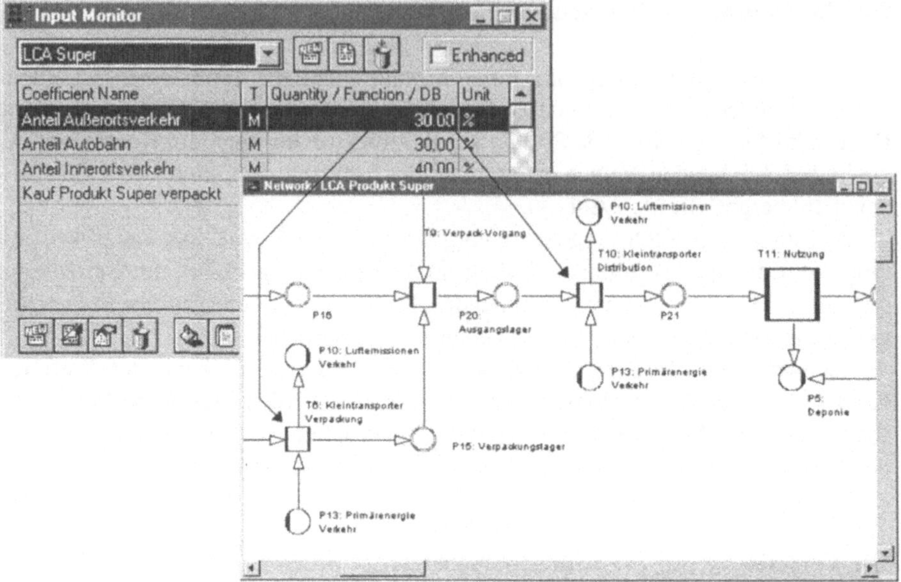

Abb. 2. Die Änderung einer Vielzahl von Transitionsparametern mit einem Koeffizienten

Schon bei der Beschreibung des Konzepts wurde erwähnt, daß diese Werte nicht allein manuell eingegeben werden müssen. Eine Eingangsdatenverwaltung, die auch eine Datenaufbereitung bieten will, muß Umsetzungen (Abbildungsfunktionen) von Daten aus externen Datenquellen zu den Stoff- und Energiegrößen bereitstellen.

Zu diesem Zweck können im Input Monitor *Variablen* definiert werden. In den Variablen werden die Eingangsdaten gespeichert. Die Umsetzung findet dann mit der Auswertung von Funktionen, in denen die Variablen verwendet werden, statt.

Die Variablen definiert man, indem man einen Koeffizienten nicht direkt über eine Referenz mit einem Netz verknüpft, sondern dessen Wert einer Variablen zuweist. Im Dialog *New Coefficient* bzw. *Edit Coefficient* wird dazu im Feld *Var* ein Variablenbezeichner eingetragen[1].

Verwendet werden die Variablen in Funktionen anderer Koeffizienten. Im Dialog *New Coefficient* bzw. *Edit Coefficient* kann in der Gruppe *Data Source* eingestellt werden, wie der Wert eines Koeffizienten bestimmt werden soll. Es werden drei Möglichkeiten angeboten:

---

[1] Zu beachten ist, daß diese Option nur im erweiterten Modus (Enhanced Mode) zugreifbar ist. Der Grund ist darin zu sehen, daß im normalen Modus nur die entscheidenden und vom Benutzer üblicherweise einzustellenden Stellgrößen in der Koeffizientenliste aufgeführt werden. Die Details von Funktionen und Variablen bleiben verborgen. Auf sie wird in einer Spezifikationsphase zugegriffen.

- *User Input:* bekannte und bei den ersten beiden Beispielen verwendete manuelle Eingabe,
- *SQL:* Zugriff auf externe Datenquellen; der Umgang damit soll in weiteren Beispielen noch beschrieben werden, und schließlich
- *Funktionen* (vgl. Abb. 3).

Wählt man in der Gruppe *Data Source* den Punkt *Function*, kann im Feld darunter ein Funktionsterm spezifiziert werden, dessen Syntax der üblichen in Umberto entspricht. Im Funktionsterm können die Variablenbezeichner anderer Koeffizienten verwendet werden.

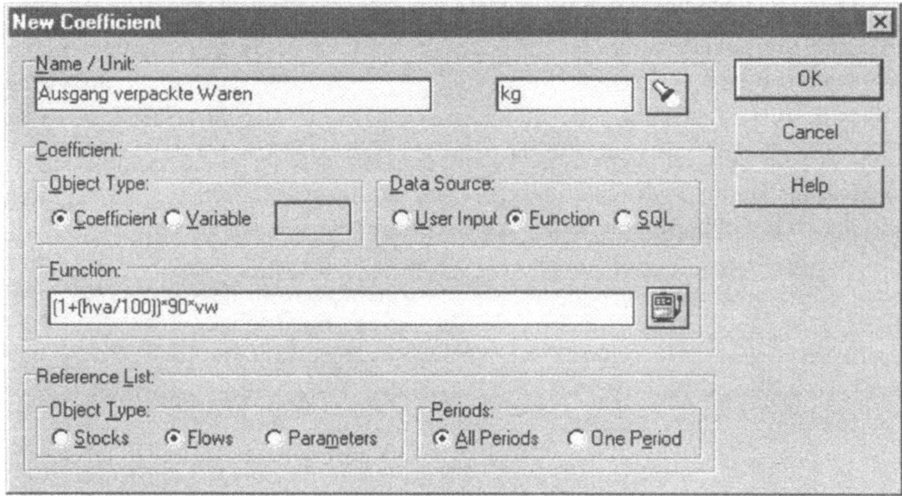

Abb. 3. Eingabe einer Funktion im Dialog *New Coefficient*

Ein praktisches Beispiel soll nun die Nutzung der Variablen und Funktionen zeigen. Ausgangspunkt ist eine bestimmte Verkaufsmenge für eine Ware im Bilanzjahr (365 Tage). Weiterhin ergibt sich für diese Ware aus den Stammdaten, daß sie unverpackt 90 kg pro Stück wiegt, im Unternehmen in Holzkisten verpackt wird und mit der Verpackung 10% Gewicht hinzukommen. Pro Stück ergeben sich folgende Stoffströme:

Verlassen des Unternehmens	verpackte Ware	99 kg
Aus der Produktion	Ware	90 kg
Beschaffung	Holzverpackung	9 kg

Im Input Monitor wird für die entscheidende Stellgröße, nämlich die verkaufte Ware, ein Koeffizient eingeführt und der Wert einer Variablen (vw) zugewiesen:

Verkaufte Warenmenge	vw Stck.

Für die drei daraus ableitbaren Stoffströme werden weitere Koeffizienten eingeführt und Referenzen zu den Netzen definiert. Die Werte dieser Koeffizienten werden über Funktionen bestimmt:

Ausgang verpackte Waren	99*vw kg
Produktion Waren	90*vw kg
Eingang Holzverpackung	9*vw kg

Wenn man nun für den Holzverpackungsanteil eine weitere Stellgröße einführt, weil der Einfluß des Verpackungsanteils eine Erkenntnis aus der Stoffstromanalyse sein soll, etwa

Zusätzliche Holzverpackung	hva %

dann ergeben sich folgende Funktionen, wobei davon ausgegangen wird, daß die Bezugsgröße nicht die verpackte sondern die unverpackte Ware ist:

Ausgang verpackte Waren	(1+(hva/100))*90*vw kg
Produktion Waren	90*vw kg
Eingang Holzverpackung	(hva/100)*90*vw kg

In diesem Beispiel (siehe Abb. 4) wird deutlich, daß Daten aus externen Informationsquellen für Stoff- und Energieströme Indikatorfunktion haben und daß sich aus diesen Daten bestimmte Stoff- und Energieströme ableiten lassen.

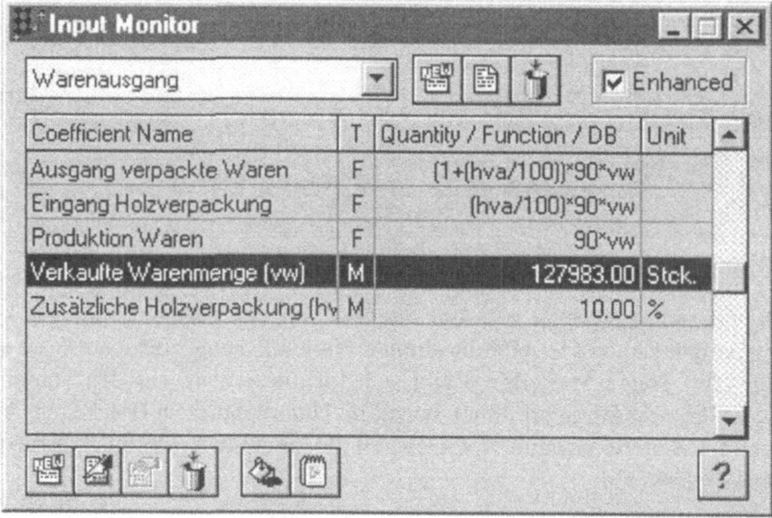

Abb. 4. Alle Koeffizienten des Inputvektors zu den Wareneingangsdaten

Die Einführung von Parametern wie im Beispiel „Zusätzliche Holzverpackung" erlaubt bereits im Bereich der Eingangsdatenverwaltung die Berücksichtigung wichtiger Untersuchungsaspekte einer Stoffstromanalyse. Die wichtigen Stellgrößen einer Untersuchung müssen also nicht nur Stoff- und Energiegrößen sein.

Periodenkonstanten in Funktionen

Das letzte Beispiel ist jedoch, was eine umfassende Eingangsdatenverwaltung betrifft, noch nicht vollständig. Wünschenswert wäre, daß die Menge verkaufter Waren mit einem Zugriff auf eine externe Datenbank bestimmt wird. Wie dies zu realisieren ist, soll noch beschrieben werden. Weniger auffällig, aber dennoch fehlerträchtig ist, daß sich die Warenmenge, wie vereinbart, auf ein Jahr bezieht. In den Stoffstromnetzen können jedoch beliebige Betrachtungszeiträume vereinbart werden.

Um die Anpassung der auf ein Jahr bezogenen Eingangsdaten auf die eingestellten Betrachtungszeiträume vornehmen zu können, sind in den Funktionen die in Umberto üblichen Periodenkonstanten verfügbar.

Im obigen Beispiel würde man die errechneten Stoffströme für verpackte Ware, unverpackte Ware und Holzverpackung an den Betrachtungszeitraum anpassen. Dazu wird die Konstante GWFY verwendet. Sie gibt für eine bestimmte Periode den Faktor für den Bezug eines Stoffstroms auf 365 Tage an. Hier wird der umgekehrte Weg beschritten, so daß der Kehrwert zu verwenden ist:

Ausgang verpackte Waren	(1+(hva/100))*90*vw/gwfy kg
Produktion Waren	90*vw/gwfy kg
Eingang Holzverpackung	(hva/100)*90*vw/gwfy kg

Zu beachten ist, daß die Periodenkonstanten nicht in Funktionen verwendet werden dürfen, die keine Referenzen in Netze haben, da hier die Periodenlängen nicht bestimmt werden können. Die Idee, den Wert vw mit einer Funktion vw/gwfy in eine Variable vw2 umzurechnen, ist deshalb nicht zulässig.

Neben der Konstanten GWFY können auch noch die Konstanten FDY (Jahr des ersten Tages der Periode), LDY (Jahr des letzten Tages der Periode) und DAYS (Anzahl der Tage der Periode) verwendet werden.

Die Konstanten FDY und LDY sind dann sehr nützlich, wenn Stoffströme einen Zeitbezug haben und wenn die Entwicklung der Stoffströme in der Zeit prognostiziert werden können. Dies ist zum Beispiel dann der Fall, wenn mit konstanten Steigerungsraten gerechnet wird.

Ist beispielsweise eine Artikelmenge für das Jahr 1995 bekannt und wird von einer Steigerungsrate von 2% ausgegangen, dann kann der Stoffstrom für eine beliebige Periode mit einer Funktion berechnet werden.[2] Der errechnete Wert wird in das Netz eingetragen.

Artikelmenge 1995	am kg
Steigerungsrate Artikel	stv %
Artikel	am*(exp((fdy-1995)*ln(stv/100+1)))/gwfy kg

[2] Die Funktion zur Errechnung der aktuellen Artikelmenge stellt quasi eine Zinseszinsrechnung dar, bei der 1,02 mit der Anzahl der Jahre seit 1995 potenziert wird. Die Potenz wird mittels der Exponentialfunktion und dem Logarithmus ausgedrückt.

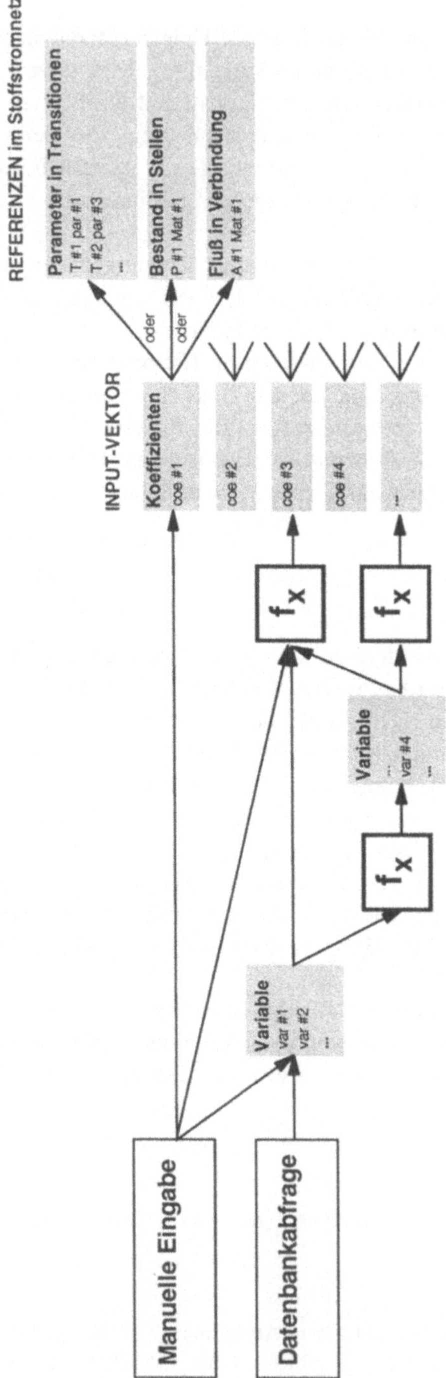

Abb. 5. Schematische Vorgehensweise bei der Eingabe und Zuordnung bzw. Berechnung der Variablen und Koeffizienten im Input Manager und der Größen im Stoffstromnetz

Zugriff auf externe Datenquellen

Beim vorletzten Beispiel wurde kritisiert, daß die verkaufte Warenmenge, die als Indikator für verschiedene Stoffströme dient, manuell einzugeben ist. Wesentlich komfortabler und auch sicherer ist es, sie aus der Datenbank der Finanzbuchhaltung direkt auszulesen. Solche Daten liegen heute in aller Regel ohnehin in EDV-Form vor. Das Problem ist also lediglich das Zusammenspiel zweier unterschiedlicher EDV-Systeme.

Während früher der Zugriff auf Daten außerhalb eines Programms schwierig war, haben sich einige Standards herausgebildet, die heute den Zugriff vereinheitlichen und vereinfachen. Der wichtigste ist der SQL-Standard, der es erlaubt, auf Datenbanken zuzugreifen und bestimmte, interessierende Daten zu selektieren.

Dieser Standard wird auch von Umberto unterstützt. Man kann für eine bestimmte, externe Datenbank eine sogenannte Select-Anweisung spezifizieren, mittels derer beim Setzen des Inputvektors auf die externen Datenbanken zugegriffen, die Daten herausgelesen und als Wert des betroffenen Koeffizienten eingesetzt werden.

Umberto erwartet, daß das Selektionsergebnis, eine Ergebnistabelle, aus genau einer oder drei Spalten (Felder) besteht:

- Entweder enthält sie nur eine Spalte für Zahlenwerte. Umberto bildet dann die Summe der Zahlenwerte und verwendet diese als Wert des Koeffizienten.
- Oder das Selektionsergebnis enthält drei Felder für den Materialnamen, für einen Zahlenwert und für eine Einheit.

In der zweiten Variante wird nicht einfach die Summe aller Zahlenwerte gebildet, sondern für jeden Eintrag in der Ergebnistabelle, falls Material und Einheit als Data Entry Unit der Umberto-Materialverwaltung bekannt sind, erst eine Umrechnung in die jeweilige Basiseinheit vorgenommen. Falls das Material nicht bekannt ist, wird versucht, die Umrechnung anhand von Standardeinheiten vorzunehmen, etwa von g in kg oder von kWh in kJ. Wenn auch dies nicht gelingt, wird davon ausgegangen, daß der Zahlenwert nicht umgerechnet werden muß. Er wird unverändert übernommen.

Mit diesem Verfahren ist es möglich, direkte Abbildungen externer Daten in Stoff- und Energiegrößen vorzunehmen. Dabei macht sich die Eingangsdatenverwaltung die Data Entry Units der Materialverwaltung zunutze.

Im Beispiel könnte die SQL-Anweisung folgendermaßen aufgebaut sein:

```
SELECT MENGE
FROM ARTIKELVERKAUF
WHERE
JAHR=1996 AND
ARTIKEL="WARE"
```

In diesem Beispiel wird also von der ersten Variante Gebrauch gemacht: Die Abfrage liefert als Selektionsergebnis alle Verkaufsmengen des Artikels „Ware“

für das Jahr 1996, und Umberto bildet daraus die Summe, die der Variablen vw zugewiesen wird.

ARTKELVERKAUF ist eine Tabelle, die die Artikelverkäufe für die Finanzbuchhaltung und andere Zwecke speichert. Welche externe Datenbank die Tabelle enthält, wird in der SQL-Anweisung nicht spezifiziert. Sie muß in der Liste *Databases* des Dialogs *New Coefficient* bzw. *Edit Coefficient* ausgewählt werden.

Die Liste führt alle Datenbanken auf, die dem Windows-Betriebssystem des Rechners bekannt sind. Umberto wertet dazu die Datenbankschnittstellen ODBC und IDAPI aus. Diese Schnittstellen verwalten Zugriffsmechanismen (Datenbanktreiber) für eine Vielzahl von Datenbanken. Beim Erwerb eines Datenbanksystems werden die Treiber üblicherweise mitgeliefert.

Es sind sogar Treiber für Tabellenkalkulationsprogramme wie MS Excel verfügbar, bei denen Tabellenkalkulationsblätter wie Datenbanktabellen behandelt werden. Ähnliches gilt für Textdateien (ASCII files), bei denen die Spalten durch spezielle Trennzeichen wie Tabulator oder Komma voneinander getrennt werden.

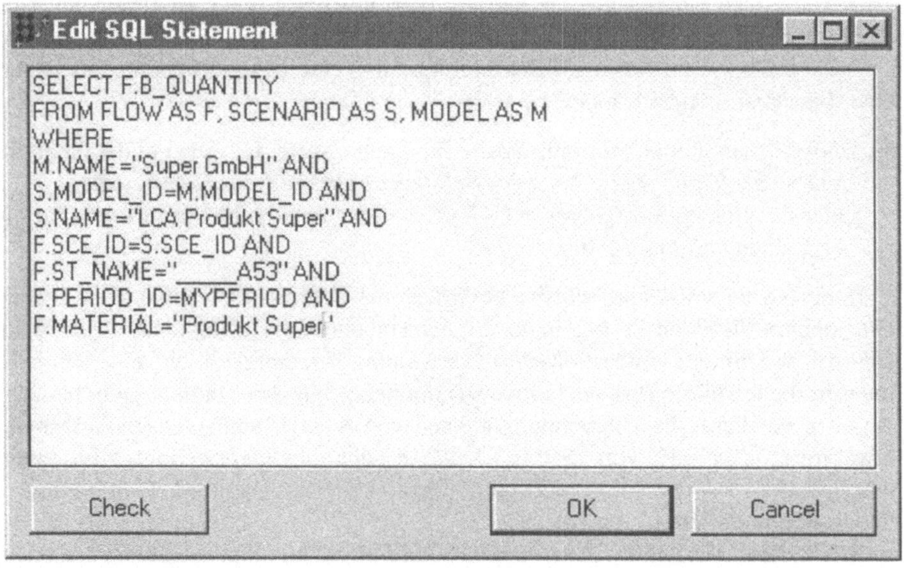

Abb. 6. Spezifikation einer Select-Anweisung mit dem Dialog *Edit SQL Statement*. Dieser Button Check erlaubt es zu prüfen, ob die Ergebnistabelle dem Umberto-Format entspricht

Der Zugriff auf den Datenbestand von Umberto

Deutlich einfacher als das Einrichten einer Datenbankschnittstelle zu einer externen Datenbank ist der Zugriff auf die Daten von Umberto. Schließlich basiert Umberto auf einer Datenbank, und der Zugriff darauf ist somit schon realisiert.

Der Zugriff auf den Datenbestand von Umberto ist insofern interessant, weil er nahezu beliebige Verknüpfungen zwischen den verschiedenen Szenarien, auch über die Grenzen von Projekten hinweg, ermöglicht. Allerdings liegt die Verantwortung für das Funktionieren dieser Verknüpfungen in den Händen des Benutzers.

Um auf den Datenbestand von Umberto zugreifen zu können, muß in der Liste *Databases* des Koeffizientendialogs die Datenbank EPN_CD ausgewählt werden.

Der Zugriff auf einen einzelnen Stoffstrom läßt sich dann mit der folgenden Select-Anweisung realisieren:

```
SELECT F.B_QUANTITY
FROM FLOW AS F, SCENARIO AS S, MODEL AS M
WHERE
M.NAME="MYPROJECT" AND
S.MODEL_ID=M.MODEL_ID AND
S.NAME="MYSCENARIO" AND
F.SCE_ID=S.SCE_ID AND
F.ST_NAME="_____MYARROW" AND
F.PERIOD_ID=MYPERIOD AND
F.MATERIAL="MYMATERIAL"
```

In Zeile 4 wird der Projektname angegeben[3], in Zeile 6 der des Szenarios, in Zeile 8 der Identifikator der interessierenden Verbindung[4] mit fünf Unterstrichen davor, in 9 der der Periode[5] und schließlich in Zeile 10 der Name des Materials. Man kann auch die Summe aller Flüsse an einer Verbindung für eine Periode bestimmen lassen. Dazu löscht man die letzte Zeile und streicht in der vorletzten das Wort AND. Denkbar wäre auch, die Stoffströme für ein Material an der Verbindung über alle Perioden hinweg zu bestimmen. Dann ist die vorletzte Zeile zu löschen. Wenn einem Szenario ohnehin nur eine Periode zugeordnet ist, kann die vorletzte Zeile ebenfalls entfallen.

In ähnlicher Weise wie die Stoffströme werden auch Bestände bestimmt. Der Zugriff auf einen bestimmten Anfangsbestand läßt sich mit der folgenden Select-Anweisung realisieren:

```
SELECT ST.B_QUANTITY
FROM STOCK AS ST, SCENARIO AS S, MODEL AS M
WHERE
M.NAME="MYPROJECT" AND
```

---

[3] Der Name MYPROJECT ist durch den gewünschten Projektnamen zu ersetzen. Er muß in Anführungsstrichen gesetzt sein.

[4] Dieser wird in der Statuszeile angezeigt, wenn sich im Netzeditor der Maus-Cursor über der Verbindung befindet. Dem dort angezeigten Namen sind fünf Unterstriche voranzustellen.

[5] Der Identifikator der gewünschten Periode wird zum Beispiel im Selektionsdialog vor dem Periodenbeginn angezeigt.

```
S.MODEL_ID=M.MODEL_ID AND
S.NAME="MYSCENARIO" AND
ST.SCE_ID=S.SCE_ID AND
ST.ST_NAME="_____MYPLACE" AND
ST.PERIOD_ID=MYPERIOD AND
ST.MATERIAL="MYMATERIAL"
```

Der Endbestand läßt sich bestimmen, wenn man in der ersten Zeile statt B_QUANTITY den Begriff E_QUANTITY einsetzt. Aggregationen über Materialien oder Perioden können in gleicher Weise wie bei den Flüssen realisiert werden.

Zusammenfassung

Wenn auch der letzte Abschnitt dieses Beitrags eher ein Sonderfall einer Eingangsdatenverwaltung ist, zeigen die dabei spezifizierten SQL-Anweisungen doch ganz praktisch den Zugriff auf Datenbanken, seien sie nun extern oder nicht.

Die Ergebnisse solcher Abfragen können Variablen zugewiesen und so in Funktionstermen verwendet werden. Die Funktionsergebnisse werden schließlich über Referenzen in die Stoffstromnetze als Stoff- und Energiegrößen eingetragen.

Alle diese Koeffizienten werden zusammen in einer Tabelle des Input Monitors aufgeführt. Hier können sie schnell und effizient erzeugt, geändert und gelöscht werden.

Auf diese Weise ist eine Eingangsdatenverwaltung realisiert, die einerseits der reinen Netzmodellierung vorgelagert ist, sich andererseits durch die Verwendung vertrauter Elemente wie Variablen und Funktionen in das Gesamtkonzept von Umberto eingliedert.

Fortgeschrittene Arbeitstechniken mit Umberto

Jan Hedemann, Hamburg

In diesem Beitrag werden fortgeschrittene Arbeitstechniken vorgestellt und einige Hinweise zu speziellen Funktionen gegeben, die für den effizienten Einsatz von Umberto nützlich sind. Der Beitrag richtet sich primär an Leser, die im Umgang mit Umberto bereits geübt sind. Abschnittsweise werden dabei verschiedene Funktionsbereiche von Umberto angesprochen.

Teilbilanzen von Stoffstromnetzen

Umberto bietet die Möglichkeit, Bilanzen von Teilnetzen zu erzeugen. Die Bilanzierung von Teilnetzen kann zu verschiedenen Auswertungen herangezogen werden. So lassen sich beispielsweise Vorketten getrennt bilanzieren. Eine umfangreiche Stoffstromanalyse „von der Wiege bis zur Bahre" kann den Rahmen bilden, um nur den eigenen Betrieb an den Werkstoren zu bilanzieren, oder es läßt sich eine Transportbilanz über alle Transportprozesse eines Netzes erzeugen.

Bilanzierung mit Input-/Outputstellen

Standardmäßig listet Umberto in einer Ökobilanz diejenigen Ströme auf, die von den Inputstellen in das System hineinfließen und die auf Outputstellen aus dem System herausfließen. Bildlich gesehen liegen die Input- und Outputstellen also außerhalb der Systemgrenzen und stellen die Systemumgebung dar. Die Systemgrenze verläuft genau zwischen den Input- bzw. Outputstellen und den jeweils nächsten Transitionen (Abb.1).

Der *Bilanzraum* wird somit über Input/Outputstellen festgelegt. Durch Verändern des Typs von Stellen im Netz „Input" oder „Output" läßt sich der Bilanzraum verändern. Um in dem in Abb. 1 dargestellten Beispiel nur die Prozesse T1 und T2 zu bilanzieren, müßte P6 in eine Outputstelle umgewandelt werden und P4, P7 und P8 müßten den standardmäßigen Stellentyp „Storage" bekommen. Das Umsetzen von Stellentypen ist somit eine Möglichkeit, Teilbilanzen in Umberto zu erzeugen. Diese Vorgehensweise ist jedoch für eine schnelle und variierende Auswahl der zu bilanzierenden Teilnetze wenig komfortabel. Umberto bietet daher eine weitere

Mario Schmidt, Andreas Häuslein (Hrsg.)
Ökobilanzierung mit Computerunterstützung

Möglichkeit, Teilnetze zu bilanzieren. Diese wird im folgenden Abschnitt beschrieben.

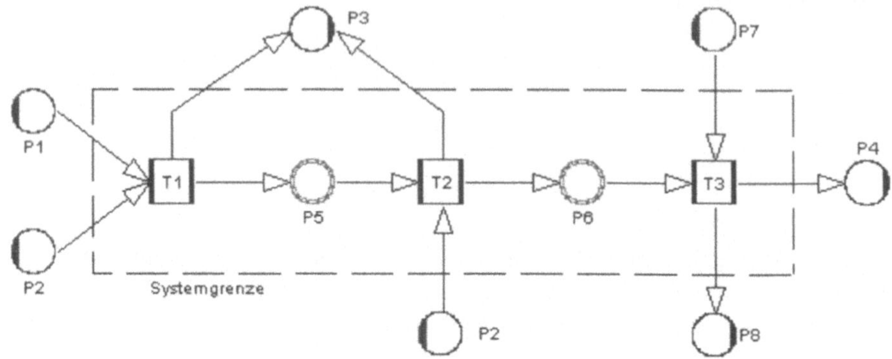

Abb. 1. Stoffstromnetz mit Systemgrenze

Bilanzierung von markierten Teilnetzen

In Umberto läßt sich der Bilanzraum auch durch die Markierung von Stellen und Transitionen festlegen. Dabei spielt es keine Rolle, von welchem Typ die Stellen sind. Zur weiteren Erläuterung werden zunächst einige Begriffe eingeführt:

Ein *Teilnetz* eines Stoffstromnetzes wird über eine Auswahl aus der Menge der Stellen und Transitionen festgelegt. Der *Rand* des Teilnetzes besteht aus denjenigen Elementen, die durch mindestens eine Verbindung mit einem Element außerhalb des Teilnetzes verbunden sind. Das Teilnetz heißt *transitionsberandet*, falls der Rand des Teilnetzes ausschließlich aus Transitionen besteht.

Teilbilanzen von Stoffstromnetzen werden in Umberto immer über transitionsberandete Teilnetze berechnet.[1]

Bei der Auswahl der zu bilanzierenden Teilnetze durch Markierungen sind einige Bedingungen zu beachten, um die Forderung der Transitionsberandung zu erfüllen. Im einfachsten Fall muß mindestens eine Transition markiert sein. Hierbei werden alle Stellen, von denen eine Verbindung zur markierten Transition führt, zu Materialquellen und alle Stellen, zu denen eine Verbindung hinführt, zu Materialsenken.

Die Bilanzierung eines Teilnetzes scheitert immer dann, wenn unter den markierten Elementen keine Transition vorhanden ist oder wenn alle Stellen und Transitionen markiert sind. Im letzteren Fall gehört kein Element zum Rand des Net-

[1] Genau genommen ist auch jedes vollständige Stoffstromnetz mit Input- und Outputstellen transitionsberandet, da die Input- und Outputstellen per Definition außerhalb des Randes liegen. Jede Verbindung, die über die Systemgrenze hinwegführt, ist mit einer Transition innerhalb des Netzes verbunden (siehe Abb. 1).

zes, da es keine Verbindung zwischen einem Element des Teilnetzes und einem unmarkierten Element gibt.

In allen anderen Fällen interpretiert Umberto ein markiertes Teilnetz immer als transitionsberandet. Unmarkierte Stellen und Transitionen liegen immer außerhalb des Teilnetzes. Eine markierte Transition mit mindestens einer Verbindung zu einer unmarkierten Stelle gehört zum Rand des Teilnetzes.

Dagegen werden markierte Stellen mit mindestens einer Verbindung zu einer unmarkierten Transition als außerhalb des Teilnetzes liegend betrachtet, obwohl sie eigentlich zum Rand des Teilnetzes gehören. Das gewährleistet auch in dieser Konstellation die Herstellung einer Transitionsberandung. Nur wenn alle Verbindungen einer Stelle von oder zu markierten Transitionen führen, liegt die Stelle im Inneren des Teilnetzes. Das ist insbesondere bei duplizierten Stellen zu beachten, da sie logisch als eine Stelle behandelt werden, und die Regel für alle Verbindungen der logischen Stelle gilt.

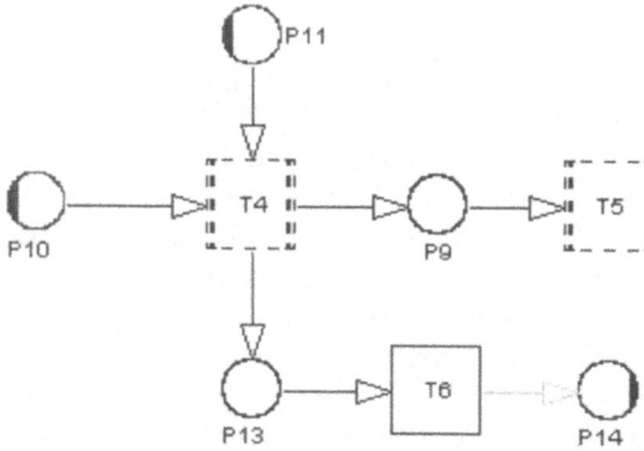

Abb. 2. Stoffstromnetz mit markierten Elementen

Im Falle einer Teilbilanz für eine Prozeßkette mit zwei Transitionen würden beispielsweise bei der Markierung in Abb. 2 die Ströme von T4 nach P9 *und* von P9 nach T5 in der Bilanz berücksichtigt. Dies macht die enorme Flexibilität des Verfahrens deutlich. Es ist damit möglich, auch Teilbilanzen über nicht zusammenhängende Bilanzräume zu berechnen, beispielsweise eine Bilanz über alle Transportprozesse eines Stoffstromnetzes. Bei einer zusätzlichen Markierung der Stelle P9 in Abb. 2 würde diese Stelle zum Teilnetz gehören und die Stoffströme von oder zu ihr würden nicht bilanziert. Durch die Markierung der Stelle P9 entsteht aus zwei getrennten Teilnetzen, deren Rand aus jeweils einer Transition besteht, ein Teilnetz mit T4 und T5 als Rand.

Bei der Bilanzierung von Teilnetzen muß erkennbar sein, welche Elemente in der Bilanz berücksichtigt wurden. Im Umberto Inventory Inspector können bei der Anzeige einer Bilanz für ein Teilnetz die zugehörigen Elemente angezeigt werden.

Hierarchisierung

Die methodischen Grundmechanismen der Hierarchisierung von Stoffstromnetzen sind die Vergröberung und Verfeinerung von Netzen. Bei der Vergröberung wird ein Netz oder ein transitionsberandeter Teil daraus zu einer Transition in einem gröberen Netz zusammengefaßt. Im Zuge der Verfeinerung wird eine Transition durch ein Stoffstromnetz spezifiziert.

Die Szenarien von Umberto machen in Verbindung mit den Export- und Import-Funktionen für Bilanzdaten eine einfache Hierarchisierung möglich. Ein Netz oder ein Teilnetz eines Szenarios läßt sich in vergröberter Form durch seine Input-/Output-Bilanz beschreiben. Diese Bilanz kann, wie im vorherigen Abschnitt beschrieben, erzeugt und im Umberto Inventory Inspector exportiert werden. In einem Szenario mit einer gröberen Struktur des untersuchten Systems läßt sich diese exportierte Bilanz in eine Transition importieren und als Transitionsspezifikation auf dieser gröberen Ebene nutzen.

Die Vorgehensweise bei der Verfeinerung ist analog. Soll eine Transition durch ein eigenes Netz beschrieben werden, so bleibt die Transition vorläufig unspezifiziert. In einem separaten Szenario wird das Netz, welches die Transition beschreiben soll, modelliert. Sind die Ergebnisse dieses Szenarios ermittelt, kann wiederum die Bilanz errechnet und exportiert werden, um sie dann in die ursprüngliche Transition als Spezifikation einzusetzen. Der Import erfolgt in Umberto im Transitionsspezifikationsfenster Input-/Output-Relation.

Dieser Weg der Hierarchisierung erlaubt die Vergröberung und Verfeinerung nur mit linearen Abhängigkeiten auf der gröberen Ebene. Darüber hinaus muß der Benutzer selbst für die konsistente Aktualisierung der Daten auf den verschiedenen Aggregationsebenen sorgen. In einer künftigen Version von Umberto wird die hierarchischen Stoffstromnetze implementiert sein, die eine elegante Vergröberung und Verfeinerung mit beliebig komplexen Systemen erlauben.

Netzeditor

Einige wichtige Operationen im Netzeditor können auf eine Mehrfachauswahl von Netzelementen angewendet werden. So lassen sich Teile von Stoffstromnetzen löschen, in die Windows-Zwischenablage kopieren oder verschieben. Wenn beim Verschieben eine genaue Positionierung der markierten Elemente notwendig ist, so kann das am einfachsten mit den Cursor-Tasten bewerkstelligt werden. Ein Tastendruck verschiebt die Netzelemente um genau einen Rasterschritt in die entsprechende Richtung.

Mit Hilfe der Funktion „Goto Element" lassen sich Netzelemente über ihren eindeutigen Bezeichner gezielt anwählen. Der sichtbare Netzausschnitt des Editorfensters wird so verschoben, daß das Netzelement in der Mitte des Fensters erscheint. Das kann die Bewegung in einem Netz erheblich beschleunigen, da das Verschieben des sichtbaren Netzausschnittes mittels der Scrollbalken in großen Netzen recht mühsam sein kann. Die Funktion ist auch nützlich, um die Kopien einer duplizierten Stelle aufzufinden. Wird eine duplizierte Stelle gefunden, so schließt der Suchdialog nicht, sondern bietet die Suche nach der nächsten Kopie an. Durch mehrfaches Drücken des OK-Buttons können auf diese Weise nacheinander alle Kopien einer duplizierten Stelle durchlaufen werden.

Datenbank/Datenhaltung

Änderungen und Ergänzungen an den Daten in Umberto, seien es Netzstrukturen oder Berechnungsergebnisse, werden immer sofort in der Datenbank gesichert. Deshalb hängt die Arbeitsgeschwindigkeit von Umberto wesentlich von der zugrundeliegenden Datenbank ab. Mit zunehmender Größe der Datenbank können sich, in Abhängigkeit vom verfügbaren Speicher, die Datenbankoperationen verlangsamen. Empfehlenswert ist es deshalb, die Menge der Informationen in der Datenbank nicht unnötig groß werden zu lassen.

Um die Datenmenge in der Umberto-Datenbank zu verringern, können verschiedene Funktionen genutzt werden. Eine besonders wirkungsvolle Maßnahme ist es, nicht mehr benötigte Projekte zu exportieren und somit als separate Datei zu archivieren. Da ein Import bei Bedarf jederzeit möglich ist, können sie im Datenbestand von Umberto gelöscht werden.

In einem Projekt läßt sich die Zahl der Materialien in der Materialliste mit Hilfe der Funktion „Delete Unused Materials“ verringern. Diese Funktion ist dann besonders nützlich, wenn mit einem vorgefertigten Materialbaum gearbeitet wird, der erheblich mehr Materialien enthält, als im Projekt benötigt werden. Ist die Projektarbeit soweit fortgeschritten, daß kaum weitere Materialien hinzukommen, so können damit die überflüssigen Materialien entfernt werden.

In der Datenbanktechnologie ist es aus Gründen der Performance üblich, gelöschte Datenbereiche, die nicht am Ende einer Datenbank stehen, nicht physikalisch zu löschen. Diese Bereiche werden nur als frei markiert und für neue Daten wiederverwendet. Um die Datenbankdateien auch physikalisch zu verkleinern, lassen sich Funktionen des Umberto-Zusatzprogramms „Database Doctor“ nutzen. Zur Anwendung dieses Hilfsprogramms sei auf das Handbuch und die Hilfedatei des Programms verwiesen.

Informationen zur Installation und Konfiguration von Umberto sowie zur Optimierung der Datenbankeinstellungen sind auch in der LIESMICH-Datei zu finden. Die Datei kann in der Umberto-Programmgruppe aufgerufen werden. Sie befindet sich im Umberto-Installationsverzeichnis.

Gestaltung von Stoffstromnetzen

Beim Aufbau von Stoffstromnetzen gibt es verschiedene Strategien, um die Übersichtlichkeit zu wahren und eine effiziente Auswertung zu unterstützen. Es empfiehlt sich, vor Beginn der Arbeit einige Überlegungen in die künftige Netzstruktur zu investieren.

Gruppierung nach Stellen

Die Stellen im Stoffstromnetz erlauben die Gruppierung von Stoffströmen einerseits optisch im Netz, andererseits später bei der Auswertung im Inventory Inspector. Beispielsweise lassen sich alle Emissionen von Transportprozessen auf eine Outputstelle leiten und die Emissionen von Produktionsprozessen auf eine andere (siehe Beitrag S. 71). Ähnlich könnte man mit den Rohstoffen und Vorprodukten auf der Inputseite verfahren.

Welche Gruppierung der Stellen man vornimmt, hängt letztlich von der Art der Untersuchung ab. Keinesfalls empfehlenswert ist es aber, immer wieder neue Stellen zu verwenden, da dadurch eine Auswertungsmöglichkeit verloren ginge. Ist jede Transition mit verschiedenen Stellen verbunden, so ergibt die Gruppierung der Bilanzen nach Stellen keine weiteren Erkenntnisse. Die getrennte Auswertung jedes Prozesses kann im Inventory Inspector ohnehin durch die Gruppierung nach Transitionen erfolgen.

Duplizierte Stellen

Der Einsatz von duplizierten Stellen kann eine Vielzahl sich kreuzender Verbindungen vermeiden (Abb. 3 und Abb. 4), obwohl die leistungsfähige Stellengruppierung zum Einsatz kommt. Wird eine Stelle dupliziert, so entsteht lediglich eine mehrfache graphische Repräsentation derselben logischen Stelle.

An den Stellen P11 und P15 in Abb. 3 werden alle Ressourcen bzw. Emissionen der Prozesse T4, T5, und T6 zusammengefaßt.

Das Stoffstromnetz in Abb. 4 hat die gleiche Funktionalität wie das Netz in Abb. 3. Jedoch wurden hier die Stellen P11 und P15 dupliziert, damit bei der visuellen Darstellung sich kreuzende Verbindungen vermieden werden. Zudem sind die wichtigsten Stellen auch räumlich den Transitionen zugeordnet. Besonders in großen Netzen wird der Vorteil offenbar.

Duplizierte Stellen bieten auch die Möglichkeit, Teile eines Stoffstromnetzes optisch voneinander zu trennen. So läßt sich der Hauptstrang einer Untersuchung mit seinen wesentlichen Prozessen übersichtlich darstellen, und die Vorketten werden über duplizierte Connection-Stellen an diesen angebunden.

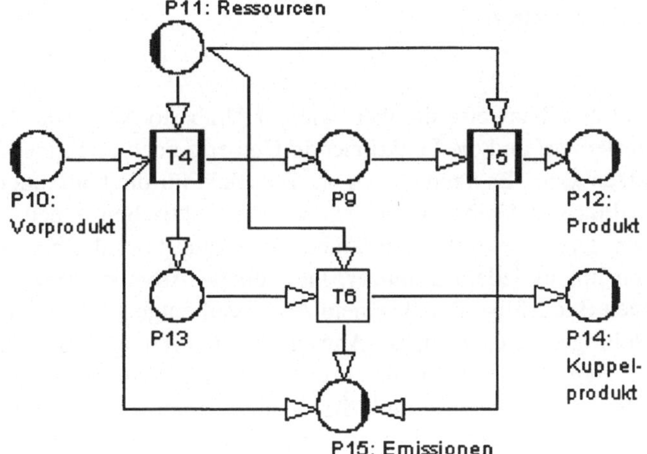

Abb. 3. Stoffstromnetz mit kreuzenden Verbindungen

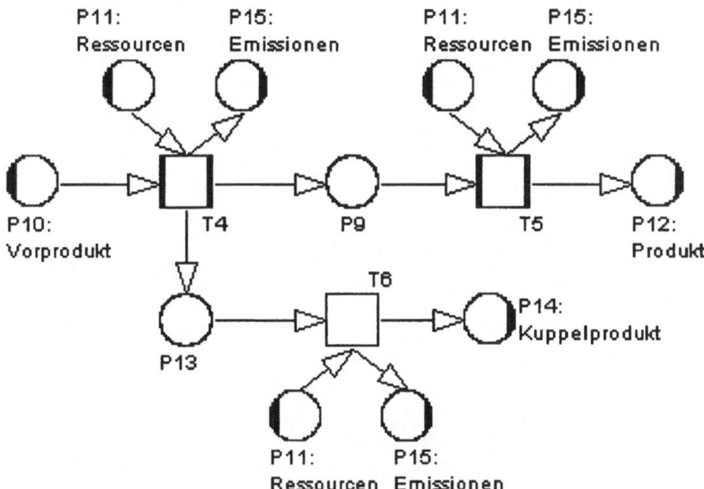

Abb. 4. Das Stoffstromnetz aus Abb. 3 mit duplizierten Stellen

Das ist auch bei einer iterativen Modellentwicklung nützlich, bei der die Vorketten erst später hinzukommen (vgl. dazu Abb. 3 auf S. 73).

Für den Hauptstrang einer Untersuchung empfiehlt sich der weitgehend geradlinige Aufbau in horizontaler oder vertikaler Richtung. Die Kernprozesse können optisch durch die Vergrößerung der Transitionssymbole hervorgehoben werden.

Schlußbemerkungen

Dieser Beitrag gibt Hinweise darüber, wie der Umberto-Anwender seine Arbeitstechniken verfeinern und die Funktionen in Umberto noch effektiver für die eigene Arbeit nutzen kann. Es handelt sich um Beispiele für die konsequente Nutzung der Funktionalität von Umberto, die sich aus der praktischen Arbeit mit Umberto ergeben haben. Die Flexibilität von Umberto gestattet über die hier vorgestellten Möglichkeiten hinaus jedem Benutzer, individuelle Arbeitstechniken zu entwickeln, die seinen Bedürfnissen und seinem Arbeitsstil entgegenkommen. Ein Anliegen dieses Beitrages ist es auch, die Anwender zur Nutzung dieser Freiheitsgrade zu ermuntern. Wenn es auf Tagungen und Workshops zu einem direkten Austausch zwischen Anwendern kommt, darf man auf interessante Berichte über die unterschiedlichen Arbeitstechniken und Einsatzformen von Umberto gespannt sein.

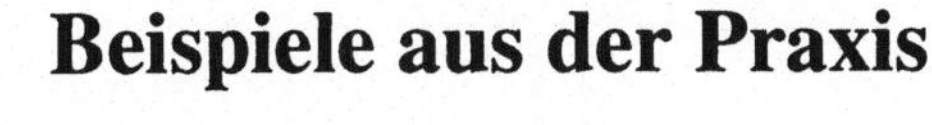

Beispiele aus der Praxis

Einsatz von Umberto bei der Erstellung einer Produktlinienanalyse Waschmittel

Carl-Otto Gensch, Freiburg

Am Öko-Institut e.V. werden seit Ende der achtziger Jahre ökobilanzielle Untersuchungen zu Produkten oder Verfahren durchgeführt. Parallel dazu wurden und werden die methodische Fortentwicklung und Standardisierung sowie die umweltpolitische Einbindung von Ökobilanzen intensiv begleitet. Während in den ersten Jahren die ökobilanziellen Berechnungen größtenteils quasi „per Hand" durchgeführt wurden, kam ab 1991 ein marktgängiges Tabellenkalkulationsprogramm zum Einsatz. Doch auch hier wurden bald die Limitationen überdeutlich: die Verknüpfung von Input-Output-Daten zu Prozessen wurde wegen der fehlenden graphischen Darstellung mit steigender Detailtiefe zunehmend unübersichtlich; daneben führte die Aufnahme „neuer" Parameter in den Tabellen zu einem zeitlich nicht mehr vertretbaren Aufwand. Seit Mitte 1995 werden die für die Durchführung von Ökobilanzen und Produktlinienanalysen erforderlichen Berechnungen auf der Ebene der Sachbilanz im Chemiebereich des Öko-Instituts ausschließlich mit Umberto durchgeführt.

In diesem Beitrag wird die Nutzung von Umberto am Beispiel der im Auftrag des Umweltbundesamtes durchgeführten Produktlinienanalyse Waschmittel dargestellt (Grießhammer et al., 1996), wobei schwerpunktmäßig herausgestellt wird, wie – in Abhängigkeit der konkreten Ziele und methodischen Ausrichtung dieses Forschungsvorhabens – die mit Umberto erstellten Sachbilanzen strukturiert und modelliert wurden.

Zielsetzung des Forschungsvorhabens und methodische Vorgehensweise

Das übergeordnete Ziel des Forschungsvorhabens bestand in der (ökologischen) Optimierung des Waschmitteleinsatzes entlang der gesamten Produktlinie. Hierzu sollten insbesondere geeignete Waschmittelkonzepte bestimmt und der Beitrag der verschiedenen Akteure (zum Beispiel Waschmittelhersteller, Waschmaschinenhersteller, Handel, Verbraucher) herausgestellt werden. Als methodische Grundlage der Untersuchung wurde die vom Öko-Institut 1988 vorgeschlagene und zuletzt in

Mario Schmidt, Andreas Häuslein (Hrsg.)
Ökobilanzierung mit Computerunterstützung

diesem Vorhaben weiterentwickelte Produktlinienanalyse herangezogen[1]. Der für diesen Beitrag interessierende ökobilanzielle Teil der durchgeführten Produktlinienanalyse wurde allerdings streng getrennt von den anderen Bestandteilen der Produktlinienanalyse und im Sinne des von der SETAC vorgelegten „Code of Practice" durchgeführt.

Zur ökologischen Bewertung der untersuchten Waschmittelkonzepte wurde ein zweigestuftes Bewertungsmodell entwickelt und angewendet (vgl. Tab. 1): während in Stufe 1 die (allgemeine) Bewertung auf der Basis von Umweltzielen vorgenommen wird, beinhaltet Stufe 2 die (öko-)toxikologische Bewertung der produktspezifischen relevanten Schadstoffe unter Einbezug der Exposition durch den Waschmitteleintrag in die Gewässer.

Tab. 1. Modell zur ökologischen Bewertung von Waschmitteln

Stufe 1:	**Umweltzielbewertung**
1.	Klassifizierung der Emissionen (entsprechend der CML/SETAC-Methode)
2.	Gewichtung („Characterisation") mit Leitindikatoren und Addition zum Gesamteffekt („Effect Score") (entsprechend der CML-Methode)
3.	Zusammenstellung der Gesamteffekte zum Umweltprofil („Ecoprofile")
4.	Bezug der Gesamteffekte bzw. Gesamtemissionen auf nationale Umweltziele (Ermittlung von Umweltzielpunkten bei Gleichsetzung des jeweiligen Umweltzieles mit 1.000.000 Punkten möglich)
5.	Notfalls (wenn verschiedene Umweltauswirkungen gegenläufig sind) Addition oder Vergleich der Umweltzielpunkte der einzelnen Problemfelder
Stufe 2:	**(Öko-)toxikologische Bewertung des Wirkungspotentials (entsprechend dem geplanten EU-Ecolabel Detergents)**
1.	Gesamteintrag an Chemikalien
2.	Aquatische Toxizität der Inhaltsstoffe
3.	Eutrophierende Wirkung der Inhaltsstoffe
4.	Gehalt an unlöslichen anorganischen Inhaltsstoffen
5.	Gehalt an löslichen anorganischen Inhaltsstoffen
6.	Gehalt an aerob nicht biologisch abbaubaren Inhaltsstoffen
7.	Gehalt an anaerob nicht biologisch abbaubaren Inhaltsstoffen
8.	Biologischer Sauerstoffbedarf der Inhaltsstoffe

Diesem Bewertungsmodell entsprechend wurden die untersuchten Waschmittelkonzepte, abweichend von der üblichen Herangehensweise in Ökobilanzen, auf der Ebene der Sachbilanz nicht „bis zur Bahre" bilanziert: Da der Verbleib der Waschmittel in der Umwelt (mit dem Abwasser über Kläranlagen in die Gewässer bzw. in den Klärschlamm) bereits durch die Stufe 2 des Bewertungsmodells hin-

---

[1] Produktlinienanalysen erfassen, im Gegensatz zu Produktökobilanzen, über die ökologischen Auswirkungen hinausgehend auch die sozioökonomisch relevanten Aspekte des untersuchten Produkts, wodurch insbesondere produktpolitische Entscheidungen wesentlich fundierter vorbereitet oder vollzogen werden können (vgl. Gensch, 1992).

reichend erfaßt und bewertet wird, war es ausreichend, in den Sachbilanzen die untersuchten Waschmittelkonzepte lediglich von der Rohstoffentnahme bis zum Einsatz in der Waschmaschine abzubilden.

Strukturierung und Modellierung der Sachbilanzen

Obwohl durch das hier gewählte Bewertungsvorgehen der Umfang der Sachbilanzen eingeschränkt werden konnte, mußten bei der konkreten Strukturierung weitere Randbedingungen beachtet werden:

- Haushaltsübliche Waschmittel sind Vielstoffgemische, die aus bis zu 20 Inhaltsstoffen formuliert werden; die Produktionsprozesse für die einzelnen Inhaltsstoffe sind zum Teil überaus komplex.
- Des weiteren hängen die mit dem Waschprozeß verbundenen Umweltauswirkungen nicht nur vom Waschmittelkonzept, sondern auch wesentlich vom VerbraucherInnenverhalten ab (Befüllung der Waschmaschine und gewählte Temperatur, Dosierung des Waschmittels, Einsatz von Wäschetrocknern etc.).
- Schließlich waren wichtige Eingangsdaten zur Erstellung der Sachbilanzen (zum Beispiel Daten zur Tensidherstellung und Randbedingungen zum Waschmitteleinsatz) erst am Ende der Projektlaufzeit verfügbar bzw. in den Projektwerkstätten[2] festgelegt.

Um einerseits diesen prozeßorientierten Gegebenheiten Rechnung zu tragen, aber andererseits auch frühzeitig erste orientierende Bilanzierungen durchführen zu können, wurden die Sachbilanzen nach folgenden Ebenen und Systemgrenzen strukturiert:

Ebene I: *Sachbilanzen zur Herstellung der Waschmittelinhaltsstoffe;* die Systemgrenze beginnt bei diesen Bilanzen bei der Entnahme von Rohstoffen aus der Umwelt bis zum betreffenden Inhaltsstoff *vor* der Endformulierung und Konfektionierung des Waschmittels.

Ebene II: *Sachbilanzen zur Herstellung der* (im Rahmen dieser Studie „formulierten") *Modellwaschmittel;* diese Bilanzen umfassen die (nach Formulierungsanteilen gewichtete) Herstellung von Inhaltsstoffen sowie die Konfektionierung und Verpackung der Waschmittel.

Ebene III: *Sachbilanzen für den Waschprozeß in Modellhaushalten;* diese Bilanzen umfassen (nach der empfohlenen Dosierung gewichtet) die Herstellung der Modellwaschmittel (entsprechend Ebene 2) und die Bereitstellung von Energie für den Waschprozeß (Waschmaschine und gegebenenfalls Trockner).

---

[2] Zur Festlegung der Untersuchungsziele, Randbedingungen und Systemgrenzen wurde das Vorhaben durch Projektwerkstätten unter Beteilung der relevanten Akteure im Waschmittelbereich (Industrie, Umwelt- und Verbraucherverbände) intensiv begleitet.

Ebene IV: Sachbilanz zur Darstellung des bundesdeutschen Waschaufwandes; bei dieser Bilanz werden im Sinne einer übergeordneten Stoffstrombetrachtung die gesamten Umweltbelastungen aus der Herstellung der Waschmittel und -hilfsmittel sowie der Energiebereitstellung für den Waschprozeß orientierend bestimmt.

Diesen Ebenen entsprechend wurde die Erstellung der Sachbilanzen in Umberto auch in vier getrennten Projekten durchgeführt, wobei die Übernahme von Input-Output-Daten aus Ebene I (Herstellung der Waschmittelinhaltsstoffe) in Ebene II (Herstellung der Modellwaschmittel) respektive von Ebene II in Ebene III (Modellhaushalte) mit Hilfe der Umberto-Modulbibliothek erfolgte. Um dabei den Überblick zu bewahren, wurden sowohl in den Materiallisten der Teilprojekte als auch in der Modulbibliothek dementsprechende Verzeichnisse und Unterverzeichnisse angelegt:

Tab. 2. Verzeichnisstruktur in der Modulbibliothek im Rahmen der PLA Waschmittel (Auszug)

Hauptverzeichnis	**Unterverzeichnis 1**	**Unterverzeichnis 2**
Waschmittel	Inhaltsstoffe	Tensid AS-PKO
		Tensid Seife (Kokos-Palmöl)
		Natriumperborat
		Natriumsulfat
		....
	Modellwaschmittel	Variante A (Pulvervollwaschmittel)
		Variante B (Pulverkompaktwaschmittel)
		....

Durch dieses hierarchisch strukturierte Vorgehen konnte zum einen der Umfang der im Programm erstellten Netzwerke auf ein überschaubares Maß gehalten werden (siehe Abb. 1); zum anderen blieb auch der Zeitbedarf zur Berechnung der Netzwerke noch im Rahmen[3].

Trotz des strukurierten Vorgehens ergaben sich bei den Bilanzierungen dennoch Probleme, die auf die Herkunft der Daten zurückzuführen sind. Ein Teil der Daten für die Bilanzebene I (Waschmittelinhaltsstoffe) wurde während der Laufzeit dieses Vorhabens von Waschmittelherstellern bzw. -verbänden erhoben und zur Verfügung gestellt. Eine Reihe von weiteren Modulen wurde auf der Basis von öffentlich zugänglichen Quellen vom Öko-Institut e.V. neu erstellt. Trotz der im Rahmen dieses Vorhabens erfolgten Abstimmungen in den Projektwerkstätten ist ein dergestaltes Vorgehen grundsätzlich mit dem Problem verbunden, daß die erstellten und übernommenen Sachbilanzen – insbesondere in der Parametrisierung umweltbeeinflussender Größen – Inkonsistenzen aufweisen. Dabei führen Anglei-

[3] Da zunächst für das Programm noch kein Pentium-Rechner genutzt werden konnte, war dieser Gesichtspunkt durchaus relevant.

chungen in der Parametrisierung zwangsläufig zu Teilaggregationen von Sachbilanzdaten und zu Datenlücken; hierzu folgende Beispiele:

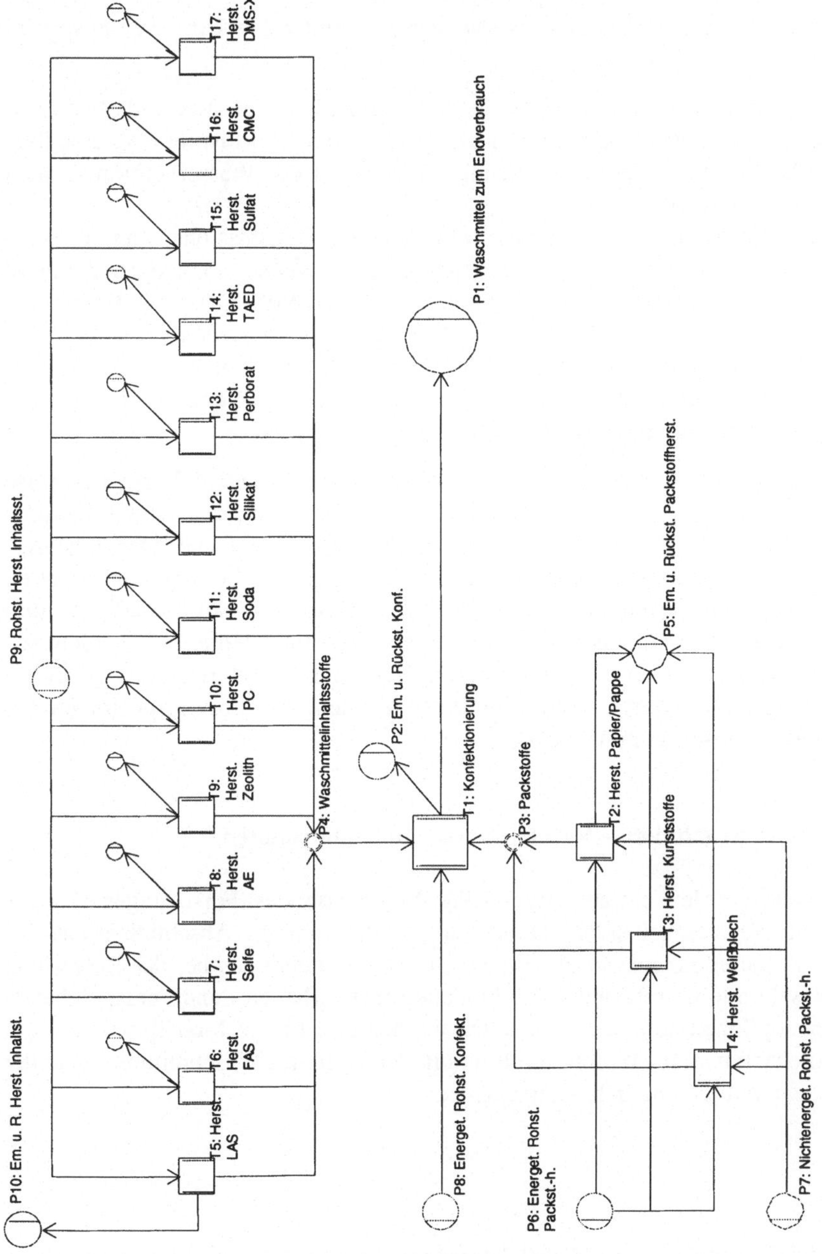

Abb. 1. Netzstruktur zur Erstellung der Sachbilanzen auf der Ebene II (Modellwaschmittel)

- Während bei den von den Verbänden bereitgestellten Daten als Bezugsgröße für den Primärenergieverbrauch der obere Heizwert bzw. Brennwert (H_o) zugrunde gelegt wurde, beziehen sich die zur Bilanzierung der Energiebereitstellung herangezogenen GEMIS-Datensätze[4] auf den unteren Heizwert (H_u). Zur Gewährleistung der Datenkonsistenz waren zeitintensive Umrechnungsprozeduren unvermeidlich.

- Der Verbrauch an Wasser wurde in den Verbandsstudien nicht erhoben bzw. ausgewiesen, so daß folgerichtig auch bei den vom Öko-Institut e.V. erstellten Sachbilanzen (trotz zum Teil vorliegender Daten) der Wasserverbrauch nicht aufgenommen wurde.
- In den Verbandsstudien werden atmosphärische Emissionen an Kohlenwasserstoffen in der Regel als Summenwerte angegeben. Demgegenüber wird bei den vom Öko-Institut e.V. herangezogenen GEMIS-Daten zur Energiebereitstellung zwischen Methan und NMVOC unterschieden. Bei der Zusammenführung der Sachbilanzmodule in der zweiten Bilanzebene (Modellwaschmittel) mußten daher die Methan- und NMVOC-Werte zu einem Summenparameter für Kohlenwasserstoffe aggregiert werden.

Diese aufgrund der verfügbaren Datenbasis hier notwendige Vorgehensweise ist insbesondere vor dem Hintergrund einer wirkungsbezogenen Klassifizierung, Aggregation und Bewertung von Sachbilanzdaten unbefriedigend. Der hohe Aggregationsgrad der Sachbilanzen führte letztlich dazu, daß bei der Interpretation und Bewertung der erstellten Sachbilanzen in der Bewertungsstufe 1 lediglich drei Problemkategorien (Kohlendioxidäquivalente, Säureäquivalente und Kohlenwasserstoffemissionen) quantifizierbar waren. Die praktische Berechnung dieser Äquivalente erfolgte durch Export der Daten aus dem inventory-inspector im Tabellenkalkulationsprogramm excel.

Ausgewählte Ergebnisse – Vergleich von Modellhaushalten

Nachfolgend werden einige ausgewählte Ergebnisse des Forschungsvorhabens vorgestellt; eine eingehendere Darstellung findet sich im Abschlußbericht des Vorhabens (Grießhammer et al., 1996). Um insbesondere das bei der Bewertung von Waschmitteln relevante VerbraucherInnenverhalten und entsprechende Handlungsoptionen abbilden zu können, wurden drei fiktive Modellhaushalte definiert, die sich u. a. im Wäscheanfall und in der Wahl des Waschmittels sowie der Waschtemperaturen deutlich unterscheiden[5]:

---

[4] GEMIS: Gesamt-Emissions-Modell Integrierter Systeme, Version 2.1 (Fritsche et al. 1994)

[5] Die zugrunde gelegten Bedingungen sind dabei keineswegs unrealistisch gewählt.

Tab. 3. Randbedingungen der bilanzierten Modellhaushalte

	Modellhaushalt „Cleverle“	Modellhaushalt „Wischi-Waschi“	Modellhaushalt „Weißkragen“
Wäscheanfall pro Jahr	375 kg	500 kg	500 kg
Befüllung der Trommel	4,00 kg	2,75 kg	1,75 kg
Waschgänge pro Jahr	94	182	286
Temperaturwahl	75 % bei 30°C, 25 % bei 60°C	40 % bei 30°C 45 % bei 60°C 15 % bei 90°C	30 % bei 30°C 40 % bei 60°C 30 % bei 90°C
Dosierung nach Verschmutzungsgrad	Gering	77,5 % normal 22,5 % stark	Stark
Dosierung pro Waschgang	72,30 g	103,00 g	175,10 g
Waschmittel pro Jahr	6,80 kg	18,75 kg	50,00 kg
Nutzung eines Wäschetrockners	Nein	für 30 % des Wäscheanfalls	für 100 % des Wäscheanfalls

Die wichtigsten Ergebnisse des Vergleichs der Modellhaushalte sind in nachstehender Abbildung zusammengestellt: Es zeigt sich, daß der Modellhaushalt „Cleverle“ zum Teil mit Abstand gegenüber den Vergleichshaushalten ökologisch „gewinnt“. Allerdings ist dies nicht nur auf den Gebrauch eines Baukastenwaschmittels und die niedrige Waschmitteldosierung zurückzuführen. Einen hohen Einfluß auf die Umweltbelastungen durch das Waschen haben insbesondere die Temperaturwahl sowie die Entscheidung, ob bzw. für wieviel Wäsche ein Wäschetrockner eingesetzt wird. Exemplarisch wird dies bei der Betrachtung der Anteile am Primärenergieverbrauchs deutlich (Abb. 3).

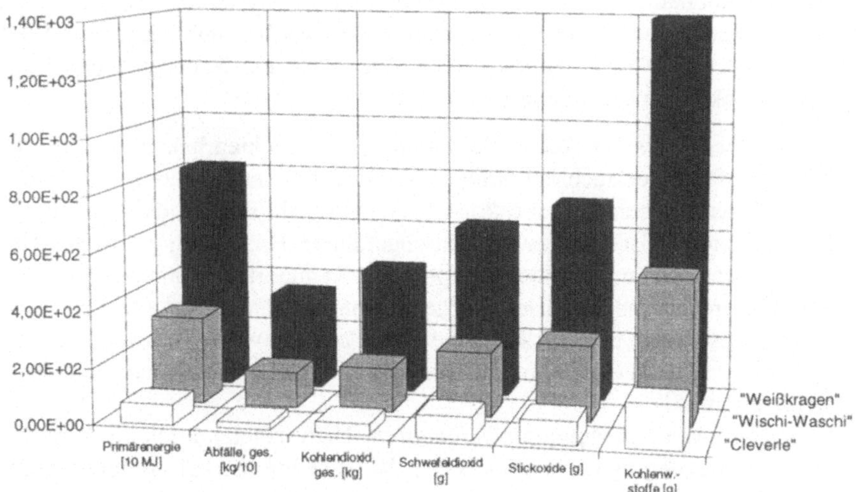

Abb. 2. Vergleich der Modellhaushalte

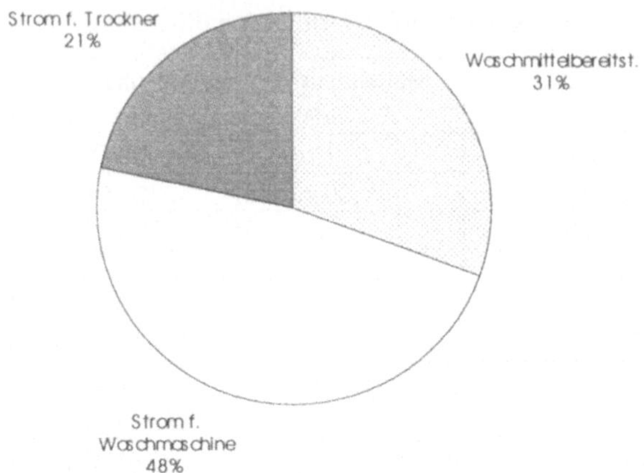

Abb. 3. Modellhaushalt „Wischi-Waschi" – Verteilung des Primärenergieverbrauchs

Fazit

Die Erfahrungen im hier dargestellten Forschungsvorhaben haben gezeigt, daß der Einsatz moderner und angepaßter Programme bei der Erstellung von Ökobilanzen unerläßlich ist. Als wesentliche Vorteile von Umberto haben sich vor allem die graphische Darstellung der bilanzierten Netze sowie die Auswertungsmöglichkeiten im Inventory Inspector erwiesen. Die in diesem Beitrag beschriebenen Probleme bei der Verknüpfung von Eingangsdaten mit unterschiedlichem Aggregationsniveau machen allerdings deutlich, daß auch weiterhin der kritische Sachverstand des Ökobilanzierers zur Modellierung und Strukturierung der Bilanzen und zur Interpretation der Bilanzergebnisse notwendig ist. Im Hinblick auf die Weiterentwicklung von Ökobilanzprogrammen sind nach den bisherigen Erfahrungen folgende Punkte von besonderer Bedeutung:

- *Aufbau hierarchischer Netze:* Bei komplexen Produkten bekommen die Netze einen Umfang, der auch bei Anwendung des in einem anderen Beitrag dieses Buches beschriebenen Stellenkonzeptes nur noch schwer überschaubar und kommunizierbar ist. Bei der hier durchgeführten Bilanzierung von Waschmitteln konnte zwar indirekt durch Export und Reimport von Input-Output-Sheets eine Hierarchisierung realisiert werden. Dennoch wäre es vor allem zur graphischen Darstellung der Verküpfungen von Netzen wünschenswert, wenn der Aufbau von Netzhierarchien auch direkt im Ökobilanzprogramm durchgeführt werden könnte.
- *Einführung von Datenqualitätsindikatoren:* Nicht zuletzt durch die Vorschläge zur Standardisierung der methodischen Vorgehensweise bei produktbezogenen Ökobilanzen in den Normungsgremien wird die durchgehende Darstellung der Qualität der Eingangsdaten und deren Ergebnissensitivität zunehmend an Be-

deutung gewinnen. Vor diesem Hintergrund wäre es sinnvoll, wenn für die in der Bilanz verwendeten Materialien neben dem eigentlichen Zahlenwert zusätzliche Informationen zur Datenherkunft und -qualität „mitgeführt" werden könnten.

Literatur

Fritsche, U. et al. (1994): Gesamt-Emissions-Modell Integrierter Systeme (GEMIS). Version 2.1: Aktualisierter und erweiterter Endbericht. Darmstadt

Gensch, C.-O. (1992): Stellungnahme zur Anhörung der Enquête-Kommission „Schutz des Menschen und der Umwelt – Bewertungskriterien für umweltverträgliche Stoffkreisläufe in der Industriegestellschaft" zum Themenbereich „Ökobilanz/ Produktlinienanalyse". Freiburg

Grießhammer, R. (1996): Produktlinienanalyse Waschen und Waschmittel. Im Auftrag des Umweltbundesamtes Berlin. Freiburg

Modellierung der Prozeßkette Stahl zur Ermittlung eines kumulierten Energieaufwands

Andreas Fritzsche, Alexander Wittkowsky, Bremen

Die physische Basis der industriellen Produktion beruht auf der direkten oder indirekten Nutzung materieller Ressourcen. Nach Frings (1995, S. 17) beeinflussen insbesondere Produktionsunternehmen unmittelbar die dabei auftretenden Stoffströme. Hierbei spielen die Konstrukteure, Produktentwickler und Anlagenbauer eine zentrale Rolle, – quasi als Spinne im Stoffstromnetz –, da sie für die Entwicklung von Produkten verantwortlich sind und damit den Verbrauch an Fertigungs-, Betriebs-, und Hilfsstoffen bestimmen. Sie entscheiden maßgeblich über Fragen der Kreislauffähigkeit, der Recyclierbarkeit, der Stoffvielfalt, des Abfallaufkommens und des Energieverbrauchs in der Herstellungs- und der Nutzungsphase. Als Nachfrager und Anbieter reicht ihr Einfluß weit über die betriebliche Grenze hinaus. Sie entscheiden insbesondere auch über Art und Umfang des „ökologischen Rucksacks" der eingesetzten Stoffe und Vorprodukte.

So ist es nicht verwunderlich, daß heute immer häufiger zu den klassischen Kriterien der technischen Machbarkeit und der Wirtschaftlichkeit zunehmend die Gestaltung umweltschonender Produkte und, allgemeiner, eine nachhaltige Ressourcennutzung gefordert wird. Diese Forderung konfrontiert die Entwickler mit drei prinzipiellen Problemen: erstens, die für den Gestaltungsprozeß benötigten Daten zu finden, zweitens, die dann auftretende „Datenflut" zu verarbeiten und drittens, die Güte der gewonnen Informationen zu beurteilen und hieraus Entscheidungen abzuleiten.

Ist es schon schwierig, Informationen zu den vom Gebrauch eines Industrieproduktes verursachten Umweltwirkungen zu erhalten bzw. diese in der Nutzungsphase abzuschätzen, so bleibt meist das Vorleben der Vorprodukte im Dunkeln, da seine Lieferanten entweder keine adäquaten Daten haben oder solche als Betriebsgeheimnisse nicht weitergeben wollen.

Doch selbst wenn Informationen über die ökologischen „Hypotheken" der Vorprodukte verfügbar sind, müssen Entwickler auf generalisierte Datensätze zurückgreifen können, da sie schon zeitlich gar nicht in der Lage sind, Daten für Stoffstromanalysen parallel zu den Konstruktionsaufgaben eigenständig zu erheben. Besonders wichtig wäre es, die Auswahl häufig verwendeter Konstruktionswerkstoffe nicht nur auf Werkstoffeigenschaften und Verarbeitungskriterien, sondern auch auf umweltorientierte Kenngrößen zu stützen.

Mario Schmidt, Andreas Häuslein (Hrsg.)
Ökobilanzierung mit Computerunterstützung

Aufgrund der Komplexität der schon in den Pflichtenheften geforderten Eigenschaften der Produkte, scheint es kaum möglich, den gesamten Kriterienrahmen einer Ökobilanz von 13 und mehr Einzelkriterien (Schmidt und Schorb, 1996; Clausen und Rubik, 1996) in den Gestaltungsprozeß und damit ins Pflichtenheft aufzunehmen. Primär müßte die Gestaltung umweltgerechter Produkte auf abgeklärte Kennwerte gestützt werden. Da hierfür zur Zeit praxisgeeignete Unterlagen fehlen, suchen wir nach einfach zu handhabenden Verfahren, die fehlenden Informationen zu beschaffen. Wie auch von Rolf und Möller (1994, S.14) angesprochen, sollten in den Diskurs des Gestaltungsprozesses aggregierte Kennwerte eingebracht werden, wie sie z. B. im MIPS-Konzept (Materialintensität pro Serviceeinheit) (Schmidt-Bleek, 1993) oder mit dem kumulierten Energieaufwand (KEA) (VDI, 1995) angedacht sind.

Der KEA-Ansatz verschiebt die outputorientierte Sichtweise des nachsorgenden Umweltschutzgedankens auf die Inputseite der betrachteten Systeme, wie dies auch vom Wuppertal-Institut mit dem MIPS-Ansatz gefordert wird. Dies geschieht in der Hoffnung, daß sich durch Reduzierung der in das System eingehenden Stoff- und Energieströme auch die outputseitigen Probleme reduzieren lassen.

Unser Ziel ist es, die mit der Produktentwicklung befaßten Akteure mit Systemwissen/-verständnis speziell auch mit den im Hinblick auf die aus ihren Entscheidungen resultierenden Umweltbelastungen auszustatten und umweltschonende Materialkombinationen zu begünstigen. Die Abwägung zwischen dem Produktnutzen (funktional/ökonomisch für den Betrieb/Nutzer) und den in Kauf genommenen Umweltbelastungen durch den Entwickler steht dabei im Vordergrund.

Anforderungen an Umweltinformationen für die Gestaltungspraxis

Bezogen auf den Entwicklungsprozeß von Produkten müssen folgende Bedingungen erfüllt sein:

- Bereitstellung des aktuellen Systemwissens (Umweltbibliothekskonzept)
- Verarbeitung betrieblicher und überbetrieblicher Informationen für den Spezialfall
- Informationen über Systemgrenzen (visuell/tabellarisch) und die Datenqualität
- Hauptindikatoren (KEA,MIPS etc.) für Umweltbelastungen
- Ein leicht handhabbares Werkzeug zur Modellierung

Stoffstromnetze und Umberto

Ein Ansatz, die Gestaltung umweltschonender Produkte zu unterstützen, ist nach Rolf und Möller (1994) das Konzept der Stoffstromnetze und deren Modellierung auf Basis von Petri-Netzen. Es erfüllt weitgehend die obigen Bedingungen und erscheint uns als praxistauglich. Informationen über die Umweltwirkungen lassen sich, ausgehend von Werkstoffen, Verfahren, Bauteilen und Produkten, erarbeiten und vergleichend bewerten.

Kumulierter Energieaufwand

Im Gestaltungsprozeß und den damit verbundenen komplexen Anforderungen an den Produktgestalter sind nach VDI-Richtlinie 3780 innovative Technikbewertungsmethoden – also problemorientierte Vorgehensweisen mit prognostisch-hypothetischem Charakter – erforderlich (VDI, 1991). Für diese genügen nach unserer Ansicht vereinfachte Kriterien zur Abschätzung der von den Produkten ausgehenden umweltbezogenen Wirkungen. Der kumulierte Energieaufwand wird von uns als ein solches Kriterium für das Pflichtenheft des Entwicklers in Betracht gezogen, und unsere laufenden Aktivitäten beinhalten dies als einen Schwerpunkt.

Der kumulierte Energieaufwand beschreibt die Summe aller primärenergetisch bewerteten Energieaufwendungen, die mit der Herstellung, Nutzung und Beseitigung (Produktlebensweg) von Produkten in Verbindung stehen. Der Gesamt-KEA ist ein so hochaggregierter energetischer Indikator für die Analyse der Umweltwirkungen eines Produktes, daß in der Praxis häufig eine Differenzierung nach

- verschiedenen Lebenswegabschnitten und
- unterschiedlichen Primärenergieträgern

wünschenswert ist (Häuslein und Möller, 1995, S. 63). Dies gibt dem Entwickler zusätzliche Informationen, aus welchen Quellen die Energie stammt und welche Belastungen der Umwelt von welchen Lebenswegabschnitten zu erwarten sind.

Prozeßkette Stahl

Exemplarisch werden bei uns an der Prozeßkette Stahl die Möglichkeiten und Grenzen der Modellierung von Stoffströmen mit Umberto und die Möglichkeiten und Grenzen der Bewertung der Umweltbeeinflussung durch den kumulierten Energieaufwand erarbeitet.

Stahl ist in der gütererzeugenden Industrie der Bundesrepublik Deutschland mengenmäßig ein wichtiger Grundwerkstoff für die Herstellung von Anlagen und Produkten. Stahl gilt landläufig als umweltverträglicher Werkstoff, da er sich gut rezyklieren läßt. Diese ausschließlich auf die Kreislauffähigkeit abzielende Eigenschaft läßt wichtige Fragen wie Minimierung des Energieverbrauchs und Verwendung von toxischen Materialien außer acht.

Gerade die Herstellungsprozesse von Stahl sind sehr energieintensiv und damit umweltrelevant. Ursache hierfür sind die der Nutzung und Entsorgung vorgelagerten Phasen der Rohstoffgewinnung, -verarbeitung, Halbzeugherstellung und der Transporte in und zwischen den Lebenswegphasen.

Dies und die aus unserer Sicht unbefriedigende Datenlage und deren Dokumentation haben wir zum Anlaß genommen, die Stahlprozeßkette mit Umberto abzubilden und mit öffenlich zugänglichen Daten aus Statistiken selbst zu analysieren (Bierkämper, 1996).

Daten zur Umweltbelastung in den Vorketten werden zur Durchführung von Werkstoff, Bauteil-, oder Produktökobilanzen benötigt. Diese sind bislang nicht oder nur bruchstückhaft vorhanden und liegen z. T. nicht prozeßkettenspezifisch vor.

Systemgrenzen und Randbedingungen

Dem Modell wurde keine einzelfallbezogene Prozeßkette zugrunde gelegt. Es handelt sich um eine Abbildung einer verallgemeinerten Prozeßkette der Oxigenstahlerzeugung in der Bundesrepublik Deutschland von der Erzgewinnung bis zum Walzwerkerzeugnis. Es wurden keine eigenen Prozeßanalysen durchgeführt. Einbezogen sind die Hauptfertigungsstoffe der Walzfertigprodukte. Die betrachteten Herstellungstechnologien beziehen sich auf den Stand der Technik. Als Datengrundlage dienen die Grunddaten des Statistischen Bundesamtes zu Eisen-, Stahl- und Energieerzeugung des Jahres 1993. Dieser Bezugszeitraum wurde gewählt, da hier die statistischen Daten vollständig vorlagen.

Aus dem Gesamtstoffstromnetz sollen im folgenden einige Teilaspekte der Ermittlung des KEA der Stahlkette mit Umberto anhand der Modellierung der Transportkette der Erze von der Erzlagerstätte bis zum Hüttenlagerplatz (Abb.1) diskutiert werden.

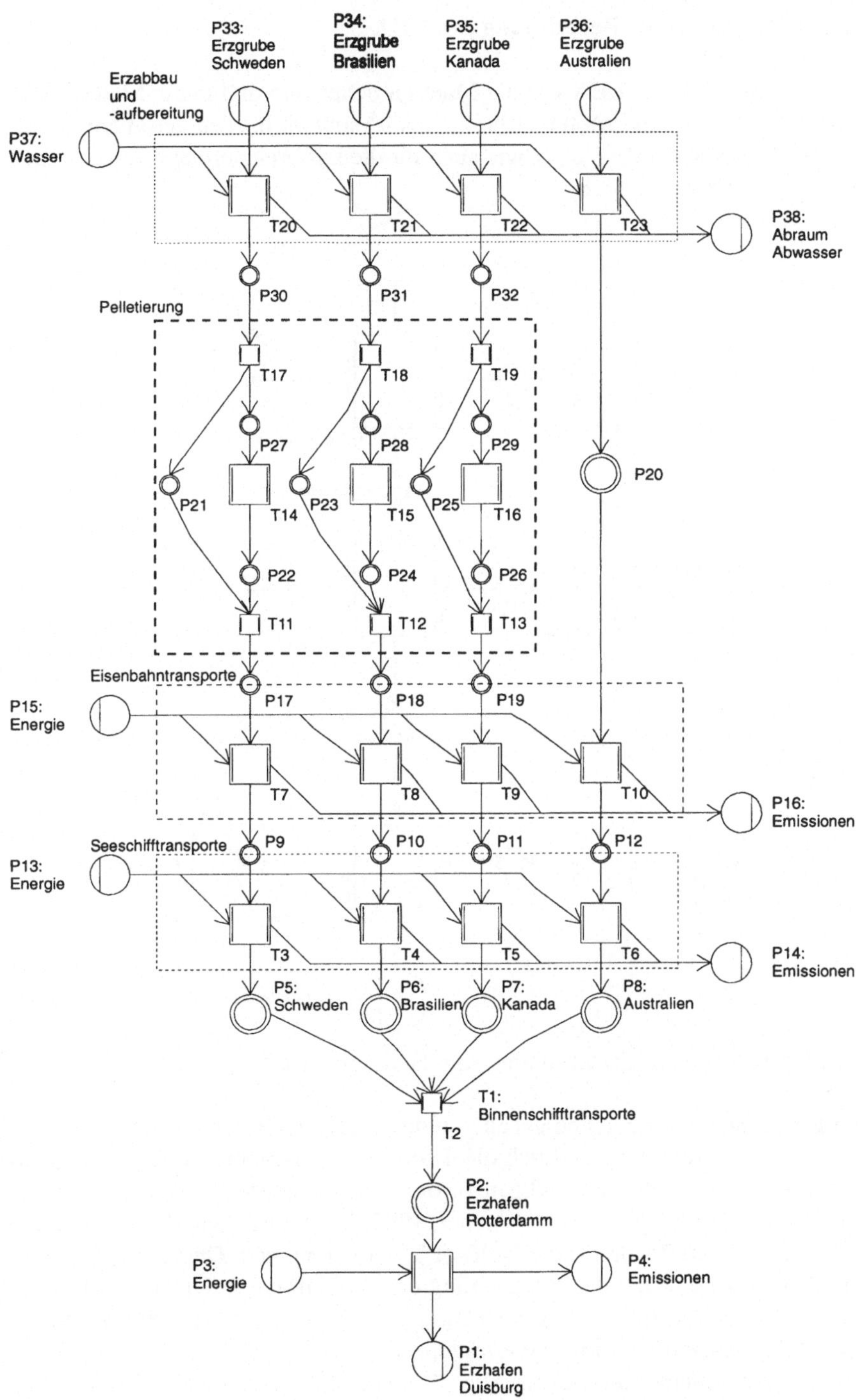

Abb.1. Erzabbau und -transport in die Bundesrepublik Deutschland 1993

Teil-Modellkette für die Berechnung des KEA

In Umberto läßt sich der KEA wie ein Material behandeln und in die Materialliste aufnehmen (Häuslein und Möller, 1995). Dies ist sowohl für den gesamten kumulierten Energieaufwand KEA_{gesamt}, wie auch für die Differenzierung des KEA nach Primärenergieträgern möglich.

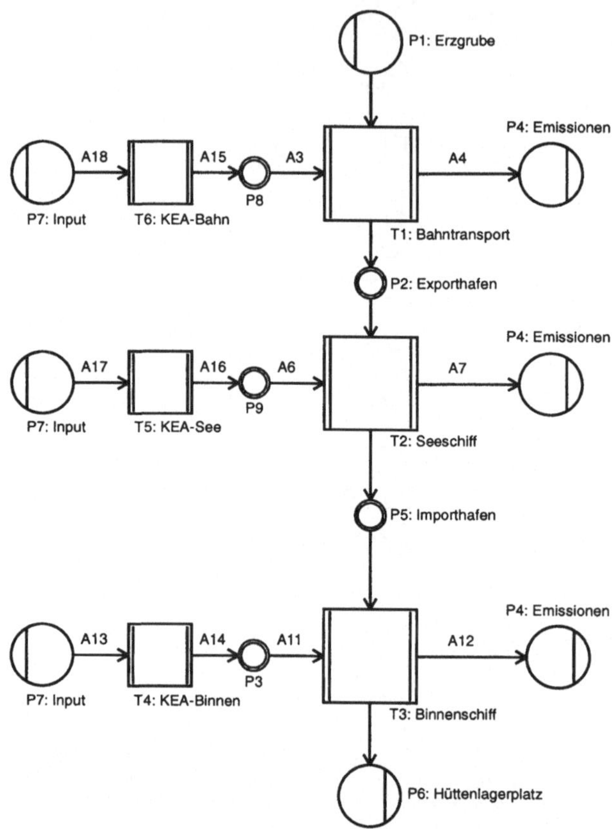

Abb. 2. Prozeßkette des Erztansportes vom Herkunftsland in die BRD

Die Berechnungsvorschriften gehen von den Endenergieverbräuchen aus wie z. B. dem zur Durchführung des durch die Transition beschriebenen Umwandlungs- oder Transportprozesses notwendigen Strom- oder Brennstoffverbrauch. Mittels Umrechnungsfaktoren (siehe z. B. Wagner, 1995, S. 1) wird dann die Berechnung des KEA_{PS} der betreffenden Prozeßstufe (PS) vorgenommen. Durch Aggregation, analog dem Vorgehen bei der Bilanzierung der Stoffströme in Umberto, läßt sich nun der KEA für den Energieträger $KEA_{Energieträger}$ bzw. in letzter Konsequenz der gesamte KEA des Stoffstromnetzes ermitteln.

Für das betrachtete Beispiel in Abb. 2 (ohne die Transitionen T4-T6, ohne Stellen P3, P8 und P9 und die Kanten A3, A6, A11, A14-A16) hieße dies, daß in die Transitionen T1 bis T3, die Kanten A13, A17 und A18 und die Inputstelle P7 die entsprechenden $KEA_{Energieträger}$ und KEA_{gesamt} in die Materiallisten aufgenommen und die Funktionslisten um die entsprechenden Berechnungsvorschriften des KEA ergänzt würden.

Dies funktioniert allerdings in dieser einfachen Form nur, wenn der Nutzer die Transitionen selbst spezifiziert hat. Verwendet man Transitionen aus der Bibliothek von Umberto, so ist es notwendig, einen Umweg zu gehen. Da die Bibliotheksmodule vom Bearbeiter nicht mehr verändert werden können, also auch keine Ergänzungen in den Materiallisten und Funktionslisten möglich sind, müssen zusätzliche Verbindungsstellen und Transitionen eingefügt werden, mittels derer die vorher beschriebenen Umrechnungen der Endenergieverbräuche vorzunehmen sind. Bei komplexen Netzen und häufiger Verwendung von Bibliotheksmodulen, wie dies bei der Produktgestaltung in den der betrieblichen Ebene vorgelagerten Ketten überwiegend nötig sein wird, geht dies zu Lasten der Transparenz und letztendlich zu Lasten der Akzeptanz von Werkzeugen wie Umberto.

Erfahrungen und Weiterentwicklungsmöglichkeiten von Umberto bei der Modellierung von Prozeßketten zur Unterstützung des Gestaltungsprozesses

Die ersten Untersuchungen lassen erkennen, daß Umberto die eingangs formulierten Anforderungen für die Gestaltung umweltorientierter Produkte unterstützt. Folgende Ergänzungen bzw. Erweiterungen für die Benutzung von Umberto, insbesondere der Bibliotheksmodule, wären wünschenswert:

- Möglichkeit, Prozeßkettenglieder (Transitionen) in Einzelszenarien zu testen, zu kopieren und dann in Gesamtszenarien zusammenzufassen,
- Differenzierung der Datendarstellung zu den Bibliotheksmodulen zwischen direkten und indirekten Wirkungen zur besseren Transparenz für den Anwender und
- differenziertere Dokumentation der Bibliotheksmodule zur größeren Transparenz für die Nutzergruppe der Produktentwickler.

Ausblick

Ausgehend von der oben beschriebenen Arbeit zur Stoffstromanalyse der Stahlkette sollen zunächst weitere Untersuchungen verschiedener Teilbereiche der Stahlkette und des kumulierten Energieaufwandes folgen. Hierbei geht es um Vergleiche mit Arbeiten anderer Autoren, das Füllen von identifizierten Datenlücken und ggf. Erhebung von eigenen Daten zu Transitionen innerhalb des Stoffstromnetzes. Ferner soll die These überprüft werden, ob es bei anders begründeten Kriterienkatalogen im Vergleich zur mit dem KEA ermittelten Rangfolge zu veränderten Prioritäten der Materialauswahl kommt. Weiterführende Arbeiten zu

Stoffstromanalysen von Oberflächenbehandlungsverfahren von Stahlprodukten sind geplant. In all diesen Untersuchungen stehen die Verwendung von Umberto und die Eignung für die umweltorientierte Gestaltungspraxis von Konstrukteuren und Entwicklungsingenieuren im Vordergrund.

Literatur

Bierkämper, Th. (1996): Analyse der Prozeßkette Stahl an einem ausgewählten Halbzeug. Diplomarbeit am Fachbereich Produktionstechnik. Universität Bremen

Frings, E. (1995): Ergebnisse und Empfehlungen der Enquête-Kommission „Schutz des Menschen und der Umwelt“ zum Stoffstrommanagement. In: Schmidt, M. u. Schorb, A. (Hrsg.): Stoffstromanalysen in Ökobilanzen und Öko-Audits. Berlin/Heidelberg

Häuslein, A. und Möller, A. (1995): Möglichkeiten und Grenzen zur Berechnung des Kumulierten Energieaufwandes. In: VDI Berichte 1218. Düsseldorf

Rolf, A. und Möller, A. (1994): Ökobilanzen, Stoffstromnetze und die Rolle der Informatik. In: Rolf, A. (Hrsg.): Stoffstrommangement und Informatik. Bericht 171 des FB Informatik. Universität Hamburg

Rubik, F. und Clausen, J. (1996): Von der Suggestivkraft der Zahlen. In: Ökologisches Wirtschaften. Berlin. S.13-15

Schmidt-Bleek, F. (1993): Wieviel Umwelt braucht der Mensch? MIPS – Das Maß für ökologisches Wirtschaften. Berlin-Basel-Bosten

Schmidt, M. und Schorb, A. (1996): Ökomanagement. – Ökobilanzen – Zahlenbasen für den betrieblichen Umweltschutz. In: Spektrum der Wissenschaft, Heft 5, S. 94-101

Verein Deutscher Ingenieure (Hrsg.) (1991): Technikbewertung – Begriffe und Definitionen – VDI-Richtlinie „VDI 3780“. Berlin

Verein Deutscher Ingenieure (Hrsg.) (1995): Kumulierter Energieaufwand – Begriffe, Definitionen, Berechnungsmethoden. VDI-Richtlinie "VDI 4600" Entwurf vom Mai 1995. Berlin

Wagner, H.-J. (1995): Ermittlung des Primärenergieaufwandes zur Herstellung ausgewählter Werkstoffe. Bewertete Literaturübersicht. Fachbereich 13. Universität GH Essen

Softwareunterstützte Ökobilanzierung von komplexen Produkten am Beispiel von Fernsehgeräten

Sven Lundie, Berlin

Dieser Beitrag gibt einen Überblick über das Forschungsprojekt „Erarbeitung der Grundlagen der Ökobilanzierung von komplexen Produkten exemplarisch anhand von Farbfernsehgeräten" sowie die Einsatzmöglichkeiten der Computersoftware Umberto. Zunächst werden das Projekt, der Untersuchungsgegenstand, die Vorgehensweise und die erzielten Ergebnisse dargestellt, um dann genauer auf die Anwendungmöglichkeiten und -probleme der Software einzugehen.

Projektstruktur und Kooperationspartner

Das Projekt wird von der Volkswagen-Stiftung gefördert. Das Forschungsprojekt begann im August 1994 und hat eine Laufzeit von zwei Jahren. Die Erstellung der Ökobilanz wird vom Institut für Zukunftsstudien und Technologiebewertung Berlin durchgeführt und erfolgt in Kooperation mit den Fernsehgeräteherstellern Loewe Opta GmbH, Schneider Elektronik Rundfunkwerk GmbH und Sony Europa GmbH. Im Rahmen der Datenerhebung wurde die Bilanzierung der Bauteile- bzw. Baugruppenherstellung bei Zulieferern durchgeführt. Zu diesen gehören u. a. Ninkaplast GmbH (Kunststoffgehäusehersteller), Schott-Glaswerke und Philips Bildröhrenfabrik GmbH (Glasherstellung und Bildröhrenmontage), Philips Components (Hersteller elektronischer Bauelemente) sowie Recyclingbetriebe für Elektronikschrott und Bildröhren.

Darüber hinaus wird in diesem Projekt der Ansatz der Partizipation verfolgt, d. h. es werden die Interessen der (in)direkt betroffenen Akteure (Verbrauchereinrichtungen, Industrieverbände, wissenschaftliche Institutionen wie das Umweltbundesamt, Stiftung Warentest etc.) einbezogen. Die Einbindung geschieht in Form von projektbegleitenden Werkstätten, die zu Beginn und zum Ende des Projektes stattfinden. Aufgabe der Werkstätten ist es, bei übergreifenden und strittigen Aspekten etwa der Zieldefinition, der Einbeziehung von Kriterien und der abschließenden Bewertung von Ergebnissen möglichst einen Konsens zu erzielen. So können die verschiedenen Interessen mit einfließen und in einem Abwägungsprozeß berücksichtigt werden. Die Bewertungsergebnisse der Ökobilanz können dadurch an Akzeptanz gewinnen.

Mario Schmidt, Andreas Häuslein (Hrsg.)
Ökobilanzierung mit Computerunterstützung

Ziele des Forschungsprojektes

Bislang sind Ökobilanzen nur für relativ einfache Produkte wie z. B. Windeln und Verpackungsmaterialien erstellt worden. Zu komplexen Produkten (Kühlschränke, Staubsauger, Computer, Telefone, Waschmaschinen etc.) existieren kaum Ökobilanzen, die den gesamten Lebenszyklus umfassen(Hofstetter, 1990; IZT, 1995a,b; MCC 1993; PA Consulting Group, 1992). Bei diesen Untersuchungen stehen einzelne Aspekte (z. B. Verwendung von FCKW bei Kühlschränken, Verwendung von Recyclingmaterial bei Staubsaugern) im Vordergrund. Bei Fernsehgeräten fehlen detaillierte ökologische Untersuchungen.

Mit dieser Produktökobilanz wird somit Neuland betreten. Aus diesem Sachverhalt lassen sich die Hauptziele und die Vorgehensweise des Projektes ableiten:

- Untersuchung der Lebensphasen eines Fernsehgerätes und Feststellung ihrer jeweiligen Relevanz,
- Identifizierung und Untersuchung von Optionen zur ökologischen Optimierung von Fernsehgeräten sowie
- Ermittlung von Optimierungspotentialen zur Senkung von Energie-, Stoff- und Schadstoffströmen.

Tab. 1. Anzahl der elektronischen Bauelemente und deren Gewicht im Referenzgerät

Fraktionen	Anzahl	Gewicht [g]
Bauelemente		
Kondensatoren	316	207
Widerstände	477	46
Wickelteile	56	645
Ics	27	52
Transistoren	59	26
Dioden	86	9
Sonstige Bauteile	63	157
Kabel	3	727
Kühlbleche	7	306
Summe	1094	2175

Bilanzierungsobjekt: Referenzgerät

Als Untersuchungsgegenstand wird ein hypothetisches Fernsehgerät generiert, welches sich aus drei konventionellen 29-Zoll-Fernsehgeräten der betreffenden Hersteller mit vergleichbarer Ausstattung ableitet. Alle Angaben (Anzahl der Bauteile und Gewicht) sind somit durchschnittliche Werte. Ein direkter Vergleich von drei am Markt befindlichen Fernsehgeräten ist aus Konkurrenzgründen nicht durchgeführt worden.

Das Referenzgerät setzt sich aus ca. 1100 Einzelbauteilen zusammen, die sich auf die vier Baugruppen Bildröhre, Gehäuse, Lautsprechereinheit und Elektronik verteilen.

Komplexitätsreduktion

Nach eigenen Abschätzungen müßten mindestens 4000 einzelne Prozeßschritte detailliert untersucht werden, um eine vollständige Ökobilanz über den gesamten Lebenszyklus zu erstellen. Der gesamte Zeitaufwand für die Sachbilanzerstellung würde bei einem angenommenen Arbeitsaufwand von einer Menschwoche pro Prozeßschritt in Summe knapp 80 Jahre betragen. Dieser Erhebungsaufwand ist im Rahmen dieses Projektes nicht zu leisten. Deshalb wird für die Sachbilanzerhebung eine pragmatische Vorgehensweise eingeschlagen, die den Untersuchungsumfang auf ein operationales Maß reduziert. Der inhaltliche Schwerpunkt liegt auf der Erhebung bzw. Berechnung der Sachbilanzdaten:

- *Beschränkung auf die Leitparameter Primärenergieverbrauch und Abfall:* Für die Herstellung aller Baugruppen lassen sich der Primärenergieverbrauch und das Abfallaufkommen durchgängig berechnen oder begründet abschätzen. Die beiden Leitparameter können über den gesamten Lebenszyklus von der Rohstoffgewinnung, Werkstoffbereitstellung, Produktion der Bauteile und Baugruppen, Endmontage des Gerätes, Distribution über Gebrauchsphase, Redistribution bis hin zur Nachgebrauchsphase erfaßt werden. Der Primärenergieverbrauch eignet sich als Leitindikator in besonderer Weise, weil er mit einer Vielzahl von zentralen Umweltproblemfeldern wie z. B. Treibhauseffekt, Versauerung, Ozonbildung und Ressourcenabbau (in)direkt gekoppelt ist und weil die Umweltbelastungen aus der Energiebereitstellung beim Fernseher – hauptsächlich während der Gebrauchsphase – gegenüber den prozeßbedingten Umweltbelastungen überwiegen.
- *Werkstoffliche Bereitstellung*: Es werden die im Referenzgerät vorkommenden mengenmäßig relevanten Werkstoffe untersucht (vgl. Tab. 2).

Tab. 2. Mengenmäßig relevante Werkstoffe des Referenzgerätes

Werkstoffe	Gewicht [g]
Aluminium	390
Blei (als Lote)	10
Eisen/Stahl	1.760
Ferrite	690
Kupfer	1.040
Sonstige Metalle	170

Werkstoffe	Gewicht [g]
Noryl	3.510
HIPS	3.070
PVC	160
Sonstige Kunststoffe	1.040
Bildröhrenglas (mit 1,4 kg PbO und 1,9 kg BaO)	23.830
Sonstige	510

Das Gerät wiegt 36,2 kg. Die werkstoffliche Bereitstellung beinhaltet Rohstoffgewinnung, -verarbeitung, -transport und die eigentliche Werkstoffherstellung.

Hierfür sind die Transitionsmodule der Software Umberto eingesetzt worden. Die in Tabelle 2 aufgeführten Werkstoffe existieren jedoch nicht alle als Bibliotheksmodule, so daß zum Teil vergleichbare Werkstoffe herangezogen werden mußten. So wird beispielsweise der Werkstoff Ferrit (Wickelteile, Ablenkeinheit und Lautsprechereinheit), der aus Eisenoxid mit Beimengungen von Oxiden zweiwertiger Metalle besteht, durch den Werkstoff Eisen ersetzt. Die damit verbundenen Ungenauigkeiten wurden untersucht und abgeschätzt.

- *Bauteileherstellung*: Die Herstellung der Bauteile (Bildrohr, Gehäuse, Leiterplatte etc.) sind durch Erhebungen „vor Ort" erfaßt worden. Nicht möglich war die vollständige Bilanzierung elektronischer Bauteileherstellung. Deshalb stehen die werkstoffliche Analyse der elektronischen Bauteile sowie eine grobe Abschätzung des Primärenergieverbrauchs und des Abfallaufkommens im Vordergrund.

Sachbilanzergebnisse

Im folgenden werden einige Ergebnisse der Sachbilanz des Referenzgerätes vorgestellt und daraus mögliche Optimierungsoptionen abgeleitet.

Herstellung: Analog zur beschriebenen Vorgehensweise wird für die wichtigsten Bauteile, nämlich Gehäuse, Bildröhre und Elektronik (aktive u. passive Bauelemente, Leiterplatte), der Primärenergiebedarf sowie das Abfallaufkommen der werkstofflichen Bereitstellung und des Fertigungsprozesses erfaßt (vgl. Abb. 1).

Werkstoffliche Bereitstellung und Bauteilefertigung: Der werkstoffliche Primärenergieverbrauch mit ca. 1.447 MJ wird durch das Kunststoffgehäuse dominiert, während der Hauptanteil des fertigungsbedingten Energieverbrauchs (ca. 1.370 MJ) auf die Herstellung der Bildröhre und der aktiven Bauelemente (Halbleiter) zurückzuführen ist. Die Summe der Abfälle beträgt 12,3 kg.

Für das Gehäuse beträgt der Primärenergieverbrauch ca. 923 MJ. Davon entfallen nur rund 73 MJ auf das Spritzgießen des Gehäuses, während ca. 850 MJ für die Bereitstellung der Werkstoffe (inkl. Energiegehaltes) aufgebracht werden muß.

Für die werkstoffliche Bereitstellung der Bildröhrengläser werden ca. 320 MJ aufgewendet und 740 MJ für die Fertigung mit den Prozeßschritten Verpressen und Abschleifen der Gläser, Montage mit Auftragen der Leuchtstoffe, Einsetzen der Lochmaske und Elektronenkanone, Evakuierung sowie das Anlegen einer Hochspannung zur vollständigen Evakuierung und dem abschließenden Funktionstest. Die prozeßbedingten Abfälle betragen rd. 1,4 kg (Schleifmittelschlamm und -abrieb, Abfallscherben mit Metallpins, Rückstände aus der Wasserentkarbonisierung).

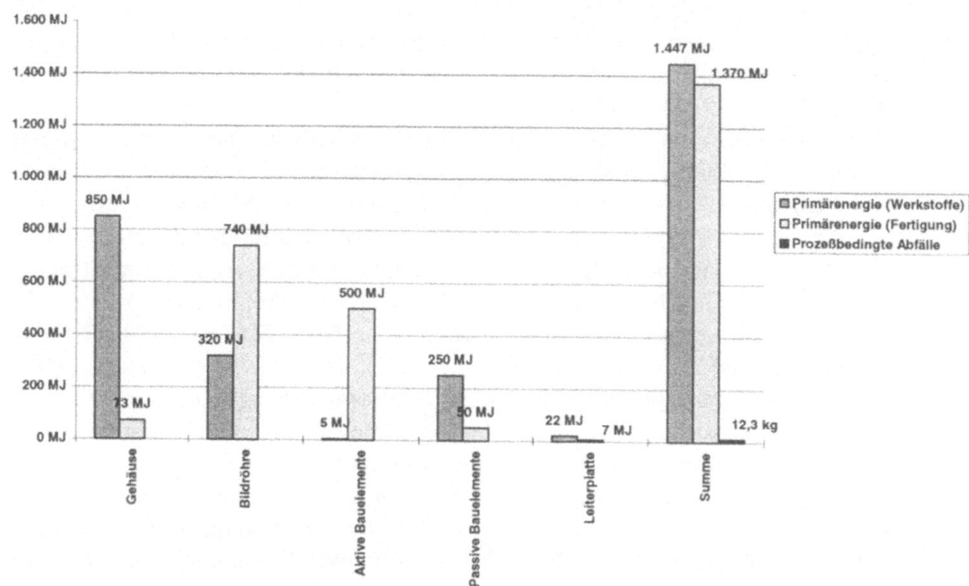

Abb. 1. Primärenergieverbrauch für die Bauteile- bzw. Baugruppenherstellung sowie Gesamtabfallmenge für das Referenzgerät

Für die aktiven und passiven Bauelemente ergibt sich ein sehr heterogenes Bild. Während die Bereitstellung der Werkstoffe für die aktiven Bauelemente (Gewicht rd. 85 g) rund 5 MJ Primärenergie erfordert, beträgt der werkstoffbedingte Primärenergieverbrauch bei den passiven Bauelementen ca. 250 MJ bei einem Gesamtgewicht von 2.090 g.[1]

Im Gegensatz dazu kehren sich die Primärenergieverbräuche bei der Fertigung der Bauteile um: Für die aktiven Bauteile werden ca. 500 MJ und für die passiven Bauelemente ca. 50 MJ benötigt. Der Energieverbrauch bei den aktiven Bauelementen ist hauptsächlich auf die energieintensive Siliciumchipherstellung (u. a. Schaffung von Reinsträumen) zurückzuführen. Hierbei fallen auch die größten Abfallmengen (10,1 kg) an. Der Abfall setzt sich u. a. aus flüssigen Chemikalien und flammhemmerhaltigen Gehäuseabfällen aus Kunststoff mit Zusätzen von Antimontrioxid (besonders überwachungsbedürftiger Abfall) zusammen (nach MCC, 1993).

Für die Leiterplattenfertigung beträgt der errechnete Primärenergieeinsatz 29 MJ für die 0,12m^2 Leiterplatten im Referenzgerät, wobei 22 MJ auf die Basiswerkstoffe entfallen. Von ökologischer Bedeutung sind die entstehenden Abfälle und Abwässer.

---

[1] Der Primärenergieverbrauch wurde auf der Basis der werkstofflichen Zusammensetzung berechnet.

Montage: Die Endmontage umfaßt die Leiterplattenbestückung mit elektronischen Bauelementen, die Endmontage des Fernsehgerätes sowie die Endkontrolle. Der Primärenergiebedarf beträgt ca. 53 MJ. Für die Distribution des Fernsehgerätes werden ca. 95 MJ benötigt.

Nutzungsphase: Während der Nutzungsphase wird von einer durchschnittlichen Leistungsaufnahme von 105 W, einer Nutzungsdauer von 3 Stunden pro Tag und einer Lebensdauer von ca. 12 Jahren ausgegangen. Der Stromverbrauch beträgt 1.380 kWh (= 4.970 MJ_{el}). Hinzu kommt der Verbrauch für den Stand-by-Betrieb. Hier liegt die Leistungsaufnahme bei etwa 7 W. Dies führt zu einem Stromverbrauch von 645 kWh bei 21 h pro Tag in 12 Jahren. Somit ergibt sich ein Primärenergieverbrauch für den Normalbetrieb von 16.010 MJ und 7.480 MJ für den Stand-by-Betrieb.

Nachnutzungsphase: Es werden die drei Entsorgungswege Recycling, Deponierung und thermische Behandlung von Altgeräten hinsichtlich Energieverbrauch bzw. -gewinnung und Abfallaufkommen dargestellt.

Die energetischen Aufwendungen für den Betrieb einer Elektronikschrottrecyclinganlage liegen, je nach dem Grad des Einsatzes von mechanischen Aufbereitungsverfahren, zwischen 20 kWh/t bis 110 kWh/t (Schöps, 1994; Fröhlich, 1994). Dies entspricht einer Primärenergieaufwendung von 7,6 bis 40,7 MJ für einen Fernseher. In dieser Bilanz wird mit einem Mittelwert von 25 MJ gerechnet. Für die weitere Aufbereitung von Kunststoffen kommt zusätzlich ein Betrag von 7 MJ/kg für die Anwendung einer sortenreinen Trennung hinzu.

Für Metalle und Kunststoffe erfolgt, nach Abzug eines Massenverlustes (durchschnittlich 6 Gew.-%), eine Energiegutschrift von ca. 395 MJ. Die zu entsorgende Abfallrestmenge beträgt 29,3 kg. Allerdings entfällt durch die Gewinnung von Sekundärmaterialien die erneute Gewinnung von Primärwerkstoffen. Dieser Betrag wird als werkstoffliche und energetische Gutschrift verrechnet. Deshalb erfolgt, wie bei der Energiegutschrift, eine Gutschrift für vermiedenen Abfall bzw. Abraum von 291 kg.

Mit der Ablagerung eines Fernsehers auf einer Hausmülldeponie sind vor allem energetische Aufwendungen für den Transport, die Verdichtung des Deponiekörpers sowie die Sickerwasseraufbereitung über einen langen Zeitraum verbunden. Es ist von einem Energiebedarf von etwa 1,8 MJ Primärenergie auszugehen. Die Abfallmenge entspricht dem Gesamtgewicht des Fernsehers von 36,2 kg.

Bei einer thermischen Behandlung kann maximal von einer energetischen Gutschrift von 123 MJ ausgangen werden. Durch die thermische Behandlung läßt sich die Abfallmenge auf etwa 32 kg reduzieren.

In Abb. 2 sind die Ergebnisse der Lebenszyklusanalyse zusammengefaßt.

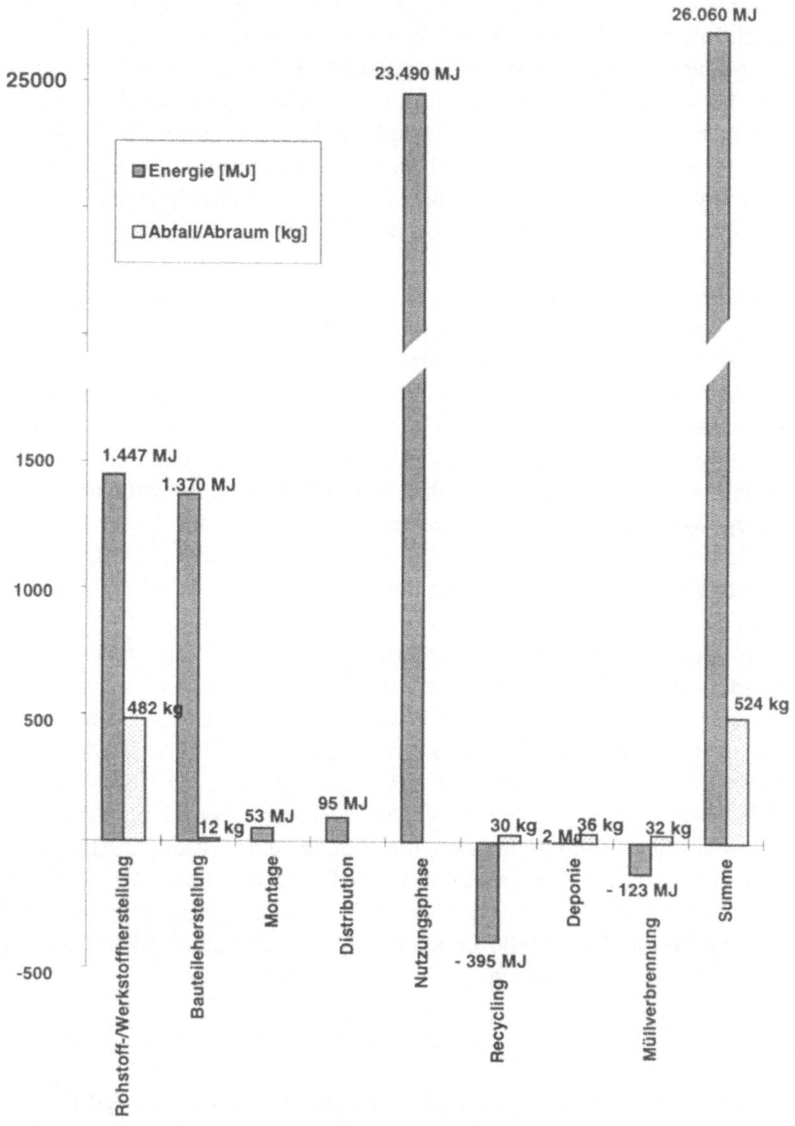

Abb. 2. Primärenergiebedarf [MJ] und Abfallmengen [kg] in den einzelnen Lebensphasen des Referenzfernsehgerätes

Zusammenfassung

Die Betrachtung des gesamten Lebenszyklus läßt folgende Schlußfolgerungen hinsichtlich Energieverbrauch, Recycling und Entsorgung zu:

Energieverbrauch: Besonders signifikant ist der Primärenergieverbrauch von rd. 23.500 MJ während der Nutzungsphase (16.010 MJ Normalbetrieb, 7.480 MJ Stand-By-Betrieb). Auf die Nutzungsphase entfallen somit 90 % des gesamten Energieverbrauchs während des Lebenzyklus`. Technisch ließe sich die Leistungsaufnahme während des Betriebes auf 80 W und im Stand-by-Modus auf 1 W senken. Dies würde zu einer Reduktion des Energieverbrauches um mehr als 40 % führen.

Recycling: Die Betrachtung der Verwertungs- und Entsorgungsphase verdeutlicht, daß derzeitig nur relativ geringe Mengenanteile – gemessen am Referenzgerät – hochwertig recycelt werden können. Berücksichtigt man die derzeitigen Recyclingbedingungen, lassen sich von 36 kg lediglich ca. 6 kg tatsächlich recyceln, 30 kg müssen als verbleibender Abfall entsorgt werden. Allerdings sinkt durch die Gewinnung von Sekundärmaterialien die mit dem Abbau der Rohstoffe verbundene Abfall- und Abraummenge. Daher läßt sich eine Gutschrift für die Sekundärrohstoffgewinnung von 292 kg errechnen. Dasselbe gilt für den Energieverbrauch. Durch Elektronikschrottrecycling läßt sich nach Abzug der zum Betrieb der Anlage benötigten energetischen Aufwendungen ein Betrag von 395 MJ Primärenergie einsparen.

Beim Recycling sind noch erhebliche Verwertungspotentiale vorhanden. Voraussetzung zur Nutzung dieser Potentiale ist allerdings der Einsatz recyclingfähiger und schadstoffarmer Werkstoffe (u. a. Verzicht auf Flammhemmer im Gehäuse) sowie eine recycling- und zerlegungsgerechte Bauweise der Geräte.

Entsorgung: Die Ergebnisse der Lebenzyklusanalyse verdeutlichen ferner, daß das TV-Gerät mit 36 kg nur ein Teil des Entsorgungsproblems darstellt. Entlang des Lebenzyklus` summieren sich die Abfälle einschließlich Abraum zu einer Summe (ökologischer Rucksack) von 524 kg, davon sind 12,3 kg Produktionsabfälle, während die Hauptmenge bei der Werkstoffbereitstellung anfällt. Die Abraum- und Produktionsabfälle liegen damit um den Faktor 14 höher als das Gesamtgewicht des Fernsehgerätes.

Anwendung der Software Umberto in diesem Forschungsprojekt

Die Komplexität des Untersuchungsgegenstandes mit ca. 1.100 verschiedenen Bauteilen hat die Nutzung der Software Umberto entscheidend beeinflußt. Da bislang nur sehr begrenzt Daten über die werkstoffliche Zusammensetzung vorliegen, wurde der Untersuchungsschwerpunkt auf die Analyse der werkstofflichen Zusammensetzung und nur bedingt auf die Bauteileherstellung gelegt. Diese Untersuchung war extrem zeitaufwendig. Aufbauend auf der ermittelten werkstofflichen

Zusammensetzung wurde mit Hilfe der Software Umberto eine Input-Output-Analyse durchgeführt. Es sind u. a. die Transistionmodule Polystyrol (HIPS), Polyvinylchlorid, Eisen, Stahl, Blei, Aluminum, Kupfer sowie Glas als Hauptwerkstoffe eingesetzt worden. Die Transitionen geben den Sachstand der verfügbaren Literatur gut wieder. Lediglich bei einzelnen Transitionen (z. B. Blasstahl, Kupfer) war eine Überprüfung – Voraussetzung hierfür ist ein entsprechendes Fachwissen – der Quelldaten notwendig. Vereinzelt mußten die Module für den speziellen Anwendungsfall modifiziert werden. Beispielsweise wird bei der Bildröhre kein Altglas eingesetzt – wie es bei Umberto vorgesehen ist, so daß aus der Transistion „Mischglas" der enthaltene Altglasanteil herausgerechnet und die Verwendung spezieller Zusatzstoffe berücksichtigt werden mußte. Die modifizierten Daten der Bildröhrenglasherstellung wurden vom IZT mit Datenerhebungen „vor Ort" abgesichert.

Mengenmäßig relevante Werkstoffe wie zum Beispiel Barium (1,9 kg im Bildröhrenglas) oder Ferrit (0,69 kg) sind als Transitionsmodule nicht enthalten. Sie mußten durch „vergleichbare" Werkstoffe substituiert werden. Dies führte bei der werkstofflichen Bilanzierung zu abschätzbaren Ungenauigkeiten. Eine ausführlichere qualitative Beschreibung einzelner Substanzen (u. a. Abfälle zur Beseitigung bzw. Verwertung) wäre für dieses Forschungsprojekt hilfreich gewesen.

Im Rahmen des Forschungsprojektes erfolgte die softwareunterstützte Bilanzierung des Fernsehgerätes hauptsächlich auf werkstofflicher Ebene und nur teilweise auf Bauteilebene. Die ausgewählten Leitparameter konnten mit Hilfe des Programms einfach bestimmt und hinsichtlicht möglicher Alternativen (z. B. Auswirkungen reduzierter elektrischer Leistungsaufnahme auf den Leitparameter Primärenergieverbrauch) variiert werden. Prinzipiell ist eine vollständige Modellierung des Untersuchungsgegenstandes denkbar. Umberto ermöglicht eine sehr übersichtliche und transparente Bearbeitung. Die Erweitertung des Programms um ein Wirkungsbilanzierungs- und Bewertungsmodul ist sinnvoll, sofern viele verschiedene Modelle der Wirkungsbilanzierung und vor allem der Bewertung berücksichtigt werden und die Struktur transparent bleibt. Letzteres ist durch eine strikte Trennung von Sach- und Wirkungsbilanz bzw. Bilanzbewertung zu erreichen.

Nach den Erfahrungen aus diesem Forschungsprojekt sei jedoch vor einer allzu großen „Zahlengläubigkeit" gewarnt. Die jeweiligen Annahmen und Randbedingungen sind sehr genau im Kontext zu beachten. Eine qualitative Beschreibung der Ergebnisse sollte stets Teil einer vollständigen Bilanzierung sein.

Literatur

Fröhlich, G. (1994): Noell Abfall- und Energietechnik GmbH. Niederlassung Goslar. Persönliche Mitteilungvom 14. Dez. 1994

Hofstetter, P. (1990): FCKW-Einsatz und Entsorgung in der Kälte- und Klimatechnik mit ökologischem Vergleich heutiger Kühlschranksysteme und Ausblick auf alternative Kühlsysteme. Schaffhausen

IZT (1995): Ökologische Bewertung von Telefonkonzepten. Berlin. unveröffentlicht

IZT (1995): Ökologische Bewertung von Bodenstaubsaugern. Berlin. unveröffentlicht

Microelectronics and Computer Technology Corporation (MCC) (1993): Environmental Consciousness: A Strategic Competitiveness Issue for the Electronics and Computer Industry; Comprehensive Report: Analysis and Synthesis. Task Force Reports. Appendices. Austin, TX

PA Consulting Group (1992): ECO-Labeling Criteria for Dishwasher Maschines

Schöps, D. (1994): Elpro Elektronik-Produkt Recycling GmbH. Braunschweig. Persönliche Mitteilung vom 8. Aug. 1994

Behandlung von Kosten und Materialeigenschaften in Stoffstromnetzen am Beispiel der Abfallbehandlung

Mario Schmidt, Heidelberg

Das Programm Umberto dient der Berechnung von Stoff- und Energiestromnetzen, d. h. es werden Flüsse auf einer physikalisch meßbaren Ebene dargestellt. Als Berechnungseinheiten werden Kilogramm (kg) für die massebehafteten Materialien und Kilojoule (kJ) für die energetischen Materialien verwendet. Zwar können für die Eingabe von Werten und für die Darstellung von Ergebnissen auch andere Einheiten verwendet werden, sie werden für die Berechnung jedoch immer auf kg und kJ zurückgeführt, was eine wichtige Voraussetzung für die innere Konsistenz der Stoff- und Energiestromberechnung ist.

Trotzdem treten hin und wieder Fragestellungen auf, die nicht allein auf der physikalischen Ebene der Stoff- und Energiestromrechnung liegen. Ein Beispiel dafür ist die Berücksichtigung der Kosten. Nun soll Umberto nicht die Kostenrechnung ersetzen oder sich zu einem Universalprogramm wandeln. Mit der geschickten Verwendung der Materialhierarchie und der Darstellungseinheiten sowie der benutzereigenen Definition von Transitionen besteht jedoch die grundsätzliche Möglichkeit, auch weitergehende Fragestellungen zu behandeln. So können mit Umberto auch die Kosten und Erträge von Prozessen sowie die Zusammensetzung von Materialien, die sich im Verlauf des Stoffstromnetzes verändern können, modelliert werden. Dies verdeutlicht ein stark vereinfachtes Beispiel aus der Abfallwirtschaft.

In Abb. 1 ist ein einfaches Beispielnetz einer Hausmüllsammlung und -entsorgung dargestellt. Es setzt sich aus folgenden Einzelprozessen bzw. Transitionen zusammen:

- Sammeltransport:
  Der Hausmüll wird – in seiner Zusammensetzung unverändert – transportiert. Mit dem Transport sind Kosten verbunden, die sich einerseits aus den Betriebskosten (Dieselkraftstoff) und andererseits aus den Abschreibungskosten der Fahrzeuginvestition zusammensetzen. Personalkosten werden hier vernachlässigt.
- Eisen (Fe)-Abscheidung:
  Aus dem antransportierten Hausmüll wird der Eisenanteil zu einem frei wählbaren Anteil aussortiert. Er verläßt das System als Eisenschrott. Der Hausmüll verläßt mit verringertem Eisengehalt den Prozeß. Die Kosten setzen sich aus

Mario Schmidt, Andreas Häuslein (Hrsg.)
Ökobilanzierung mit Computerunterstützung

der Abschreibung der Anlage und den Personalkosten zusammen. Sie sind mittels der Parameter frei einstellbar. Die Erträge hängen von der Menge an Eisenschrott und dem erzielbaren Preis für Eisenschrott ab, der als Parameter einstellbar ist.

- MVA:
  Der Kohlenstoff und der Schwefel im Hausmüll werden zu CO_2 und SO_2 umgesetzt. Die zu deponierende Schlacke enthält – unter vereinfachten Annahmen – den Rest des Hausmülls. Die Kosten setzen sich aus der Abschreibung der Anlage und den Personalkosten zusammen. Die Erträge hängen von der Menge des angelieferten Hausmülls und dem Preis pro Tonne Hausmüll ab, der wiederum als Parameter einstellbar ist.

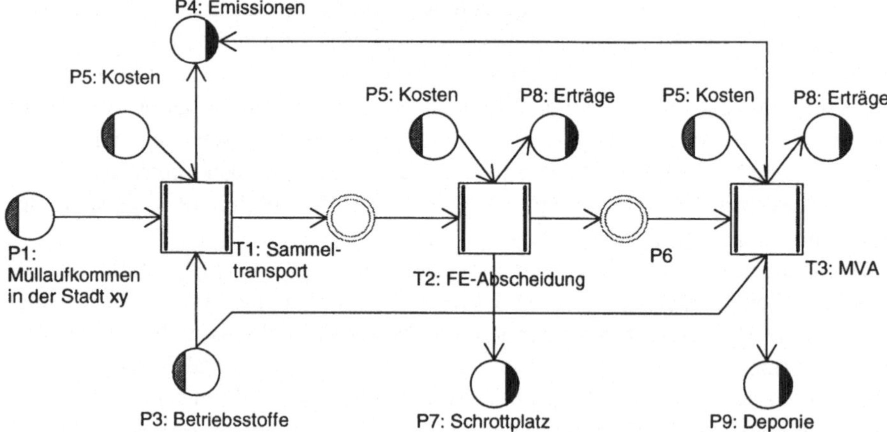

Abb. 1. Vereinfachtes Beispiel der Hausmüllsammlung und -entsorgung

Der Materialbaum ist nun so aufgebaut, daß dem Material „Hausmüll" Untereinträge „Hausmüllmenge", „Hausmüll-FE-Gehalt", „Hausmüll-Kohlenstoffgehalt" und „Hausmüllmenge-Schwefelgehalt" zugeordnet sind. Diese Einträge definieren quasi den Hausmüll in Menge und Zusammensetzung. Für die Gehalte wurde über das Unitfenster „%" als Display-Unit gewählt. Damit die Gehalte die mengenmäßige Gesamtbilanz des Hausmülls nicht verfälschen, wurde eine willkürliche Umrechnung von $1\ \% \Rightarrow 1 \cdot 10^{-12}$ kg gewählt.

Ähnlich wurde mit den Kosten und Erträgen verfahren. Auch sie wurden quasi materialisiert, indem im Unit-Fenster eine willkürliche Umrechnungseinheit, in diesem Fall $1\ \text{DM} \Rightarrow 1 \cdot 10^{-20}$ kg gewählt wurde. Abschreibungen, Personal- und sonstige Betriebskosten wurden einer Materialgruppe „Kosten" zugeordnet. Alle Kosten werden von einer eigenen Inputstelle „Kosten" abgebucht, alle Erträge auf eine eigene Outputstelle „Erträge" geleitet. In Abb. 2 ist das Bilanzergebnis für das Netz zu sehen: Neben der Hausmüllmenge wird die Zusammensetzung des Mülls dargestellt. Außerdem werden die Kosten des Systems angezeigt.

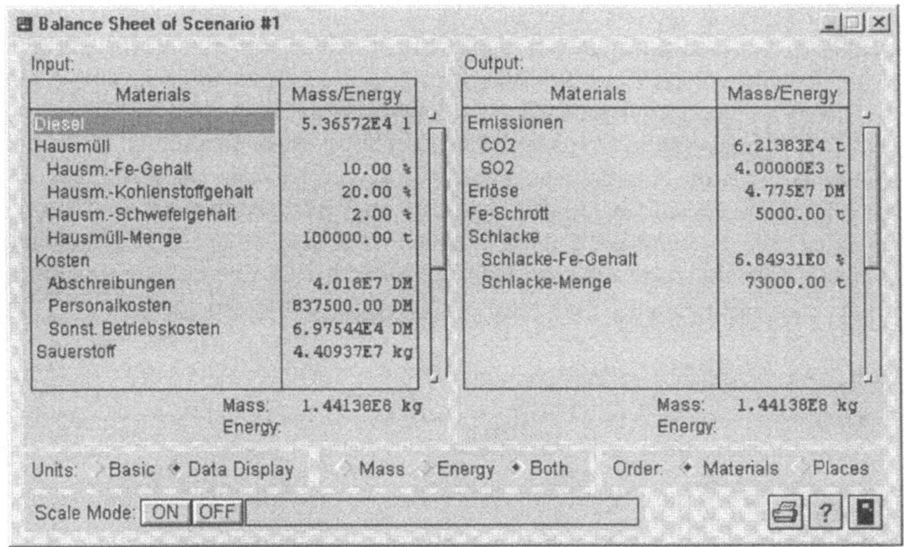

Balance Sheet of Scenario #1

Input:

Materials	Mass/Energy
Diesel	5.36572E4 l
Hausmüll	
Hausm.-Fe-Gehalt	10.00 %
Hausm.-Kohlenstoffgehalt	20.00 %
Hausm.-Schwefelgehalt	2.00 %
Hausmüll-Menge	100000.00 t
Kosten	
Abschreibungen	4.018E7 DM
Personalkosten	837500.00 DM
Sonst. Betriebskosten	6.97544E4 DM
Sauerstoff	4.40937E7 kg

Mass: 1.44138E8 kg
Energy:

Output:

Materials	Mass/Energy
Emissionen	
CO2	6.21383E4 t
SO2	4.00000E3 t
Erlöse	4.775E7 DM
Fe-Schrott	5000.00 t
Schlacke	
Schlacke-Fe-Gehalt	6.84931E0 %
Schlacke-Menge	73000.00 t

Mass: 1.44138E8 kg
Energy:

Units: Basic Data Display Mass Energy Both Order: Materials Places
Scale Mode: ON OFF

Abb. 2. Bilanzergebnis des Netzes aus Abb. 1 unter Berücksichtigung der Kosten und der Müllzusammensetzung

Das Netz kann natürlich auch so ausgewertet werden, daß an beliebig anderer Stelle, z. B. nach der Fe-Abscheidung, die Hausmüllzusammensetzung überprüfbar ist. Die Kosten können weiterhin nach den einzelnen Prozessen aufgegliedert werden.

Bevor solche Bilanzen erzeugt werden können, müssen allerdings die Prozesse entsprechend modelliert werden. Dies erfolgte im vorliegenden Beispiel mit benutzereigenen Definitionen für die Transitionen. Dabei müssen die Umrechnungen der Gehaltsangaben und der Kosten auf die physikalischen Einheiten entsprechend berücksichtigt werden.

In Abb. 3 und Abb. 4 ist die Transition „Sammeltransport" beschrieben, die einen Lkw-Transport mit max. 8 t Zuladung und einem Dieselverbrauch von 25 kg pro 100 km darstellen soll. Die Variablennamen (X00, X01...) aus Abb. 3 für den In- und Output tauchen wieder in den Formeln von Abb. 4 auf. Die Größen L00, L01... sind lokale Hilfsgrößen. Die Größen C00, C01.. sind die Parameter aus der Liste in Abb. 3.

Die Hausmüllmenge und die Gehalte werden auf Input- und Outputseite explizit aufgeführt. Da sich der Hausmüll in Menge und Zusammensetzung nicht ändert, besteht zwischen Input und Output jeweils eine Identität (siehe erste Gleichungen in Abb. 4). Der Dieselverbrauch wird aus der Transportweite (C00), dem Auslastungsgrad (C01) und der Hausmüllmenge berechnet. Daraus lassen sich die CO_2-Emissionen berechnen bzw. zusammen mit dem Schwefelgehalt des Dieselkraftstoffs (C02) die SO_2-Emissionen. In diesem Fall wurde auch der Sauerstoffbedarf für die Verbrennung berechnet.

Auf die gleiche Weise werden auch die Kosten errechnet. Die Kraftstoffkosten werden als Betriebskosten geführt und errechnen sich aus dem Kraftstoffverbrauch (X04) und einem Preis von 1,30 DM/Liter. Sie sind also letztendlich abhängig von der Menge an transportiertem Müll. Allerdings muß bei den Kosten die Skalierung von 10^{-20} berücksichtigt werden. Die Investitionskosten werden müllmengenunabhängig über die Abschreibungsdauer zu gleichen Anteilen auf die Bilanzperiode (üblicherweise ein Jahr) verteilt. Die Länge der Bilanzperiode wird mit DAYS abgefragt. Die Größe GWFY dient lediglich einer Skalierung, falls Schaltjahre auftreten. Grundsätzlich wäre an dieser Stelle auch eine Zinsrechnung möglich, bei der über einen Parameter ein Zinsfuß eingetragen werden könnte.

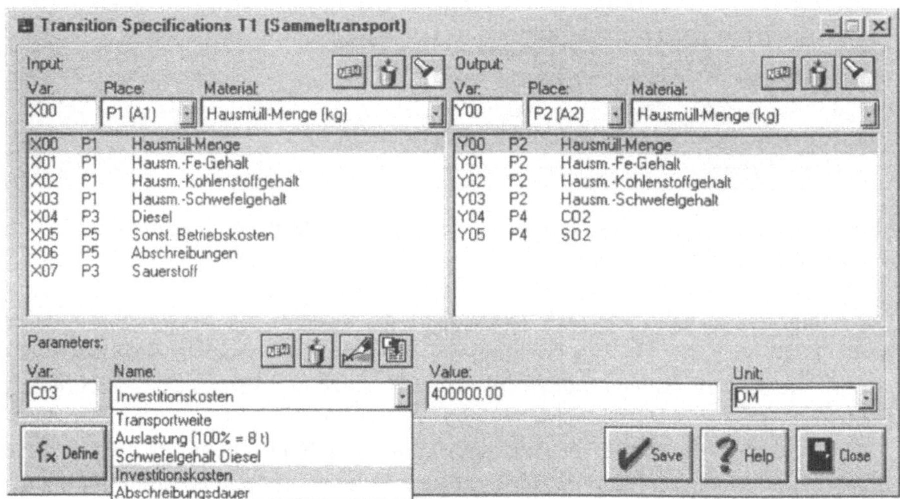

Abb. 3. Spezifikation des Prozesses Sammeltransport

X00 = y00	Y03 = x03
Y00 = x00	X04 = c00/100*25*x00/(8000*if(=(c01,0),1,c01)/100)
X01 = y01	Y04 = 3.1*x04
Y01 = x01	Y05 = 2*c02/100*x04
X02 = y02	X05 = 1.3E-20*x04/0.832
Y02 = x02	X06 = c03*1e-20*GWFY*(DAYS*GWFY/(c04*365))
X03 = y03	X07 = y04*(1-1/3.1)

Abb. 4. Die Formeln zur Spezifikation des Sammeltransportes

In den Abb. 5 und Abb. 6 ist die Definition der Transition „FE-Abscheidung" dargestellt. In diesem Fall ändern sich nun auch die Menge und der Gehalt im Hausmüll. Dies muß bei der Berechnung der Materialströme berücksichtigt werden. Auf der Outputseite wird der FE-Gehalt geringer sein als auf der Inputseite. Die Sortierquote ist über den Parameter C00 flexibel einstellbar. Bei der Berechnung des Gehaltes muß der o. g. Skalierungsfaktor 10^{-12} entsprechend berücksichtigt werden. Da sich durch Aussortieren des FE-Metalls die Gesamtmenge an Hausmüll ändert, muß auch der Gehalt an Kohlenstoff und Schwefel auf der Outputseite neu berechnet werden.

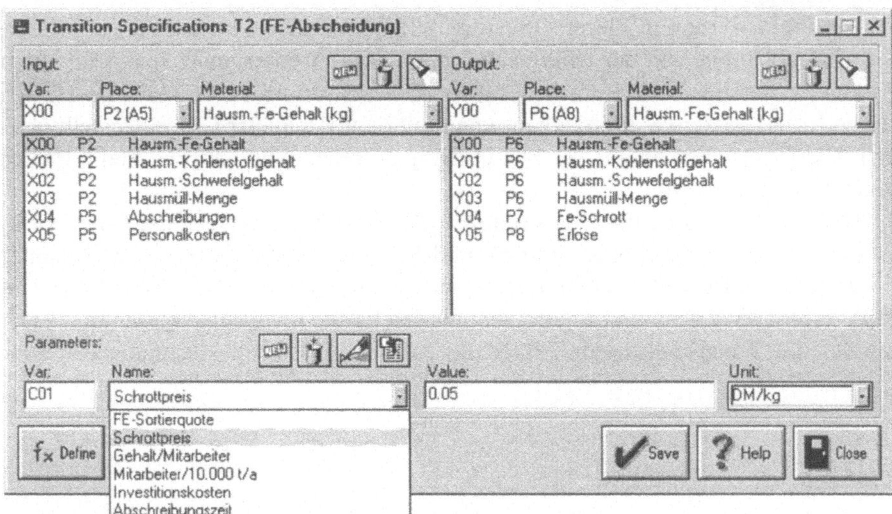

Abb. 5. Spezifikation des Prozesses FE-Abscheidung. Die Personalkosten können über Parameter verändert werden, ebenso die Erlöse aus dem Schrottverkauf.

L00 = y04	L03 = (x01/1e-10*x03)/y03*1e-10
L00 = x00/1e-10*x03*c00/100.0	Y01 = L03
L00 = y00/1e-10*y03/(1-c00/100)*c00/100	L04 = Y02
Y04 = L00	L04 = (x02/1e-10*x03)/y03*1e-10
L01 = y03	Y02 = L04
L01 = x03-y04	X03 = y03+y04
Y03 = L01	X00 = (y00/1e-10*y03+y04)/x03*1e-10
L02 = Y00	X01 = (y01/1e-10*y03)/x03*1e-10
L02 = (x00/1e-10*x03*(1-c00/100.0))/y03*1e-10	X02 = (y02/1e-10*y03)/x03*1e-10
L02 = y04/c00*100*(1-c00/100)/y03*1e-10	Y05 = c01*y04*1e-20
Y00 = L02	X05 = c02*1e-20*c03*x03/10000000+c02*1e-20
L03 = y01	X04 = c04*1e-20*GWFY*(DAYS*GWFY/(c05*365))

Abb. 6. Die Formeln zur Spezifikation der FE-Abscheidung

Die Transition ist so aufgebaut, daß das System sowohl in Flußabwärts-Richtung als auch in Flußaufwärts-Richtung gelöst werden kann. Im Normalfall werden Menge und Zusammensetzung des Hausmülls beim Input in das System, also an P1, bekannt sein. Es könnte aber auch hinter der Transition T2 die Menge an (sortiertem) Hausmüll, der Kohlenstoff- und Schwefelgehalt bekannt sein. Aus der Schrottmenge (P7) und der Sortierquote (Parameter C00) errechnet das System dann die Hausmüllmenge und -zusammensetzung „flußaufwärts". Zu diesem Zweck müssen im Formelsatz die Berechnung der Outputströme aus den Inputströmen und umgekehrt die Berechnung der Inputströme aus den Outputströmen berücksichtigt sein.

Weiterhin werden in dieser Transition auch die Personalkosten berücksichtigt. Sie sind abhängig von der Müllmenge, die sortiert werden muß, und von einem Parameter für die Anzahl der benötigten Arbeiter pro 10.000 t Müll. Der spezifische Erlös aus dem Schrottverkauf kann mit dem Parameter C01 eingestellt werden. Die Erlöse werden aus der Schrottmenge errechnet und auf die Stelle P8 gebucht.

Analog dazu wurde die Transition T3 „Müllverbrennung" definiert. Der Kohlenstoff und Schwefel werden zu CO_2 und SO_2 verbrannt. Der restliche Hausmüll findet sich – einschließlich dem Restgehalt an Eisen – in der Schlacke wieder. Die Müllverbrennung bestimmt im übrigen mit den hohen Investitionskosten und Erlösen für die Tonne entsorgten Mülls die Kosten- und Ertragsrechnung des Beispiels.

Ausblick

Die Einbeziehung von Kosten bzw. die Berücksichtigung von Materialeigenschaften eröffnet einige interessante Anwendungsmöglichkeiten, für die Umberto ursprünglich nicht vorgesehen war. Durch die Materialhierarchie und die Möglichkeit, zusätzliche Umrechnungseinheiten für die einzelnen Materialien zu definieren, können auch nichtmaterielle Flüsse, z. B. Geldflüsse oder Materialeigenschaften im Stoffstromnetz „transportiert" werden. Solche Anwendungen sollten allerdings nur von erfahrenen Modellierern umgesetzt werden, da das Programm hier keine Gewähr z. B. für die Bilanzerhaltung übernimmt. Es ist darauf zu achten, daß intern stets in kg oder kJ gerechnet wird und für den Erhalt der Massenbilanz ein sehr kleiner Umrechnungsfaktor verwendet wird.

Zukünftig kann diese Umrechnung entfallen, da die Einführung einer dritten „Basic Unit", die dann frei definierbar ist und auf die Massen- und Energiebilanz keinen Einfluß hat, geplant ist.

Umberto als Lernmittel im Stoffstrommanagement

Susanne Kytzia, Tania Schellenberg, Zürich

Ausgangslage

Das Stoffstrommanagement fragt nach den stofflichen und energetischen Zusammenhängen einzelner Ausschnitte des Wirtschaftssystems (Unternehmen, Produktlebenswege etc.). Um die notwendigen Informationen zu ihrer Steuerung zu erhalten, muß die real vorhandene Komplexität dieser Systeme vereinfacht werden.

Lernziel

In der Lerneinheit soll die Fähigkeit der zielgerichteten Vereinfachung vermittelt und geübt werden. Zielgruppe sind betriebliche „Stoffstrommanagerinnen[1]", sowohl mit technisch/naturwissenschaftlichen als auch mit kaufmännischen Vorkenntnissen. Technikerinnen und Naturwissenschaftlerinnen ist das Werkzeug der Stoffflußanalyse in der Regel bekannt – allerdings nur auf der Ebene einzelner Prozesse, Umweltmedien oder Verfahrensschritte. Sie sollen lernen, eine entscheidungsbezogene Gesamtschau der Prozesse zu erstellen. Ökonominnen hingegen sind mit einer vereinfachenden und entscheidungsbezogenen Denkweise vertraut – jedoch lediglich durch das Hilfsmittel der Geldeinheiten. Ihnen gilt es, ein Verständnis der Stoffflußanalyse und ihrer Relevanz für betriebliche Entscheidungen zu vermitteln (vgl. Kytzia, 1996, S. 140f).

Um die Strukturierung eines vielschichtigen Problems zu üben, werden in der Lerneinheit mehrere kognitive Dimensionen (nach Bloom, 1965) angesprochen. Im ersten Teil wird System*verständnis* und dessen *Anwendung* vermittelt. Durch den Vergleich zweier Systeme (In-House-Bilanz, LCA) wird eine *Syntheseleistung* gefordert, die eine kritische *Beurteilung* ermöglicht.

[1] Die im folgenden durchgehend verwendete weibliche Form steht stellvertretend für beide Geschlechter.

Mario Schmidt, Andreas Häuslein (Hrsg.)
Ökobilanzierung mit Computerunterstützung

Lernmittel

Als Lernmittel wird eine Fallstudie eingesetzt, die mit EDV-Unterstützung (Umberto) bearbeitet werden soll. Die verwendete Bilanzierungssoftware:

- erleichtert die Datenerfassung durch eine interne Bibliothek von Transitionsmodulen,
- liefert strukturierende Elemente zur Eingabe und Auswertung von Daten,
- unterstützt das Systemverständnis durch Visualisierung der Systemstruktur am Bildschirm und
- eröffnet einen einfachen Zugang zu einer flexiblen Datenauswertung.

Damit bietet der Softwareeinsatz die Möglichkeit, verschiedene Denkebenen anzusprechen und erleichtert dadurch das Erlernen der abstrakten Inhalte. Der Inhalt erscheint in drei Repräsentationsformen (vgl. Abb. 1).

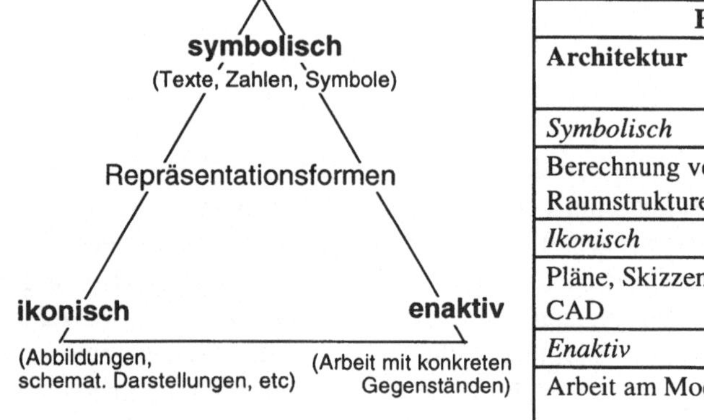

Beispiele	
Architektur	**Stoffstrom-management**
Symbolisch	
Berechnung von Raumstrukturen	Stoffbuch-haltung
Ikonisch	
Pläne, Skizzen, CAD	Netzstruktur
Enaktiv	
Arbeit am Modell	Arbeit am Rechner

Abb. 1. Repräsentationstrias nach Bruner, 1966

Die symbolische Repräsentationsform entspricht verbalen Textangaben oder Zahlen, z. B. Stoffbilanzen und deren Gleichungssysteme. Die ikonische Form entspricht einer visuellen Darstellung, die sich an die Wahrnehmung der Betriebsstruktur anlehnt (z. B. verfahrenstechnische Schemata). Umberto bietet hier eine eigene ikonische Ausdrucksform (Stellen, Transitionen, Pfeile) und erleichtert durch die aktive Bildoberfläche ihre Anwendung wesentlich. Die dritte Repräsentationsform beinhaltet die Bearbeitung des Problems mit Hilfe von konkreten Gegenständen. Mit Umberto entspricht dies der Bearbeitung des Systems am Rechner. Durch das Zeichnen der Netzstruktur und die Möglichkeit, Parameter zu variieren und unterschiedlich auszuwerten, werden die Eigenschaften des Stoffstromsystems vertieft.

Ziele der einzelnen Lernschritte

In der Lerneinheit sollen die Teilnehmerinnen das Konzept der Stoffflußanalyse verstehen, ihre Anwendung üben und lernen, ihre Ergebnisse zu interpretieren (vgl. Baccini und Bader, 1996, S. 55 ff). Dazu werden folgende Lernschritte unterschieden:

1. Lernschritt: Systemanalyse
Auf der Grundlage einer allgemeinen Problembeschreibung werden die relevanten Fragen formuliert und die Prozesse, Stoffflüsse und Lager ausgewählt, deren Analyse die Beantwortung der Fragen unterstützt. Aus den verschiedenen Systemelementen wird das Gesamtsystem zusammengesetzt.

2 Lernschritt: Erstellen von Stoffstromnetzen
Die erarbeiteten Systeme können in die Terminologie der Stoffstromnetze übersetzt und mit Hilfe der Software modelliert werden. Die Teilnehmerinnen lernen, das Modell mit betrieblichen Daten zu spezifizieren.

3. Lernschritt: Auswertung und Interpretation eines Systemmodells
Die Teilnehmerinnen erkennen, welche Informationen sich aus ihrem Modell gewinnen lassen und wie diese im betrieblichen Stoffstrommanagement eingesetzt werden.

4. Lernschritt: Interpretation mehrerer Systemmodelle und Synthese
Die Teilnehmerinnen erfahren, daß Stoffstrommodelle keine eindeutigen Entscheidungsgrundlagen liefern. Sie üben den Umgang mit Widersprüchen aufgrund unsicherer/unvollständiger Informationen.

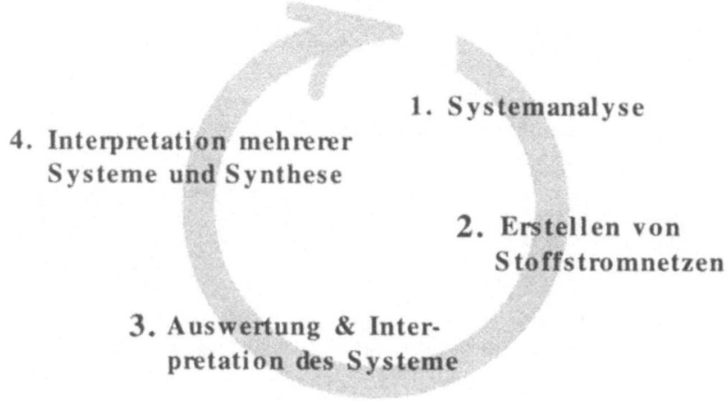

Abb. 2. Aufbau der Lerneinheit in vier Lernschritte

Fallstudie „tragbar"

Für die Fallstudie wird ein fiktives Unternehmen gewählt. Die TASA AG ist ein mittelständisches Schweizer Unternehmen der Verpackungsindustrie. An ihrem Betriebsstandort „Winzig" fertigt sie Papiertragetaschen (Produktname: „tragbar"), die von großen Nahrungsmittelverteilern an ihre Kunden abgegeben werden. Im Umweltbereich sieht sich die TASA AG mit zwei Problemen konfrontiert. Einerseits soll das ökologische Produktprofil ausgebaut und erhalten werden („Ist Papier umweltfreundlicher?"), andererseits will die TASA AG ein Umweltmanagementsystem an ihrem Betriebsstandort einführen.

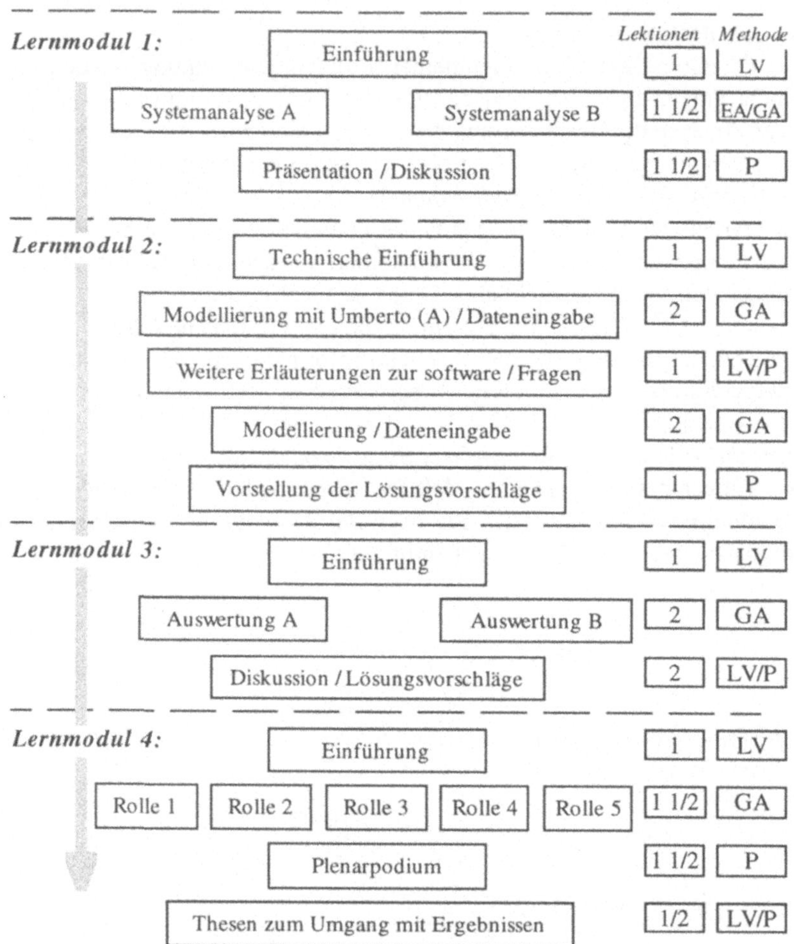

Abb. 3. Gestaltung der Lerneinheit "tragbar". Der zeitliche Ablauf wird in Lektionen à 45 Minuten angegeben. Unterrichtsmethoden sind: LV: Lehrervortrag, EA: Einzelarbeit, GA: Gruppenarbeit, P: Diskussion im Plenum

Die Teilnehmerinnen erhalten den Auftrag, mit Hilfe der Stoffflußanalyse Entscheidungsgrundlagen für beide Problemfelder zu erarbeiten. In vier Lernmodulen werden zwei Fragen parallel und ergänzend bearbeitet. Die erste Frage fokussiert auf das Stoffhaushaltsystem am Produktionsstandort (Gruppe A). Der Produktlebensweg (LCA) steht im Zentrum der zweiten Frage (Gruppe B). Abb. 3 zeigt das vorgeschlagene Vorgehen mit Zeitangaben für vier Seminartage. Als Arbeitsmaterial erhalten sie eine ausführliche Beschreibung der Produktionsprozesse am Betriebsstandort und des relevanten Umfelds.

Lernmodul 1: Systemanalyse

Gruppen A und B bearbeiten ihre jeweilige Frage. In einem ersten Schritt werden in Einzelarbeit die relevanten Fragen formuliert, die Prozesse und Materialien notiert, das Stoffstromnetz handschriftlich skizziert. Anschließend werden die Einzelergebnisse in Gruppen von drei oder vier Personen besprochen. Hier stehen die sinnvolle Reduktion von Prozessen und die Wahl der Systemgrenze im Zentrum. Je ein Gruppenergebnis zu den Fragen A und B wird im Plenum vorgetragen. Abschließend werden zwei Lösungsvorschläge von der Kursleitung verteilt.

Lernmodul 2: Erstellen von Stoffstromnetzen

Gruppen A und B bearbeiten beide die In-House-Betrachtung. Der Lernschritt beginnt mit der technischen Einführung in die Software. Danach werden Elemente der Systemanalyse (Prozesse, Flüsse und Lager) in die Symbolsprache der Stoffstromnetze (Transitionen, Pfeile, Stellen) übersetzt und die handschriftliche Systemskizze auf die Software übertragen (vgl. Abb. 4). Danach werden die in den Arbeitsunterlagen beschriebenen Daten in das System eingegeben. Informationslücken sollen durch Wahl vereinfachender Annahmen oder von Prozessen aus der Bibliothek der Software geschlossen werden. Vorgesehen wird eine Arbeit in Zweiergruppen.

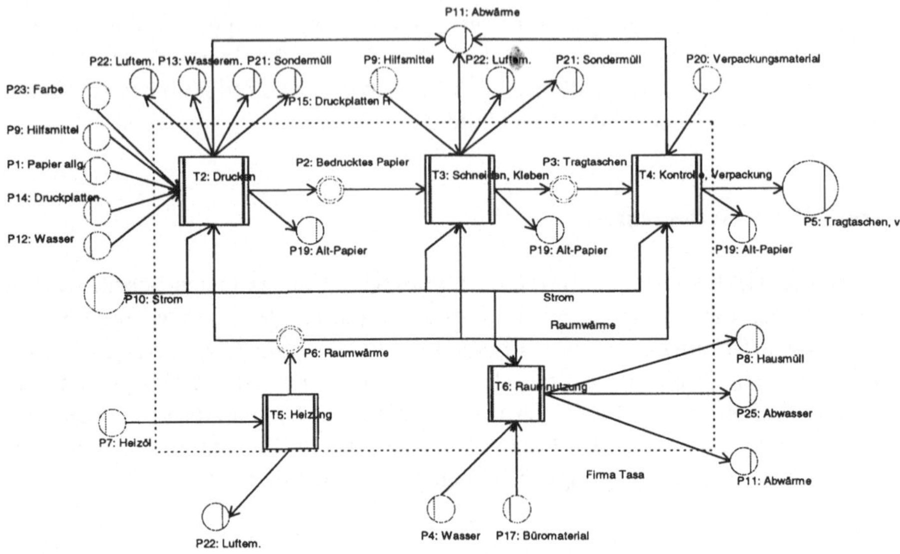

Abb. 4. Stoffstromnetz der In-House-Bilanz der Firma TASA

Lernmodul 3: Auswertung und Interpretation eines Systems

Die Gruppen arbeiten wieder getrennt. Der Gruppe B wird ein Stoffflußmodell für die LCA zur Verfügung gestellt. Die Teilnehmerinnen sollen Bilanzen erstellen und einzelstoffbezogen auswerten. Die Arbeit in Zweiergruppen wird fortgesetzt. Die Kursleitung gibt Fragen vor, um die Auswertung zu strukturieren. Beispiele dafür sind:

Gruppe A:

- Welche Prozesse dominieren den Energieverbrauch am Produktionsstandort (vgl. Abb. 5A)?
- Wieviel Energie könnte durch eine Reduktion des Ausschusses verschiedener Produktionsschritte eingespart werden?

Gruppe B:

- Welche Prozesse entlang des Lebenswegs dominieren im Energiverbrauch? (vgl. Abb. 5B)?
- Welche Energiemengen können durch eine Erhöhung des Recyclinganteils im Papier, die Verlängerung der Produktlebensdauer oder die Erhöhung der Recyclingquote eingespart werden?

Die Ergebnisse der beiden Gruppen werden von je einer Zweiergruppe im Plenum zur Diskussion gestellt.

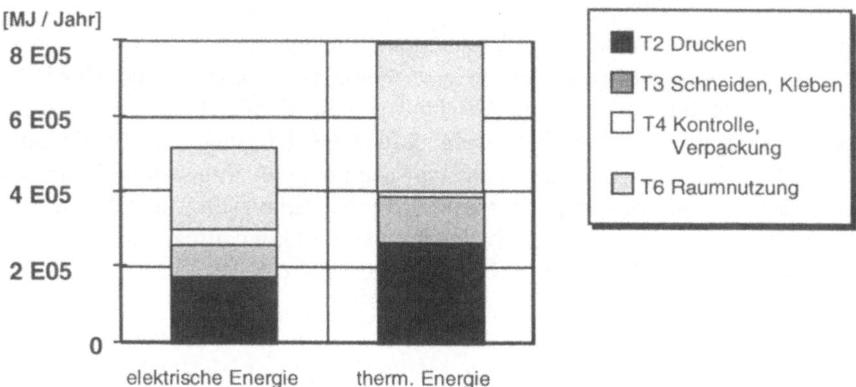

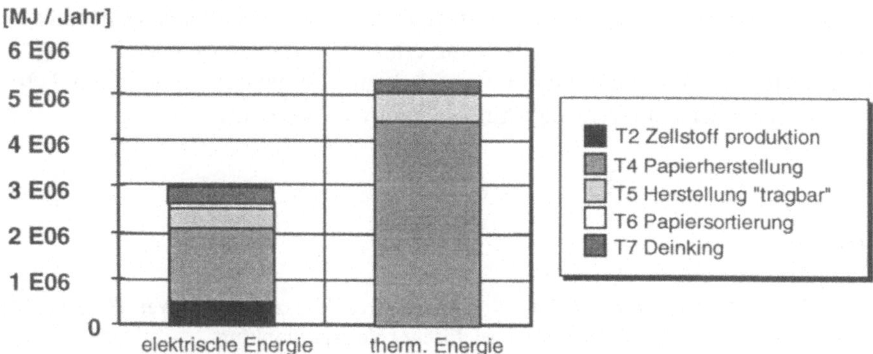

Abb. 5. Energieverbrauch verschiedener Prozesse in der Inhouse-Bilanz (Projekt TASA) und im Produktlebensweg (B) einer Papiertragtasche „tragbar". Als Grundlage diente die „LCA Papier", ein Anschauungsbeispiel des Programms Umberto. Sie wurde mit Daten des Projekts TASA ergänzt.

Lernmodul 4: Interpretation mehrerer Systeme und Synthese

Lernmittel ist das Rollenspiel. Die Teilnehmerinnen erarbeiten auf der Grundlage der Ergebnisse von Lernschritt 3 Argumentationslinien für verschiedene Standpunkte in einer Podiumsdiskussion. Zum Thema „Wie wird die Firma TASA umweltverträglicher?" werden folgende Rollen vorgeschlagen:

- Umweltbeauftragte der Firma TASA
- Umweltbeauftragte der Stadt „Winzig"
- Geschäftsführerin der Firma TASA

- Vertreterin des Konsumentenschutzes
- Moderierende Journalistin

Zu jeder Rolle wird eine kurze Beschreibung abgegeben. Die Teilgruppen bereiten sich auf die Diskussion vor. Je eine Vertreterin nimmt anschließend die Rolle im Plenarpodium wahr. Zum Abschluß verteilt die Kursleitung zusammengetragene Thesen von Praktikern zum kritischen Umgang mit Stoffbilanzmodellen. Die Kursleitung weist auf das typische iterative Vorgehen in der Praxis hin: Beiträge aus verschiedenen Positionen werden aufgegriffen und können zu Anpassungen sowohl in der Materialwahl als auch im Grundaufbau von Systemen führen. Damit schließt sich der in Abb. 1 dargestellte Kreis.

Durch den modularen Aufbau der Lerneinheit, kann die oben vorgeschlagene Struktur variiert werden. Sie kann so an das Zeitbudget, die technische Ausstattung, Vorkenntnisse der Kursleitung und der Teilnehmerinnen angepaßt und auf bestimmte Lernziele fokussiert werden. Beispiel: Die vorgeschlagene Lerneinheit wird einem Halbtagesseminar im Modul „Umweltmanagement und Umweltaudit" im Rahmen des Nachdiplomstudiengangs Umweltgerechte Produktion (NDUP) in Zürich angepaßt. Die Teilnehmerinnen bearbeiten in Modul 1 lediglich die Fragestellung A. An die Stelle ihrer Arbeit am Computer (Modul 2 und 3) tritt ein entsprechender Lehrervortrag. Auf Modul 4 wird verzichtet.

Literatur

Bloom, B. (1965): Taxonomy of Educational Objectives. Auszug in: Meyer, H. L. (1974): Trainingsprogramm zur Lernzielanalyse. Fischer Verlag. Frankfurt

Baccini, P. und Bader, H. P. (1996): Regionale Stoffhaushalt. Erfassung, Bewertung und Steuerung. Spektrum Bhenden Verlag. Heidelberg

Bruner, J. S., (1966): Studies in cognitive growth. Wiley. New York. Deutsch: (1971) Studien zur kognitiven Entwicklung. Klett Cotta Verlag. Stuttgart

Kytzia, S. (1996): Die Ökobilanz als Bestandteil des betrieblichen Informationsmanagements. Verlag Ruegger. Zürich

Stoffstromanalyse am Beispiel der Herstellung einer Umwälzpumpe

Oliver Ebert, Hamburg

Der Produzent

Die deutsche Tochtergesellschaft des Grundfos Konzerns wurde in den 60er Jahren in Wahlstedt bei Bad Segeberg gegründet. Der Betrieb beschäftigt heute ungefähr 1200 Mitarbeiter auf einer überbauten Produktionsfläche von ca. 42.000 m². Die Produktpalette reicht von unterschiedlichsten Umwälzpumpen für den Heizungsbau bis hin zu Grundwasserförderanlagen.

Ziel

Betrieblicher Umweltschutz muß zwei wichtige Funktionen erfüllen. Erstens sind die einen Betrieb betreffenden *Stoff- und Energieströme* aufzuzeigen. Zweitens gilt es, das Zusammenspiel der *Verursacher* dieser Ströme zu erkennen. Ein derartiges Stoffstrommanagement erfordert Information, d. h. ein ökologisches Informationssystem, welches die Stoffströme, ihre Verursachung und Vernetzung deutlich macht. Die Grundlage dazu bietet das Programm Umberto. Eine erste Untersuchung eines ausgewählten Produktes mit Umberto soll bei Grundfos die Funktion einer *Keimzelle* haben. In die bestehenden Datenbestände und Netzstrukturen fügen sich nach und nach andere Pumpentypen, die Lieferanten- und auch Wiederverwertungsdaten ein, so daß ein umfangreiches und geschlossenes Informationssystem als Werkzeug zur ökologischen Optimierung und Planung bereit stehen soll. Komfortabel soll außerdem die Beschaffung von nachvollziehbaren Stoff- und Energiestromdaten sein, welche z. B. im Zertifizierungsfall für das Öko-Audit erhoben werden müssen (Umweltberichterstattung). Eine produktbezogene Betrachtung stofflicher und energetischer Ströme als Grundlage für den innerbetrieblichen Umweltschutz ist hier der Grundgedanke dieser Untersuchung bei Grundfos und wird zunächst an einem ausgewählten Produkt exemplarisch entwickelt. Wohlgemerkt liegt hier die Betonung auf *innerbetrieblich*, womit zunächst einmal der *Bilanzierungsrahmen* dieser ersten Untersuchung festgelegt wurde.

Mario Schmidt, Andreas Häuslein (Hrsg.)
Ökobilanzierung mit Computerunterstützung

Umsetzung

Die *Sachbilanz* ist Kernstück einer jeden Ökobilanz. Die ermittelten Daten sind die Arbeitsgrundlage der Bewertung und müssen daher auch klar nachvollziehbar sein. Welche Daten sind wichtig? Welche sind umweltrelevant? Genau das war bei der Datenaufnahme besonders schwer einzuschätzen, denn GWP[1] ist kein Vollproduzent, sondern bearbeitet und montiert zumeist vorproduzierte Bauteile (Halbprodukte) zu einem Endprodukt. Starke produktionsbedingte Emissionen wie z. B. bei der Stahl- oder Aluminiumgewinnung fallen *nicht unmittelbar* an. Es stellt sich also die Frage nach der Umweltrelevanz des Standorts Wahlstedt bezogen auf die UPE-Produktion[2]. Sind es hier die hohen Energieverbräuche, die Kühl- und Schmierstoffe oder der Grundwasserverbrauch? Wo sollen die Schwerpunkte der Optimierung liegen? Am Anfang stand daher eine Aufnahme von sämtlichen, auf relativ einfache Art und Weise zu erhaltenen Daten. Soweit wie möglich sollen der Energie- und Materialbedarf eines jeden Produktionsschrittes ermittelt werden.

Ermittlung der Energiemengen

Der Energieverbrauch einer Maschine wurde pro hergestelltes Stück bestimmt. Standzeiten (Pausen, Ausfälle), Stand-by[3]-Verbräuche und Leistung des Bedienungspersonals blieben dabei unberücksichtigt und müßten ggf. genauer untersucht werden. Die reine Arbeitszeit in einer Schicht sind mit 7 Stunden angesetzt. Allerdings sind die Stückzahlen pro Schicht bzw. Zeiteinheit z. T. Erfahrungswerte der Mitarbeiter, so daß auch hier mit einem Fehler zu rechnen ist. Gemessen wurde mit einem integrierenden Strommeßgerät über eine bestimmte Zeit. Die Zeit richtete sich danach, wie gleichmäßig der Verbrauch der Anlage ist. Ein ungleichmäßig ablaufender Prozeß erforderte also eine längere Meßzeit, um entsprechende Mittelwerte zu erhalten. Bei gleichmäßig, zyklisch verlaufenden Arbeitsvorgängen wurde mindestens eine Periode lang gemessen. Geräte mit einem ständig gleichen Verbrauch im eingeschalteten Zustand, wie beispielsweise Fließbänder, waren hingegen nur kurzzeitig dem Meßprozedere ausgesetzt. Die Daten wurden in Tab. 1. zu Energie pro Stück umgerechnet:

Tab. 1. Ein Ausschnitt aus der Energietabelle

	Inv. Nr.	Anzahl der Teile	Zählzeit		Zeit pro Stück	Energie-messzeit	Gemess. Energie	Energie pro Teil
WELLE		n	[min]	[s]	[s/n]	[min]	[kWh]	[kJ]
Drehen	13007	15	30	25	121,66	30	1,69	413,18
Fräsen	13569	3	3	32	70,67	30	1,00	142,18

1 Grundfos Pumpenfabrik GmbH Wahlstedt

2 Produktion des ausgewählten Produktes (Umwälz-Pumpe-Elektronisch)

3 Die Maschine ist angeschaltet, arbeitet aber nicht

In der ersten Spalte werden Bauteile und dazugehörige Transitionen aufgeführt. In der folgenden Spalte stehen die Inventarnummern der Maschinen, um eine eindeutige Zuordnung des Datenbestandes zu gewährleisten. In 30 min. und 25 sek. wurden demnach 15 Wellen gedreht. Das entspricht genau einem kompletten Zyklus, da aus einer Stange Rohmaterial genau 15 Wellen gewonnen werden. Deshalb lag auch die Strommeßzeit bei 30 min.

Ermittlung der Massen

Alle Bauteile wurden gewogen, von der kompletten Pumpe bis zum Gummiring. Teile, die während ihrer Fertigung eine Gewichtsveränderung erfahren, wurden vor und nach diesem Bearbeitungsschritt gewogen. Volumenangaben wurden in Gewichtsangaben umgerechnet.

Die Maschinen bzw. Arbeitsschritte und die daran beteiligten Materialien wurden in Listen aufgeführt und beschrieben. Dazu gehören z. B. der Zustand der Anlage, Verbräuche und Leistungsvermögen. Der Abschnitt sollte auch als *Eingabeliste* für die Bestimmung der Transitionen in Umberto dienen. Diese Liste enthielt somit die Informationen, welche die Transitionen im Netz letztendlich bestimmten. Es folgt ein Beispiel:

Transition: Drehen einer Rotorwelle

Eingesetzt wird eine vollautomatische Drehmaschine mit eigenem Kühl-Schmiermittelkreislauf. Aus etwa 3 m langen Stahlstangen werden 15 Wellen gefertigt. Die Arbeitsgänge sind Rändeln, Drehen und Abstechen. Das Material wird einem Magazin entnommen, welches per Hand nachgefüllt werden muß. Die Endstücke gelangen zum Spanabfall. Pro Tag, 2 Schichten vorausgesetzt, werden ca. 700 Wellen gefertigt.

Tab. 2. Input- und Outputströme einer Drehmaschine für Rotorwellen

Input:	Ca. 18 RM2043	6175g / 15 = 412g
	KSS (Syntilo-RX)[a]	20-30 l/Tag und 300l im Vierteljahr (Gesamt) ≈ 1,3 g/Welle
	Bearbeitungsenergie	413,2 kJ
	Grundwasser	≈ 42g
Output:	Welle UP40 roh 540395	318,6g
	Späne (Stahl)	412-318,6 = 93,4g
	Abwasser, Produktion	300 l im Vierteljahr ≈ 7,14g

[a] 3%iges Mischungsverhältnis mit Grundwasser

Zusammenfassung in Baugruppen

Aufgrund der Vielzahl von Bearbeitungsschritten wurden diese, zur besseren Übersichtlichkeit, in Bauteilgruppen zusammengefaßt. Diese Gruppen entsprechen den *Teilnetzen*[4] in dem Umberto-Szenario für die UPE-32-120-Pumpe. Abbildung 1 zeigt die Bauteilgruppen und ihre Verknüpfungen untereinander.

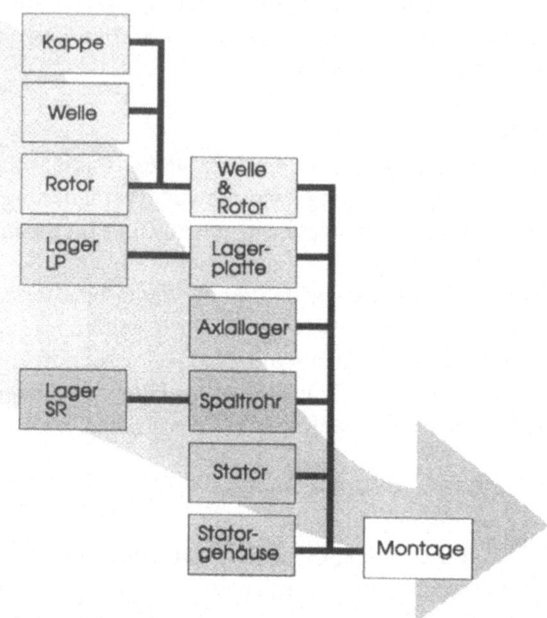

Abb. 1. Anordnungsplan der einzelnen Baugruppen für die UPE-Fertigung

Netz

Aus dieser o. g. Strukturierung ergaben sich im ersten Ansatz der Netzmodellierung in Umberto mehrere Szenarien mit Netzen für die Wellenfertigung, die Rotorfertigung usw. Diese *Teilnetze* hatten den Vorteil, daß sie relativ klein und daher handlich zu bedienen waren. Nicht zuletzt war die schlechte Rechnerleistung ein Kriterium für diese Modellierungsvariante, denn ab einer Netzgröße von ca. 50 Transitionen war der Bildaufbau auf dem zur Verfügung stehenden PC (486 SX, 25 MHz) schon sehr „ruckelig". Außerdem bietet Umberto noch keine Zoom-Funktion, ohne die es bei großen Netzen schwer ist, die Übersicht zu behalten. Um die Ergebnisse der Teilnetze im gesamtbetrieblichen Zusammenhang zu betrachten, also von der Anlieferung der Rohmaterialien bis hin zu Verpackung, mußte noch ein Netz geschaffen werden, welches die Teilnetze untereinander verbindet. In einem neuen Szenario wurde ein Netz aufgebaut, in dem eine Transition für einen bestimmten Arbeitsbereich bzw. Baugruppe steht. Die Transitionen enthalten die Input- und Outputdaten der zuvor berechneten Teilnetze. Bei einer Veränderung in einem Teilnetz, mußte anschließend auch die Veränderung im Gesamtnetz des Betriebes berücksichtigt werden.

---

[4] Der Begriff *Teilnetz* wird bei der Erklärung der Netzstruktur verdeutlicht.

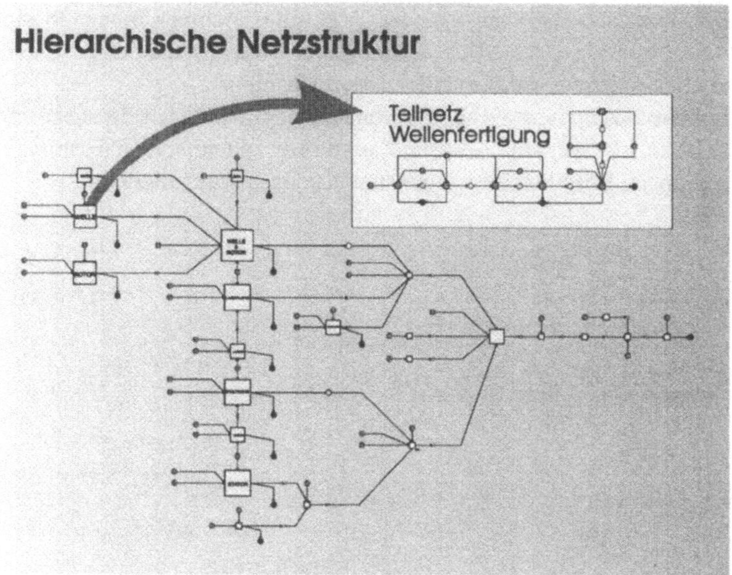

Abb. 2. Gesamtnetz mit Teilnetz in Umberto

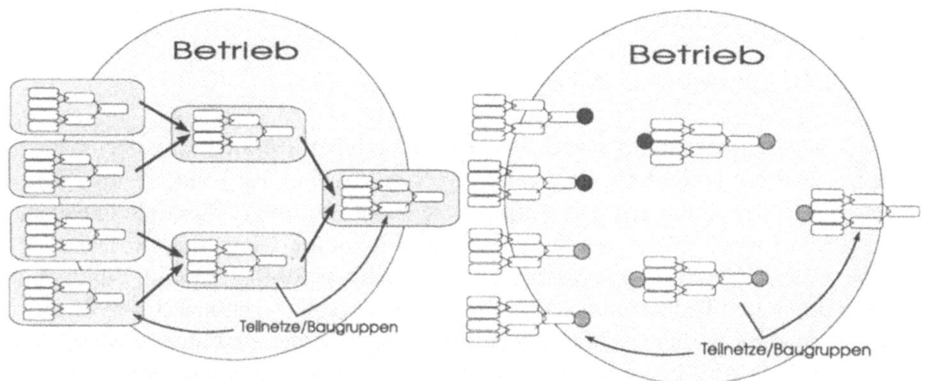

Abb. 3. Schema der zunächst beschriebenen Teilnetzsystematik

Abb. 4. Das Gesamtnetz in schematischer Form mit Connection-Stellen

Die Tatsache, daß nicht nur ein Anwender das Programm bedienen soll und daß bei der Erweiterung des Systems auf mehrere Pumpentypen eine Vielzahl von Szenarien entstehen würden, macht diese Netzvariante letztendlich schwierig handhabbar. Dieser Umstand führte zur Modellierung eines innerbetrieblichen Gesamtnetzes ohne Teilnetze in gesonderten Szenarien. Zum einen waren dann die Schritte des Im- und Exportierens nicht mehr notwendig und zum anderen hatte man auch mehr Informationen, da die Strukturinformation der Stoffstromteilnetze erhalten blieb. Es konnten nun auch Maschinen aus verschiedenen Arbeitsbereichen miteinander verglichen und wie z. B. alle Drehmaschinen in einer Bilanz gegenübergestellt werden. Abb. 3. und Abb. 4. veranschaulichen schematisch den strukturellen Unterschied der beiden Netzaufbauten.

Aus dem Gesamtnetz (Abb. 5.) können auch Teilnetze herausgeschnitten und *einzeln* bilanziert werden. Aufgrund zukünftig zunehmender Rechnerleistung fiel letztendlich die Entscheidung zugunsten des Gesamtnetzmodells.

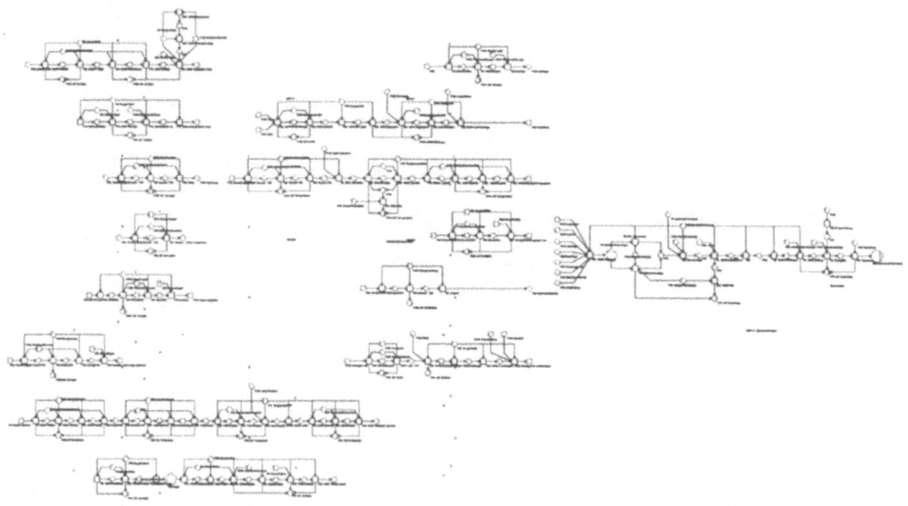

Abb. 5. Gesamtansicht des Netzes

Um die Teilnetzsruktur innerhalb des betrieblichen Gesamtnetzes sichtbar zu machen und um lange Verbindungen zu vermeiden, sind die Teilnetze über Connection-Stellen[5] verbunden. Die Teilnetze scheinen demnach gesondert zu stehen, sind aber dennoch in die gesamtbetriebliche Produktion eingebunden. Das o. g. Problem der Orientierungsschwierigkeit bezüglich der Stoffströme soll durch eine Beschriftung der Teilnetze und Anordnung gemäß Abb. 1 gemindert werden. Besonders wichtig ist ein leichtes Wiederfinden, z. B. einer bestimmten Maschine. Jede Maschine wird in der Regel mindestens durch eine Transition dargestellt. Die Transitionen haben Nummern, die Umberto automatisch vergibt. Im Netz kann man dann mit der *Goto Element*-Funktion in Umberto ein spezielles Element anwählen. Es müßte aber dafür eine Zuordnungstabelle existieren, welche die Beziehung Inventarnummer mit Transitionsnummer darstellt.

Kosten und Stückgewichte

Um einen Überblick über Materialkosten und Stückkosten zu bekommen, können den einzelnen Materialien Stückpreise bzw. Gewichtspreise zugeordnet werden.

[5] Verbindungsstellen – Materialien werden hier einfach durchgeschleust. Haben 2 Netze 2 gleiche Connection-Stellen, so sind sie an diesen Stellen miteinander verbunden.

Bei der Durchschleusung von gleichem Material (z. B. Spaltrohre mit der gleichen Nummer) ist es nicht so einfach möglich, eine Kostenzuordnung vorzunehmen. Das Material, z. B. das Spaltrohr, gewinnt von Schritt zu Schritt an Wert durch die *Arbeit* bzw. Bearbeitungsschritte, die in das Teil investiert wurden, hat aber immer die gleiche Nummer! In Umberto müßte man nun dieses Produkt wiederum in *Untermaterialien* unterteilen, was nicht sinnvoll erscheint, da durch die Vielzahl von Materialien die Übersichtlichkeit leiden würde. Auch das Gewicht pro Stück ist schwierig handhabbar, denn einem Material kann auch nur ein Stückgewicht zugeordnet werden. Deshalb sollte die Umrechnung in Stückgewichte oder Kosten nur bei Teilen am Anfang und am Ende einer Bearbeitungslinie stattfinden, d. h., z. B. ein Spaltrohr mit der Nummer X wiegt Y Gramm am Ende aller Bearbeitungsschritte und das Rondell (Rohmaterial) Z kostet A Mark.

Ergebnisse und Ausblick

Die Entwicklung des Systems und einer kompletten Energie- und Stoffstrombestimmung befindet sich bei Grundfos gerade erst im Anfangsstadium. Es zeichnen sich aber jetzt schon deutliche Fortschritte, gerade im Bereich der Schwachstellenanalyse, ab. Allerdings muß man dazu sagen, daß zunächst einmal nicht das Instrument Umberto dazu verhalf, sondern allein die gewissenhafte Ermittlung von Produktionsdaten führte zu den Erkenntnissen. Der Nutzen von Umberto kommt dann ins Spiel, wenn es darum geht, Alternativmaterialien bei der Herstellung zu verwenden oder Produktionstechniken zu variieren. Die mögliche Einbeziehung von Kosten muß hier noch als ein wichtiger Punkt beurteilt werden. In Szenarien mit den entsprechenden Modifikationen können so Material- und Energieströme sowie Kosten bzw. Kapitalströme besser abgeschätzt werden. Sie dienen somit der Auslegung und verbesserten Planung von Produktionseinheiten und dem Produkt.

Literatur

Grahl, B. und Schmincke, E (1995): Bewertungs- und Entscheidungsprozesse im Rahmen der Ökobilanz. In: Universität Bayreuth (Hrsg.): Umweltwissenschaften und Schadstoff-Forschung. S. 110 - 113

Sietz, M. und von Saldern, A. (1993): Umweltschutz-Management und Öko-Auditing. Springer. Berlin/Heidelberg

Umweltbundesamt (1992): Ökobilanzen für Produkte. Bedeutung-Sachstand-Perspektiven. Texte 38/92. Berlin

Umweltbundesamt (1995): Methodik der produktbezogenen Ökobilanzen. Wirkungsbilanz und Bewertung. Texte 23/95. Berlin

Reycling von Papier – Ansätze zur Modellierung des Gesamtsystems und zur Allokation der Umweltwirkung

Andreas Detzel, Mario Schmidt, Jürgen Giegrich, Heidelberg

Viele Produkte bzw. die in ihnen enthaltenen Materialien können nach Gebrauch stofflich weiterverwendet und nach dem Durchlaufen des Primärlebensweges in einem oder mehreren Sekundärlebenswegen erneut einem Produktnutzen zugeführt werden.

Unter Umweltaspekten ist ein solches Recycling dann sinnvoll, wenn die Lebenswegbilanz eines Produktes, das ganz oder teilweise aus Sekundärrohstoff hergestellt wird, besser ist als diejenige eines Produktes aus Primärrohstoff. Die Vorteile des Recyclings liegen in der Ressourcenschonung, z. B. infolge des reduzierten Primärrohstoffbedarfs, und möglicherweise in der geringeren Umweltbelastung bei der Aufbereitung des Sekundärrohstoffs. Letzteres ist aber nicht zwangsläufig.

Der ökologische Vergleich von Produkten aus Primärrohstoff und Sekundärrohstoff gestaltet sich schwierig, denn ggf. muß berücksichtigt werden, daß auch der Sekundärrohstoff ursprünglich aus Primärrohstoffen – z. B. aus dem aufbereiteten Produkt des Primärlebensweges – stammt. Es stellt sich die Frage, wo der Lebensweg eines Produktes aus Sekundärrohstoffen beginnt bzw. wo der Lebensweg eines Produktes aus Primärrohstoffen aufhört. Hierin begründet sich die Forderung vieler Primärrohstoffverarbeiter, daß die Umweltwirkungen des Primärlebensweges nicht alleine ihrem Produkt, sondern zu einem Teil auch den Produkten der nachfolgenden Lebenswege angelastet werden müßten.

Im folgenden wird am Beispiel des Recyclings von Zeitungspapier zum einen gezeigt, wie solche Stoffstromsysteme mit Umberto umfassend modelliert werden können. Zum anderen wird vorgestellt, wie die Umweltbelastungen den Produkten aus Primär- und Sekundärrohstoffen unterschiedlich zugerechnet werden können und wie dies mit Stoffstromnetzen abgebildet werden kann.

Modellierung des Gesamtsystems

Für Stoffstromsysteme mit besonders komplexen Stoffrekursionen oder Recyclingschleifen bietet Umberto die Möglichkeit, zeitabhängig zu rechnen (Schmidt,

Mario Schmidt, Andreas Häuslein (Hrsg.)
Ökobilanzierung mit Computerunterstützung

1995). Dabei wird ausgenutzt, daß Stoffstromnetze stets für eine zeitliche Periode oder einen Betrachtungszeitraum berechnet werden. In den Stellen können Bestände abgebildet werden, z. B. Anfangsbestände zu Beginn der Periode. Die Endbestände am Ende der Periode ergeben sich dann zusätzlich aus den Zu- und Abflüssen, die im Stoffstromnetz für die Periode berechnet wurden. Rechnet man über mehrere Perioden, so werden die Endbestände der einen Periode zu den Anfangsbeständen der nächsten Periode. Zusammen mit der sogenannten Nebenbedingung (siehe Beitrag S. 115) können damit umfangreiche Recyclingschleifen modelliert werden.

Im vorliegenden Fall wird eine bestimmte Menge an Primärrohstoff, nämlich Frischfasern zur Papierherstellung (siehe T2 in Abb. 1), in das System eingeschleust, z. B. 1000 t pro Jahr. Beim Produkt handelt es sich dann um Papier der „ersten Generation". Bei der Verarbeitung zu Zeitungen (T3) und danach bei der Altpapiersortierung (T4) und Altpapieraufbereitung (T5) treten gewisse Verlustraten an Papier auf. Das aufbereitete Altpapier gelangt als Sekundärrohstoff, also als Fasern aus der 1. Papiergeneration, wieder in die Papierherstellung (T2) und verdrängt dort entweder den Primärrohstoff oder führt – wie in unserem Fall bei konstantem Primärfasereinsatz – zu einer erhöhten Papierproduktion. Das Papier, das aus dem Sekundärrohstoff hergestellt wird, ist dann quasi ein Papier der zweiten Generation usw.

Allerdings verkürzen sich die Papierfasern mit dem Generationsalter und werden ab einer bestimmten Länge für die weitere Papierverarbeitung unbrauchbar. Es wird angenommen, daß Fasern aus der fünften Papiergeneration nicht mehr weiter genutzt werden. Dies deckt sich auch mit der Verteilung der Fasergenerationen im Altpapier, das zur Herstellung graphischer Papiere verwendet wird (siehe Tab. 4).

Im vorliegenden Fall wird der Einfachheit halber nur der Wasserverbrauch betrachtet. Weitere Hilfs- und Betriebsstoffe, z. B. Füllstoffe, werden vernachlässigt. Von Interesse ist der Wasserverbrauch des Gesamtsystems, nachdem sich eine konstante Verteilung der Fasergenerationen eingestellt hat, sowie z. B. dessen Abhängigkeit von Verlustraten in der Altpapiersortierung und -aufbereitung. Das Beispiel wird anhand von fiktiven Daten vorgeführt, die nur ungefähr die Mengenverhältnisse widerspiegeln. Dabei wird von den Wasserverbrauchsraten in Tab. 1 ausgegangen.

Tab. 1. Spezifischer Wasserverbrauch der berücksichtigten Prozesse

Prozeß	Spezifischer Wasserverbrauch
Primärfaserherstellung	60,7 kg/kg Primärfaser
Zeitungsdruckpapier	15,0 kg/kg Zeitungsdruckpapier
Zeitungsdruck	4,27 kg/kg Zeitungen
Altpapiersortierung	0,92 kg/kg Altpapiereinsatz
Altpapieraufbereitung	21,79 g/kg Sekundärfaser

Die Verlustrate an Fasern wird in der Altpapieraufbereitung pauschal mit 18% angesetzt; in der Altpapiersortierung wird von einer Verwendungsquote von 80% für „weißes" Papier, d. h. Papier aus Primärfasern, und von 50 % für „graues" Papier, d. h. Papier aus Sekundärfasern, ausgegangen.

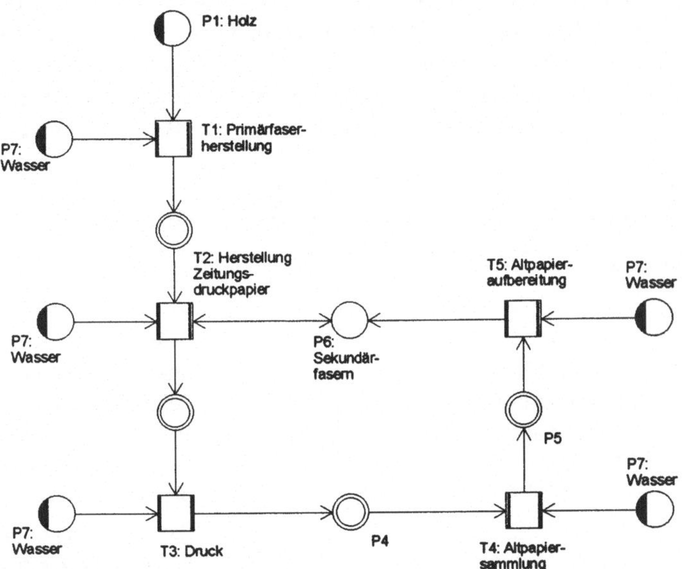

Abb. 1. Vereinfachtes Stoffstromnetz zum Recycling von Zeitungspapier. Es wird nur der Bedarf an Wasser betrachtet. Abfälle, Emissionen usw. werden vernachlässigt.

Aufbau des Stoffstromnetzes

Beim Stoffstromnetz in Abb. 1 wird berücksichtigt, daß der Stoffkreislauf irgendwann mit der Zufuhr von Primärfasern in Gang gesetzt werden muß. In einem ersten Durchlauf, z. B. in der Periode des Jahres 1, existiert im System also noch kein Sekundärrohstoff. Aus T1 werden für die Herstellung des Zeitungsdruckpapiers 1000 t Primärfaser bezogen. Nach der Verarbeitung und Nutzung gelangen 800 t Altpapier mit Fasern aus der 1. Generation (bei 80 % Sortierquote) in die Altpapieraufbereitung T5 und werden zu 656 t zu Sekundärrohstoff (bei 18 % Verlust) verarbeitet. Dieser Sekundärrohstoff wird in der Stelle P6 gelagert. In der Bilanz des Stoffstromnetzes zur Periode des ersten Jahres taucht diese Menge von 656 t als interner Endbestand auf.

Die Transition T2 ist nun so spezifiziert (siehe Tab. 1), daß sie mittels der Nebenbedingung die in P6 gelagerte Menge an Sekundärrohstoff vollständig übernimmt und zusammen mit den Primärfasern aus T1 zu Zeitungsdruckpapier verarbeitet.

Die Materialdefinitionen sind derart angelegt, daß im System zwischen den Papier- und Fasergenerationen unterschieden wird. Dies ist in der Transitionsspezifikation in Tab. 2 zu erkennen. Die Materialien „Papier xx. Generation" und „Sekundärfasern aus xx. Gen." sind in der Materialhierarchie zu Papier und zu Sekundärfaser zusammengefaßt, was die Auswertung, z. B. im Inventory Inspector erleichert.

Tab. 2. Transitionsspezifikation zur Herstellung von Zeitungsdruckpapier

Inputspezifikationen			**Outputspezifikationen**		
X00	P2	Primärfaser	Y01	P6	Sekundärfaser aus 1. Gen.
X01	P6	Sekundärfaser aus 1. Gen.	Y02	P6	Sekundärfaser aus 2. Gen.
X02	P6	Sekundärfaser aus 2. Gen.	Y03	P6	Sekundärfaser aus 3. Gen.
X03	P6	Sekundärfaser aus 3. Gen.	Y04	P6	Sekundärfaser aus 4. Gen.
X04	P6	Sekundärfaser aus 4. Gen.	Y11	P3	Papier 1. Generation
X05	P7	Wasser	Y12	P3	Papier 2. Generation
			Y13	P3	Papier 3. Generation
			Y14	P3	Papier 4. Generation
			Y15	P3	Papier 5. Generation
Parameter					
C00	Max. Altpapieranteil		99.0	%	
Funktionen					
MSF = x00/(1-C00/100)*C00/100					
SUM = X01+X02+X03+X04					
L00 = MIN(MSF,SUM)					
PAP = X00+L00					
Y11 = X00					
Y12 = L00/MAX(1,SUM)*X01					
Y13 = L00/MAX(1,SUM)*X02					
Y14 = L00/MAX(1,SUM)*X03					
Y15 = L00/MAX(1,SUM)*X04					
Y01 = X01-Y12					
Y02 = X02-Y13					
Y03 = X03-Y14					
Y04 = X04-Y15					
X05 = PAP*15.023					

Die Transitionsspezifikation muß die sogenannte Nebenbedingung erfüllen. Dazu müssen die Materialien, die aus P6 übertragen werden, sowohl auf der Input- als auch auf der Outputseite auftreten. Im Netz ist dies durch einen Pfeil zwischen T2 und P6 in beide Richtungen symbolisiert. In den Funktionen wird zuerst die maximale Menge an Sekundärfasern (MSF) berechnet. Dann erfolgt der Übertrag der Sekundärfasermenge, die in P6 gelagert wird (SUM). Die Menge an Papier der 1. Generation wird vollständig aus der Menge an bereitgestellten Primärfasern hergestellt, die Menge an Papier der 2. Generation aus Sekundärfaser der 1. Generation, usw. Allerdings wird dabei berücksichtigt, daß der Sekundärfasergehalt im Produktstrom (PAP) einen bestimmten, frei einstellbaren Wert nicht überschreiten darf (C00). Dies verdeutlicht zugleich die Flexibilität der Parameterwahl in Transitionen. Mit Y01 bis Y04 wird die überschüssige Menge an Sekundärfasern wieder auf P6 übertragen. Sie verbleibt dort als in dieser Periode nicht benötigter Anfangsbestand.

In Tab. 3 ist dagegen die Transitionsspezifikation zur Altpapieraufbereitung dargestellt. Hier werden aus Papier der verschiedenen Generationen Sekundärfasern. Das Papier der 5. Generation wird vollständig ausgeschleust.

Tab. 3. Transitionsspezifikation zur Altpapieraufbereitung

Inputspezifikationen			**Outputspezifikationen**		
X00	P7	Wasser	Y01	P6	Sekundärfaser aus 1. Gen.
X01	P5	Papier 1. Generation	Y02	P6	Sekundärfaser aus 2. Gen.
X02	P5	Papier 2. Generation	Y03	P6	Sekundärfaser aus 3. Gen.
X03	P5	Papier 3. Generation	Y04	P6	Sekundärfaser aus 4. Gen.
X04	P5	Papier 4. Generation			
X05	P5	Papier 5. Generation			
Parameter					
C00	Ausschuß an Papier der Generationen 1-4			18.0	%
Funktionen					
Y01 = (1-C00/100)*X01 Y02 = (1-C00/100)*X02 Y03 = (1-C00/100)*X03 Y04 = (1-C00/100)*X04 SUM = (Y01+Y02+Y03+Y04) X00 = sum*21.79					

Das Netz in Abb. 1 wird nun für mehrere Zeitperioden sukzessiv berechnet. Mittels des Input-Monitors (siehe Beitrag S. 137) können in allen Zeitperioden manuell einzutragende Ströme oder Bestände bequem verwaltet werden, z. B. die konstante Strommenge an Primärfasern zwischen T1 und T2.

In den Inputstellen P1 und P7 wird der Ressourcenverbrauch bilanziert, entweder additiv oder inkrementell für die einzelnen Perioden. Für letzteren Fall wurden die Anfangsbestände mittels des Input-Monitors in allen Perioden auf Null gesetzt.

Die Auswertung der Ergebnisse sind in Abb. 2 und Abb. 3 zu sehen. Abb. 2 zeigt den Produktstrom, also das bedruckte Zeitungspapier hinter der Transition T3 in seiner Zusammensetzung nach Fasergenerationen und in Abhängigkeit der Zeitperioden. Ein Gleichgewicht hat sich nach 5 Perioden eingespielt. Die Gesamtproduktmenge ändert sich dann durch das kontinuierliche Ausschleusen des

Papiers der 5. Generation nicht mehr. Der *spezifische* Wasserverbrauch – also pro Kilogramm Zeitungen – ist aufgrund des hohen Bedarfs bei der Primärfaserherstellung in der ersten Zeitperiode am größten. Pro Kilogramm Zeitungspapier (allerdings in Primärfaserqualität) werden 95,2 kg Wasser verbraucht. In diesem ersten Zyklus sind 15,2 kg davon mit Prozessen verbunden, die dem weiteren Recycling dienen (Sortierung und Aufbereitung von Altpapier). Der Wert des spezifischen Wasserverbrauchs ändert sich mit steigendem Sekundärfaseranteil im Kreislauf bis auf 60,7 kg Wasser pro Kilogramm Zeitungspapier.

Im stationären Zustand bestehen 48 % des genutzten Zeitungspapiers aus Primärfaser. Bereits an dieser Stelle tritt ein Zuordnungsproblem auf. Das Stoffstromnetz ist so aufgebaut, daß keine Aussage darüber gemacht wird, ob die Papiere der verschiedenen Generationen getrennt nach Qualität oder als Mischung über die Generationen genutzt werden. Wird sortenreines Zeitungspapier nur aus Primärfaser bzw. nur aus Sekundärfaser genutzt, so stellt sich die Frage nach der Zuordnung des Wasserverbrauchs auf diese beiden Produktsorten.

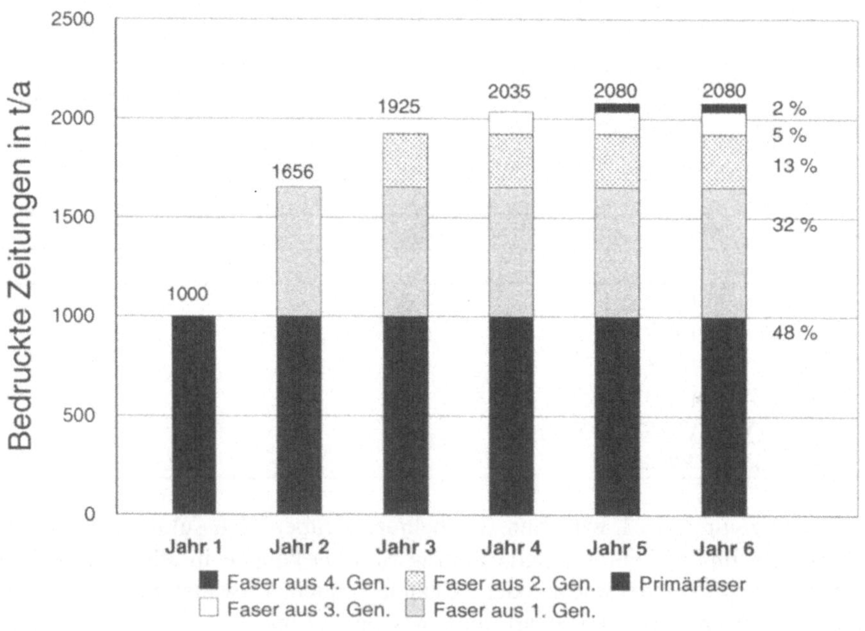

Abb.2. Produzierte Zeitungsmenge für die verschiedenen Zeitperioden, unterschieden nach Fasergeneration

Neben der Bildung eines Durchschnittswertes über alle Papiersorten (s. o.) könnte dem Papier aus Primärzellstoff der Wert von 80 kg Wasser pro kg Papier aus dem ersten Zyklus angerechnet werden – ohne die recyclingspezifischen Prozesse –, dem Papier aus Sekundärzellstoff dagegen nur die Differenzmenge bis zum stationären Wert in der 5. Periode, also 43 kg Wasser pro kg Recyclingpapier. Die Wahl der Zuordnungsvorschrift – Allokation genannt – ist freilich von einer gewissen Willkür geprägt und allein aus dem Stoffstromsystem heraus nicht mehr begründbar.

An dieser Stelle sollen noch die Vorzüge der Modellierung eines Gesamtsystems wie in Abb. 1 erörtert werden. Das gewählte Zahlenbeispiel ist trivial und im Prinzip auch mit dem Taschenrechner leicht nachzuvollziehen. Bereits die Auswertung des Systems ist unter Umberto jedoch eine große Hilfe. So kann der Wasserverbrauch entsprechend Abb. 3 im Inventory Inspector mittels des Sortierkriteriums nach Verbindungen zusammengestellt werden. Die weiteren Vorteile des Stoffstromnetzes werden sofort einsichtig, wenn man sich vergegenwärtigt, wie leicht die Rahmenbedingungen im System geändert werden können. Das kann einerseits geänderte Parameter (Verwertungsquoten) betreffen, die zudem zeitabhängig angesetzt werden könnten, aber auch die manuell vorgegebenen Stoffströme (Primärfaser) könnten zeitlich variabel sein. Es könnten zusätzliche Mengen an Sekundärmaterialien in das System einfließen, z. B. vom „Weltmarkt“ usw.

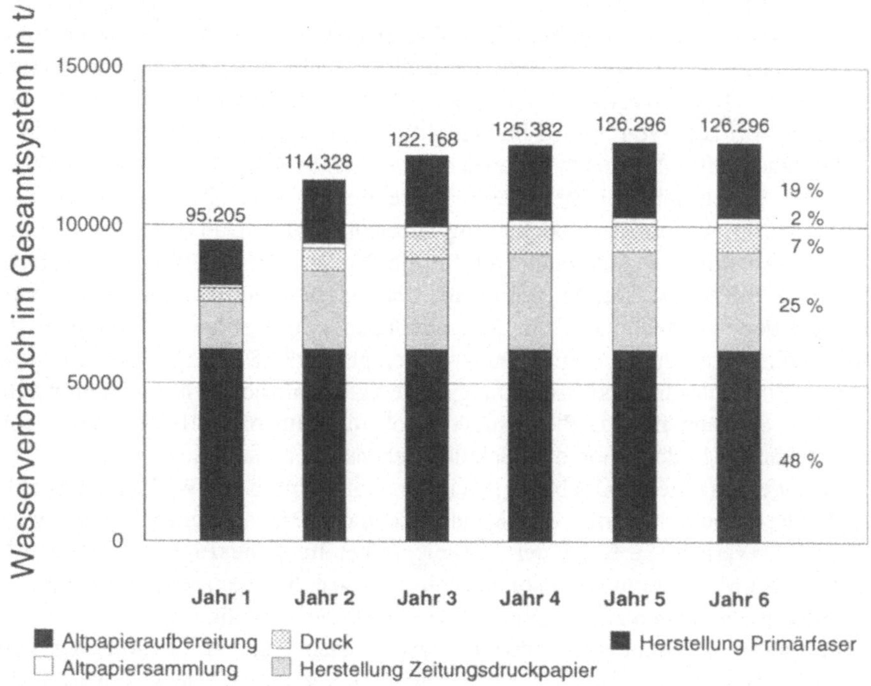

Abb. 3. Wasserverbrauch der einzelnen Zeitperioden in Tonnen pro Jahr. Der Wasserverbrauch bezieht sich auf die Produktmenge, die in Abb. 2 für die entsprechenden Jahre dargestellt ist.

Setzt man beispielsweise eine Sortierquote von 95 % für Papier aus Primärfasern und 80 % für Papier aus Sekundärfasern an, so erhält man einen mittleren Wasserverbrauch von nur noch 55,7 kg pro kg Papier. Der Produktstrom enthält dann statt der im obigen Beispiel errechneten 48 % nur noch 35 % an Primärfasern.

Umweltbilanzierung einzelner Produktsorten

Im vorangehenden Beispiel wurde das Papierrecycling als Gesamtsystem unter Berücksichtigung der sich gegenseitig bedingenden Stoffströme aus Primär- und Sekundärfasern dargestellt. Dabei wurde schon angedeutet, daß der Vergleich zweier einzelner Produktsorten eine andere Herangehensweise erforderlich machen kann. Dies soll anhand zweier sortenreiner Zeitungspapiere, die bezüglich ihrer Faserkomponenten zu 100 % aus Holzstoff bzw. zu 100 % aus Altpapierstoff bestehen, dargestellt werden.

Dabei wird die Annahme getroffen, daß einerseits das aus Primärfaser bestehende Zeitungspapier nach der Nutzung den Primärlebensweg verläßt und in einen Altpapierpool eingespeist wird. Aus dem Altpapierpool wird andererseits der Sekundärrohstoff zur Verarbeitung im Sekundärlebensweg bereitgestellt (s. Abb. 4).

Man macht hier also nichts anderes, als die direkte Kopplung des Materialflusses zwischen den beiden Lebenswegen zu trennen, weshalb diese Art der Modellierung häufig als Cut-off-Modellierung bezeichnet wird. Damit werden automatisch die ökologischen Aufwendungen für die Primärfaserherstellung dem Primärlebensweg und die Aufwendungen für die Sekundärfaseraufbereitung dem Sekundärlebensweg zugerechnet. Dem Sekundärlebensweg werden zudem auch die Umweltwirkungen aus der Entsorgung des eingesetzten Sekundärmaterials angerechnet. Eine Zuordnungsentscheidung ist lediglich hinsichtlich der Schnittstelle zu fällen. So kann man z. B. diskutieren, ob die Altpapiersortierung noch dem Primärlebensweg oder schon dem Sekundärlebensweg zuzuordnen ist.

Die dabei unterstellte Unabhängigkeit der Stoffstöme ist in Wirklichkeit natürlich nicht gegeben, da immer eine Mindestmenge an Primärfasern nötig sein wird, um die Faserverluste, z. B. bei der Altpapieraufbereitung, auszugleichen. Daher ist diese Art der Modellierung nur solange zulässig, wie die bilanzierten Altpapiereinsatzmengen vom realen Altpapiermarkt bereitstellt werden können.

Die hiermit zusammenhängende Forderung nach einer Allokation[1] der Umweltwirkungen des Primärlebensweges auf den Sekundärlebensweg wurde ein-

[1] Unter Allokation wird in der Ökobilanztheorie üblicherweise die Zuordnung von umweltrelevanten Strömen bzw. Wirkungen auf Kuppelprodukte von Produktionsprozessen verstanden (Mampel, 1995). Da die hier betrachteten Zeitungspapiere sozusagen Kup-

gangs schon angesprochen. Im folgenden wird nun der Frage nachgegangen, wie eine solche Allokation, bezogen auf unser Beispiel, durchgeführt werden könnte.

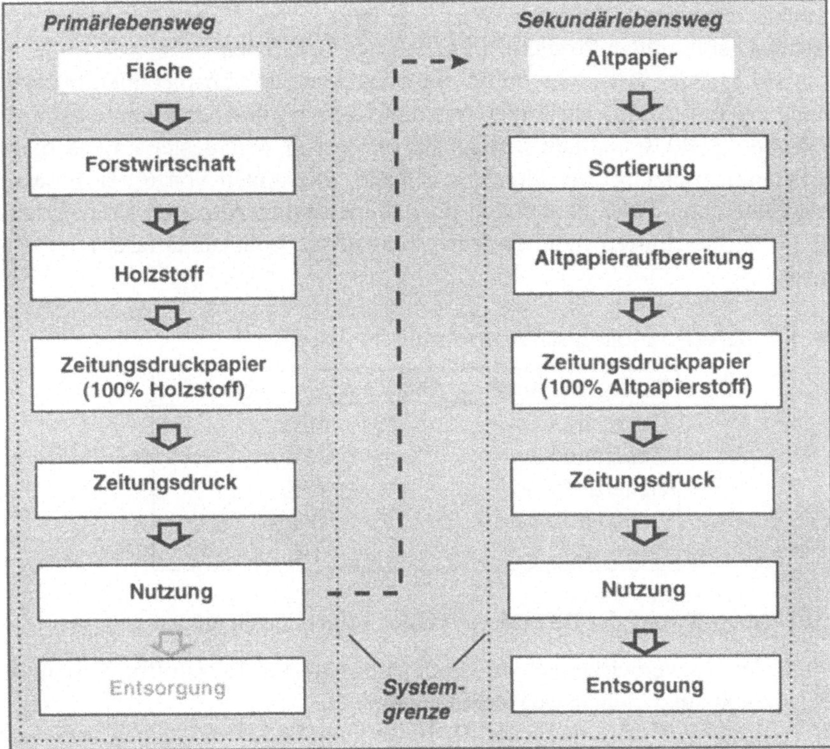

Abb. 4. Modellierung von Primär- und Sekundärlebenswegen am Beispiel der der Zeitungsproduktion

Allgemein sollte die Allokation dabei folgende Umweltwirkungen aus Primär- und Sekundärlebensweg umfassen (SETAC, 1994):

- Umweltwirkungen aus der Primärproduktion von Materialien, die in mehr als einem Lebenszyklus verwendet werden,
- Umweltwirkungen aus der Entsorgung von Materialien, die in mehr als einem Lebenszyklus verwendet werden und
- Umweltwirkungen aus dem Recycling-Prozeß.

Weiterhin ist zu beachten, daß die Summe der Umweltwirkung aus Primär- und Sekundärlebensweg, unabhängig von der Allokation, immer gleich sein muß.

In der Literatur werden verschiedene Zurechnungsmethoden diskutiert (SETAC, 1994; TemaNord, 1995; Klöpffer, 1996). Danach wird in den nordischen

---

pelprodukte des Gesamtsystems Papierherstellung sind, liegt eine Allokation auf Systemebene vor.

Ländern häufig die sogenannte 50/50-Allokation angewendet, bei der die Umweltwirkungen jeweils zur Hälfte zwischen dem Sekundärlebensweg und dem Primärlebenswege verteilt werden. Andere Allokationsmethoden versuchen, den ökonomischen oder technischen Wert von Primär- und Sekundärrohstoffen oder der daraus hergestellten Produkte als Grundlage zu nehmen.

Im vorliegenden Beispiel wird für die Allokation der Altpapieranteil in der Herstellung der in der BRD als Altpapier anfallenden graphischen Papiere herangezogen. Er beträgt 40 % und läßt sich anhand der in Tab. 4 dargestellten Fasergenerationszusammensetzung[2] im Altpapier ableiten. Der Anteil von 60 % Fasern der ersten Generation bedeutet, daß zur Herstellung des als Altpapier anfallenden Papiers 60 % Frischfasern und dementsprechend 40 % Sekundärfasern verwendet wurden.

Tab. 4. Fasergenerationszusammensetzung im Altpapier[3]

Fasergeneration	Anteil am Altpapier
Generation 1	60%
Generation 2	25%
Generation 3	10%
Generation 4	3%
Generation 5	1%

Für die Durchführung der Allokation wurden folgende Annahmen getroffen:

- 40 % der Umweltwirkungen aus Forstwirtschaft und Holzstoffherstellung werden dem Sekundärlebensweg zugerechnet,
- 40 % der Umweltwirkungen aus der Entsorgung im Sekundärlebensweg werden dem Primärlebensweg angerechnet und
- 40 % der Umweltwirkungen aus der Altpapieraufbereitung werden dem Primärlebensweg angerechnet.

Modellierung der Allokation

Für die Umsetzung mit Umberto ist es sinnvoll, ein Netz zu entwickeln, mit dem eine variable Handhabung unterschiedlicher Allokationsraten möglich ist. Im vorliegenden Beispiel muß eine „Systemallokation" vorgenommen werden, die sich

[2] Das durchschnittliche Fasergenerationsalter im zur Herstellung graphischer Papiere eingesetzten Altpapier läßt sich aus den statistisch erfaßten Papiermengenströmen ermitteln (Hunold und Putz, 1994, Plätzer, 1996).

[3] Die genannte Fasergenerationszusammensetzung unterscheidet sich von derjenigen in Abb. 2, da dort ein geschlossenes System aus Zeitungspapier bilanziert wurde, während die realen Stoffströme Altpapier unterschiedlicher Herkunft, z. B. auch Zeitschriftenpapiere oder Fotokopierpapiere, aufweisen.

nicht nur auf einen einzelnen Prozeß bezieht. Bei der Allokation innerhalb eines einzelnen Herstellungsprozesses können unterschiedliche Allokationsraten mittels frei definierbarer Parameter in den Transitionsspezifikationen bequem gewählt werden. Muß die gleiche Allokationsvorschrift auf mehrere Prozesse angewendet werden, so könnten die Allokationsraten in den einzelnen Transitionen über den Input-Monitor zentral verwaltet und gesteuert werden (siehe Beitrag S. 137).

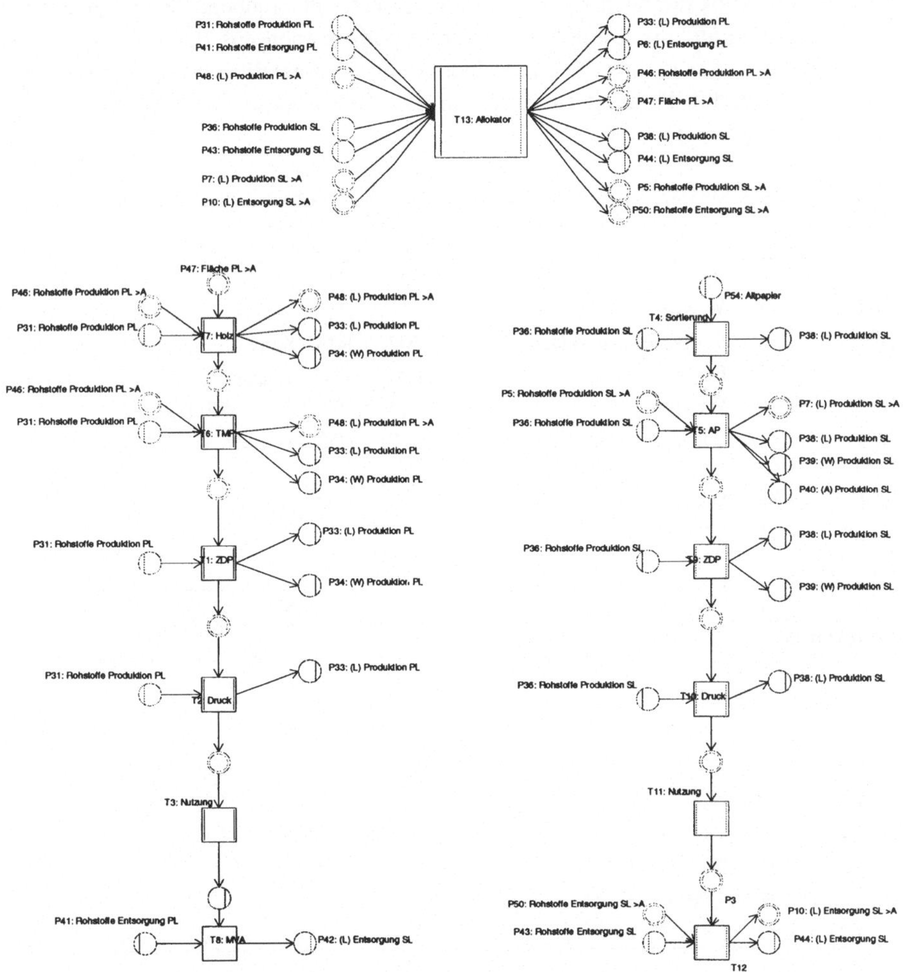

Abb. 5. Modell zur variablen Allokation von Umweltwirkungen zwischen Primär- und Sekundärlebenswegen. (L) = Luftemissionen, (W) = Wassereinleitungen, (A) = Abfälle, PL = Primärlebensweg, SL = Sekundärlebensweg, >A = Durchgangsstellen zur Umleitung der allozierten Parameter

Eine andere Möglichkeit ist in Abb. 5 dargestellt. Es wurde eine zusätzliche Transition konstruiert, die als „Allokator" bezeichnet wird. Ihre Funktion soll am

Beispiel der Emissionen der Transition „Holzstoffherstellung“ (s. Abb 5 „T6 TMP“) kurz erläutert werden.

Die Transition T6 ist mit einer Durchgangsstelle für die Luftemissionen aus der Produktion des Primärlebensweges verknüpft. Die Transition T13 „Allokator“ ist auf der Inputseite mit eine Kopie der genannten Durchgangsstelle verbunden. In der Transition kann mittels eines Parameters die Allokationsrate frei eingegeben werden. Im Allokator werden die Luftemissionen entsprechend der angegebenen Allokationsrate auf die Outputstellen für Luftemissionen aus der Produktion des Primärlebensweges und des Sekundärlebensweges aufgeteilt. Analog wird mit den anderen allozierten Parametern verfahren. Die Spezifikation der Transition ist in Tabelle 5 dargestellt.

Tab. 5. Transitionsspezifikation zur Allokation von Umweltwirkungen

Inputspezifikationen			**Outputspezifikationen**		
X00	P31	Fläche	Y00	P47	Fläche
X01	P41	Wasser	Y01	P46	Wasser
X02	P48	Schwefeldioxid (L)	Y02	P33	Schwefeldioxid (L)
X04	P36	Fläche	Y05	P5	Wasser
X05	P36	Wasser	Y06	P38	Schwefeldioxid (L)
X06	P7	Schwefeldioxid (L)	Y10	P50	Wasser
X10	P10	Schwefeldioxid (L)			
X11	P31	Wasser			
X12	P43	Wasser			
Parameter					
C00	Allokationsfaktor		40.0	%	
Funktionen					
AF = C00/100					
X00 = Y00*(1-AF)					
X04 = Y00*AF					
X01 = Y10*AF					
X12 = Y10*(1-AF)					
X11 = Y01*(1-AF)+Y05*AF					
X05 = Y01*AF+Y05*(1-AF)					
Y02 = X02*(1-AF)+X06*AF					
Y06 = X06*AF+X02*(1-AF)					

Die Auswirkungen der genannten Allokationsansätze auf die Bilanz werden anhand der Indikatoren Flächenbedarf, Wasserverbrauch und SO_2-Emissionen ausgewertet. Eine Zusammenfassung der Werte ist in Tab. 6 dargestellt.

Die Flächenbedarf wird ausschließlich durch die benötigte Forstfläche im Primärlebensweg von 6,4 m^2 pro kg Zeitung geprägt. In der Cut-off-Modellierung ist daher der Flächenbedarf des Sekundärlebensweges Null. Nach der Allokation verringert sich der Flächenbedarf des Primärlebensweges entsprechend der gewählten 40 %-Rate auf 3,9 m^2 und der des Sekundärlebensweges erhöht sich auf 2,6 m^2.

Wasserverbrauch tritt bei allen Prozessen der beschriebenen Lebenswege auf. Der Gesamtverbrauch des Primärlebensweges beträgt bei der Cut-off-Modellierung 83,3 kg/kg Papier, der des Sekundärlebensweges 46,3 kg/kg Papier. Bei der 40 %-Zuordnung wird im Sekundärlebensweg beinahe soviel Wasser verbraucht wie im Primärlebensweg.

Tab. 6. Zusammenfassung der Bilanzergebnisse für ausgewählte Parameter bei unterschiedlicher Lebenswegmodellierung

Modellierung	Primärlebensweg	Sekundärlebensweg
	SO_2 (g/kg Papier)	SO_2 (g/kg Papier)
Cut-Off	1,4	4,3
40%-Zuordnung	2,5	3,2
	Fläche (m^2/kg Papier)	Fläche (m^2/kg Papier)
Cut-Off	6,4	0
40%-Zuordnung	3,8	2,6
	Wasserverbrauch (kg/kg Papier)	Wasserverbrauch (kg/kg Papier)
Cut-Off	83,3	46,3
40%-Zuordnung	68,0	61,6

Die SO_2-Emissionen beider Lebenswege fallen überwiegend in der Entsorgung an. Bei der Cut-off-Modellierung sind die SO_2-Werte des Primärlebensweges mit 1,4 g/kg Zeitung verhältnismäßig niedrig, da im vorliegenden Beispiel angenommen wurde, daß die Entsorgung komplett im Sekundärlebensweg stattfindet. Dementsprechend sind dort die SO_2-Emissionen mit 4,31 g deutlich höher. Durch den anteiligen Rückübertrag der SO_2-Emissionen auf den Primärlebensweg verringert sich der Wert des Sekundärlebensweges auf 3,2 g/kg.

Durch die Zuordnung von Umweltwirkungen zwischen Primär- und Sekundärlebenswegen über festgelegte Zuordnungsraten kann der materialbezogenen Wertschöpfung im Primärlebensweg Rechnung getragen werden. Am Beispiel einer Zuordnungsrate von 40 % zeigt sich, daß sich die Bilanzergebnisse dabei tendenziell angleichen (siehe Abb. 6). Damit kann die Anwendung einer bestimmten Allokationsmethode für die Ökobilanz ergebnisrelevant sein.

Die in der Literatur anzutreffende Forderung nach einer standardisierten Allokationsmethode läßt sich allerdings nicht ohne weiteres realisieren, da die Festlegung der Zuordnungsregeln subjektiv geprägt ist und eine generelle und fallunabhängige Anwendbarkeit nicht gegeben ist. Die Zuordnungsmethode sollte daher jeweils an der untersuchten Fragestellung orientiert sein.

Zur Erfüllung der Vorgaben aus den internationalen Normungsgrundlagen genügt es, die gewählte Allokationsmethode transparent zu machen und seine Ergebnisrelevanz über Sensitivitätsanalysen abzuklären. Mit Umberto können solche Problemstellungen komfortabel bearbeitet und umfassend dargestellt werden.

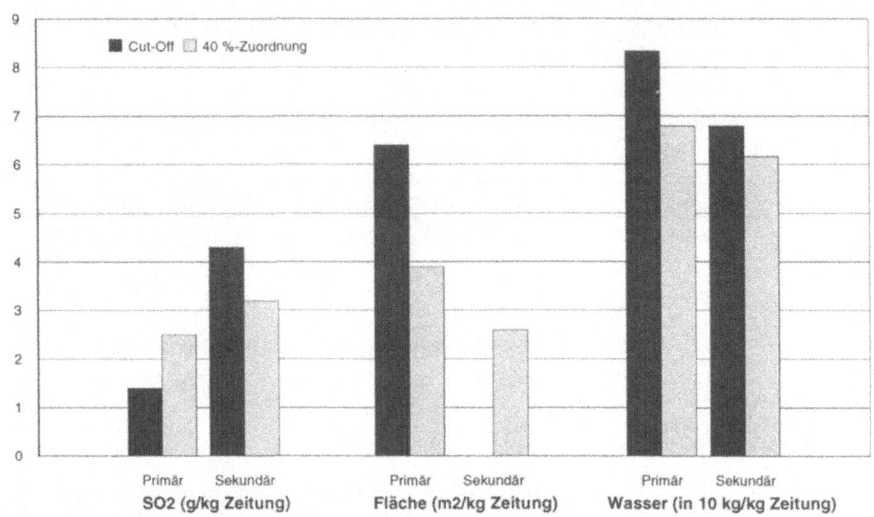

Abb. 6. Gegenüberstellung der Bilanzergebnisse für ausgewählte Parameter bei unterschiedlicher Lebenswegmodellierung

Literatur

Hunold, M. und Putz, H.-J. (1994): Auswirkungen von Mengenstromänderungen auf die Altpapierzusammensetzung. Das Papier. Heft 10A

Klöpffer (1996): Allocation Rule for Open-Loop Recycling in LCA – A Review. Int. J. LCA Vol. 1 No. 1. P. 27-31

Mampel, U. (1995): Zurechnung von Stoff- und Energieströmen – Probleme und Möglichkeiten für Betriebe. In: Schmidt, M. und Schorb, A. (Hrsg.). S. 133-145

Plätzer, E. (1996): persönliche Mitteilung vom 10.6.1996. Heidelberg

Schmidt, M. (1995): Die Modellierung von Stoffrekursionen in Ökobilanzen. In: Schmidt, M. und Schorb, A. (Hrsg.). S. 98-117

Schmidt, M. und Schorb, A. (Hrsg.): Stoffstromanalysen in Ökobilanzen und Öko-Audits. Springer Berlin/Heidelberg

SETAC (1994): Proceedings of the European Workshop on Allocation in LCA. Society of Environmental Toxicology and Chemistry. Februar 1994. Leiden

TemaNord (1995): LCA-Nordic Technical Report No 7. Nordic Council of Minsisters. Oslo. P. 502

Anhang

Die Autoren

Andreas Detzel, Jahrgang 1963, studierte Biologie an den Universitäten Mainz und Heidelberg. Nach dem Studium bearbeitete er als Wissenschaftlicher Mitarbeiter am Institut für Pharmazeutische Biologie Fragestellungen aus dem Bereich der ökologischen Chemie. Danach absolvierte er eine Weiterbildung zum Umwelt-Informatiker. Anschließend arbeitete er als freier Mitarbeiter bei verschiedenen Umweltbüros und Industrieunternehmen, z. B. Procter & Gamble, in den Bereichen Landschaftsplanung, umweltorientierte Unternehmensführung im Gastgewerbe, betriebliche Umweltinformationssysteme und Produktökobilanzen. Seit 1995 ist er am ifeu-Institut.

Oliver Ebert, Jahrgang 1968, studierte Bioingenieurwesen mit Schwerpunkt Umwelttechnik an der Fachhochschule Hamburg. Während des Studiums war er in verschiedenen Ingenieurbüros tätig und beschäftigte sich mit Abfallmanagement und Automatisierung von Bioabfallkompostierung. Im Rahmen einer Diplomarbeit baute er bei der Grundfos Pumpenfabrik GmbH ein Energie- und Materialmanagement auf und untersuchte die Anwendungsmöglichkeiten von Umberto für den betrieblichen Einsatz.

Carl-Otto Gensch, Jahrgang 1961, studierte an den Technischen Universitäten München und Hamburg-Harburg Verfahrenstechnik. Er ist seit 1988 als Wissenschaftlicher Mitarbeiter im Öko-Institut e.V., Fachbereich Chemie, federführend für das Themengebiet Ökobilanzen zuständig.

Jürgen Giegrich, Jahrgang 1957, studierte Physik an der Universität Heidelberg. 1986 begann er seine Arbeit als Wissenschaftlicher Mitarbeiter am ifeu-Institut. Seit 1990 ist er Fachbereichsleiter. Seine Schwerpunktthemen sind Umweltverträglichkeitsprüfungen – speziell von Abfallbehandlungsanlagen – und Produktökobilanzen. Er ist Mitglied in verschiedenen nationalen und internationalen Normierungsausschüssen zu Ökobilanzen.

Andreas Fritzsche, Jahrgang 1954, absolvierte eine Ausbildung zum Kraftfahrzeugschlosser, bevor er an der FH Bremen Maschinenbau und an der Universität Bremen Physik studierte. Er arbeitete 4 Jahre als Entwicklungsingenieur in einem Luftfahrtunternehmen im Bereich Werkstoff- und Verfahrenstechnik und ist seit 1992 als Wissenschaftlicher Mitarbeiter im Fachgebiet Technikgestaltung/ Technologieentwicklung des Fachbereichs Produktionstechnik der Universität Bremen beschäftigt. Seine Arbeitsschwerpunkte sind die Stoff- und energetische Analyse und die Bewertung von produktions- und verkehrstechnischen Systemen.

Dr. Andreas Häuslein, Jahrgang 1957, studierte Informatik an der Universität Hamburg. Danach promovierte er im Bereich der Umweltinformatik in Hamburg zum Dr. rer. nat. Von 1988 bis 1993 arbeitete er als freiberuflicher Berater und Gutachter im Bereich der Umweltinformationssysteme für verschiedene Hamburger Behörden. Seit 1994 ist er leitender Mitarbeiter beim Ifu Institut für Umweltinformatik Hamburg GmbH in Hamburg. Seine Hauptaufgabe ist die Projektleitung der Entwicklung des Ökobilanzprogramms Umberto am Ifu und die Koordination mit dem ifeu-Institut Heidelberg als Kooperationspartner des Ifu bei diesem Projekt.

Jan Hedemann, Jahrgang 1969, studierte Informatik an den Universitäten Rostock und Hamburg. Seit 1993 ist er Mitarbeiter beim Ifu Institut für Umweltinformatik Hamburg GmbH in Hamburg. Als Systementwickler ist er maßgeblich an der Entwicklung des Ökobilanzprogramms Umberto am Ifu beteiligt.

Dr. Susanne Kytzia, Jahrgang 1966, studierte *Quantitative Wirtschafts- und Unternehmensforschung* an der Hochschule St. Gallen in der Schweiz und promovierte über Ökobilanzen als Bestandteil des berieblichen Informationsmanagements. Derzeit ist sie als freie Mitarbeiterin bei der Sinum GmbH – Umweltbewußtes Management in St. Gallen tätig.

Sven Lundie, Jahrgang 1966, studierte Wirtschaftsingenieurwesen, Fachrichtung Unternehmensplanung an den Universitäten Hamburg und Karlsruhe (TH). 1994 arbeitete er bei ENERKO Consult Berlin. Von Ende 1994 bis Mitte 1996 war er als Wissenschaftlicher Berater des IZT – Institut für Zukunftsstudien und Technologiebewertung tätig. Er arbeitete u. a. an den Projekten „Grundlagen der Ökobilanzierung von komplexen Produkten am Beispiel von Fernsehgeräten“, „Ökologische Bewertung von Bodenstaubsaugern" im Auftrag der AEG Haushaltsgeräte GmbH. Seit August 1996 ist er am Centre of Environmental Science an der Universität Leiden, Niederlande beschäftigt.

Ulrich Mampel, Jahrgang 1961, studierte Biologie und Chemie an der Universität Heidelberg. Ab 1986 arbeitete er am ifeu-Institut in den Bereichen Umweltverträglichkeitsprüfung und Ökobilanzen und war u. a. an der Veröffentlichung *Gesundheitsschäden durch Luftverschmutzung* beteiligt. Er arbeitete maßgeblich an der Studie *Bilanzbewertung in produktbezogenen Ökobilanzen* für das Umweltbundesamt Berlin mit. Von Anfang 1995 bis Frühjahr 1996 war er in der Entwickung und Anwendung von Umberto im Bereich von Produkt- und Betriebsökobilanzen tätig.

Udo Meyer, Jahrgang 1966, studierte Chemie in Erlangen, Heidelberg und London, Diplomarbeit am Forschungszentrum Karlsruhe im Bereich der Umweltanalytik. Ab 1989 arbeitete er am ifeu-Institut in den Bereichen Umweltverträglichkeitsprüfung und Ökobilanzen. Seit 1994 ist er in der Entwickung und Anwendung von Umberto im Bereich von Produkt- und Betriebsökobilanzen tätig.

Andreas Möller, Jahrgang 1964, Diplom-Informatiker, absolvierte eine Ausbildung in der öffentlichen Verwaltung, bevor er Verwaltungsbetriebslehre in Altenholz bei Kiel und Informatik in Passau, Kiel und Hamburg studierte. Seine Diplomarbeit schrieb er über Stoffstromnetze und initiierte die Entwicklung des Programms Umberto. Er ist derzeit Wissenschaftlicher Mitarbeiter am Fachbereich Informatik der Universität Hamburg. Seine Schwerpunktthemen sind die betriebliche Umweltinformatik – speziell Rechnungswesen, Organisation- und Systemtheorie.

Peter Müller-Beilschmidt, Jahrgang 1967, studierte Informatik an den Universität Erlangen-Nürnberg und Hamburg. Sein Vertiefungsgebiet ist die Umweltinformatik. In seiner Diplomarbeit beschäftigte er sich mit dem Thema *Komparative Analyse und Evaluation von Softwaresystemen zur Unterstützung der Ökobilanzierung (1996)*. Seit 1994 ist er Mitarbeiter am Ifu Institut für Umweltinformatik Hamburg GmbH.

Mario Schmidt, Jahrgang 1960, studierte Physik in Freiburg und Heidelberg. Ab 1985 arbeitete er als Wissenschaftlicher Mitarbeiter am ifeu-Institut mit Schwerpunkt Immissionsschutz und Verkehr. 1989 und 1990 war er Referent für Strahlenschutz bei der Umweltbehörde der Freien und Hansestadt Hamburg. Seit 1990 ist er als Fachbereichsleiter und Prokurist am ifeu-Institut. Seine Schwerpunktthemen sind Klimaschutz sowie Stoffstromanalysen in Ökobilanzen und Öko-Audits. Am ifeu-Institut ist er für die Entwicklung und Anwendung des Programms Umberto verantwortlich. Zu seinen Buchveröffentlichungen gehören u. a. *Gesundheitsschäden durch Luftverschmutzung* (1987), *Leben in der Risikogesellschaft* (1989) und *Stoffstromanalysen in Ökobilanzen und Öko-Audits* (1995).

Tania Schellenberg, Jahrgang 1970, studierte Umweltnaturwissenschaften an der Eidgenössichen Technischen Hochschule in Zürich, wo sie auch die Ausbildung für das höhere Lehramt absolvierte. Von 1993 bis 1996 arbeitete sie an der Eidgenössischen Anstalt für Wasserversorgung, Abwasserreinigung und Gewässerschutz (EAWAG). Sie ist als freie Mitarbeiterin bei der Sinum GmbH – Umweltbewußtes Management in der Schulung tätig.

Prof. Dr.-Ing. Alexander Wittkowsky, Jahrgang 1936, studierte Schiffbau, Verfahrens- und Energietechnik an der TU-Berlin. Danach arbeitete er als Wissenschaftlicher Mitarbeiter am Rudolf-Drawe-Institut für Brennstofftechnik an Problemen der Müllverbrennung und der Vergasung von kohlenstoffhaltigen Substanzen. Nach insgesamt 12jähriger Tätigkeit als Präsident der Technischen Universität Berlin und Rektor der Universität Bremen kehrte er 1982 in die Wissenschaft zurück und vertritt heute das Fachgebiet Technikgestaltung/Technologieentwicklung am Fachbereich Produktionstechnik der Universität Bremen. Seine Themenschwerpunkte waren zunächst die anthropozentrische Gestaltung automatisierter Fertigungssteuerungssysteme und Fragen der humanen Gestaltung computerunterstützter Produktionssysteme. Daneben beschäftigte er sich mit Fragen der Angepaßten Technologie, insbesondere kleiner Energiesysteme für den Einsatz in der „Dritten Welt". Von 1990 - 1992 zur Abteilung 402 der Deutschen Gesellschaft für Technische Zusammenarbeit beurlaubt, beschäftigte er sich dort mit der Koordination der technologischen Forschung der GTZ, der Sicherung der Umweltverträglichkeit von Entwicklungsprojekten sowie dem Transfer Angepaßter Technologien. Derzeitige Arbeitsschwerpunkte sind: Technikbewertung und deren Umsetzung in Produktkonzeptionen sowie in Produktionsprozessen.

Sachverzeichnis

Springer-Verlag und Umwelt

Als internationaler wissenschaftlicher Verlag sind wir uns unserer besonderen Verpflichtung der Umwelt gegenüber bewußt und beziehen umweltorientierte Grundsätze in Unternehmensentscheidungen mit ein.

Von unseren Geschäftspartnern (Druckereien, Papierfabriken, Verpackungsherstellern usw.) verlangen wir, daß sie sowohl beim Herstellungsprozeß selbst als auch beim Einsatz der zur Verwendung kommenden Materialien ökologische Gesichtspunkte berücksichtigen.

Das für dieses Buch verwendete Papier ist aus chlorfrei bzw. chlorarm hergestelltem Zellstoff gefertigt und im pH-Wert neutral.